SAMMLUNG GÖSCHEN BAND 1189/1189a

MECHANIK DEFORMIERBARER KÖRPER

von

DR. MAX PÄSLER
o. Prof. an der Technischen Universität Berlin

Mit 48 Abbildungen

WALTER DE GRUYTER & CO.
vormals G. J. Göschen'sche Verlagshandlung · J. Guttentag, Verlagsbuchhandlung · Georg Reimer · Karl J. Trübner · Veit & Comp
BERLIN 1960

Inhaltsverzeichnis

II. Hydrodynamik

Allgemeines

Stationäre wirbelfreie Flüssigkeitsbewegungen

Nichtstationäre wirbelfreie Strömungen

Wirbelbehaftete Flüssigkeitsbewegungen

Zähe Flüssigkeiten

Literaturangaben

Der nur sehr begrenzt zur Verfügung stehende Raum bedingte, daß in diesem Bande nur die Grundzüge des sehr ausgedehnten Gebietes der Mechanik deformierbarer Körper behandelt werden konnten. Es muß daher wegen Einzelheiten und hier nicht besprochener Fragen auf das umfangreiche einschlägige Schrifttum verwiesen werden. Daraus ist nachstehend eine Auswahl vornehmlich von Neuerscheinungen angegeben, womit jedoch weder eine Rangfolge noch ein Werturteil verbunden ist.

I. Angabe einiger Werke, in denen ausschließlich (oder überwiegend) die Mechanik deformierbarer Körper und/oder ihre Anwendung behandelt werden:

Eck, B.: Technische Strömungslehre. Springer, Berlin-Göttingen-Heidelberg, 1957.

Föppl, A. u. L. Föppl: Drang und Zwang. 3 Bde., Oldenbourg, München und Berlin, 1941/47.

Föppl, A.: Vorlesungen über Technische Mechanik. Bd. 1 u. 4, Oldenbourg, München und Berlin, 1942/48.

Geiger-Scheel: Handb. d. Phys. Bd. VI: Mechanik des elastischen Körpers, Bd. VII: Hydrodynamik. Springer, Berlin, 1928.

Gehler, W. u. W. Herberg: Festigkeitslehre I. Sammlung Göschen Band 1144.

Hamel, G.: Mechanik der Kontinua. Teubner, Stuttgart, 1956.

Herberg, W. u. H. Dimitrov: Festigkeitslehre II. Sammlung Göschen Band 1145/1145a.

Kaufmann, W.: Technische Hydro- u. Aeromechanik. Springer, Berlin-Göttingen-Heidelberg, 1958.

Kotschin, N. J.; I. A. Kibel u. N. W. Rose: Theoretische Hydrodynamik. 2 Bde. Akademie-Verlag, Berlin, 1954.

Lohr, E.: Mechanik der Festkörper. W. de Gruyter, Berlin, 1952.

Müller, W.: Einführung i. d. Theorie der zähen Flüssigkeiten. Akad. Verlagsges., Leipzig, 1932.

Oswatitsch, Kl.: Gasdynamik. Springer-Verlag, Wien, 1952.

Prandtl, L.: Führer durch die Strömungslehre. F. Vieweg, Braunschweig, 1949.

Pröll, A.: Grundlagen der Aeromechanik und Flugtechnik. Springer-Verlag Wien, 1951.

Sauer, R.: Theoretische Einführung in die Gasdynamik. Springer, Berlin-Göttingen-Heidelberg, 1951.

Skudrzyk, E: Die Grundlagen der Akustik. Springer-Verlag Wien, 1954.
Sneddon, J.: The Classical Theory of Elasticity, Hdb. d. Physik, Bd. VI. (Herausgegeben v. S. Flügge) Springer, Berlin-Göttingen-Heidelberg, 1958.
Sokolnikoff, J. S.: Mathematical Theory of Elasticity. Mc. Graw-Hill, New York, 1956.
Sommerfeld, A.: Vorlesungen über Theoretische Physik, Bd. 2. Akad. Verlagsges., Leipzig, 1957.
Tietjen, O.: Hydro- und Aeromechanik. Springer-Verlag, Wien, 1944.
Timoshenko, S. u. J. N. Goodier: Theory of Elasticity, Mc. Graw-Hill, New York, 1951.

II. Werke, in denen sich ein Abschnitt über die Mechanik deformierbarer Körper befindet:

Brillouin, L.: Les Tenseurs en Mécanique et en Elasticité. Masson et Cie., Paris, 1949.
Budó, A.: Theoretische Mechanik. Dtsch. Verl. Wiss., Berlin, 1956.
Frank, P. u. R. v. Mises: Diff.- u. Integralgleichungen, Bd. 2. F. Vieweg, Braunschweig, 1928.
Hamel, G.: Theoretische Mechanik. Springer, Berlin-Göttingen-Heidelberg, 1949.
Joos, G.: Lehrbuch der Theoretischen Physik. Akad. Verlagsges., Leipzig, 1959.
Müller-Pouillet: Lehrbuch der Physik, Bd. I/2. Teil. F. Vieweg, Braunschweig, 1929.
Schaefer, Cl.: Einf. i. d. Theor. Physik, Bd. 1. W. de Gruyter, Berlin, 1950.
Schlichting, H. u. E. Truckenbrodt: Aerodynamik des Flugzeuges, Bd. I. Springer, Berlin-Göttingen-Heidelberg, 1959.
Weizel, W.: Lehrbuch der Theoretischen Physik, Bd. 1. Springer, Berlin-Göttingen-Heidelberg, 1955.

III. Werke, die sich mit Sonderfragen und modernen Problemen der Mechanik deformierbarer Körper befassen:

Eirich, F. R.: Rheology, Theory and Applications. Acad. Press Inc., New York, 1956.
Görtler, H. u. W. Tollmien: 50 Jahre Grenzschichtforschung. F. Vieweg, Braunschweig, 1955.
Grammel, R.: Verformung und Fließen des Festkörpers. Springer, Berlin-Göttingen-Heidelberg, 1956.

Hencky, H.: Neuere Verfahren in der Festigkeitslehre. Oldenbourg, München, 1951.

Melan, E. u. H. Parkus: Wärmespannungen. Springer-Verlag, Wien, 1953.

Pflüger, A.: Stabilitätsprobleme der Elastostatik. Springer, Berlin-Göttingen-Heidelberg, 1950.

Prager, W. u. P. G. Hodge, jr.: Theorie ideal plastischer Körper. Springer-Verlag, Wien, 1954.

Prager, W.: Probleme der Plastizitätstheorie. Birkhäuser, Basel-Stuttgart, 1955.

Reiner, M.: Twelve Lectures on Theoretical Rheology. North-Holland Publ., Amsterdam, 1949.

Schlichting, H.: Grenzschicht-Theorie. G. Braun, Karlsruhe, 1951.

Zener, Cl.: Elasticity and Anelasticity of Metals. Univ. of Chicago Press, Chicago, 1948.

IV. Einige klassische Werke:

Helmholtz, H. v.: Dynamik continuierlich verbreiteter Massen. J. A. Barth, Leipzig, 1902.

Kirchhoff, G.: Vorlesungen über mathematische Physik. Bd. I. Teubner, Leipzig, 1877.

Lamb, H.: Lehrbuch der Hydrodynamik. Teubner, Leipzig, 1931.

Love, A. E. H.: A Treatise on the Mathematical Theory of Elasticity. 2 Bde. Univ. Press, Cambridge, 1893. Neudruck 1959.

Neumann, F.: Vorlesungen über die Theorie der Elastizität. Teubner, Leipzig, 1885.

Rayleigh, Lord, (J. W. Strutt): The Theory of Sound, 2 Bde. Mc. Millan, London, 1894. Neudruck 1945.

Riemann, B. u. H. Weber: Partielle Diff.Gl. der math. Physik. F. Vieweg, Braunschweig, 1869 (letzter unveränderter Abdruck der 3. Auflage: 1938).

Liste der benutzten Symbole

Die nachstehend alphabetisch geordneten deutschen, lateinischen und griechischen Buchstaben werden in den folgenden Ausführungen, soweit sich dies ermöglichen ließ, als Symbole für die gleichen Begriffe verwendet und zwar bedeutet:

$\mathfrak{A}\ \{A_x, A_y, A_z\}$	einen Vektor $\mathfrak{A}$ mit den Komponenten A_x, A_y, A_z in bezug auf ein cartesisches Koordinatensystem
$\lvert\mathfrak{A}\rvert = A = \sqrt{A_x^2 + A_y^2 + A_z^2}$	den absoluten Betrag des Vektors $\mathfrak{A}$
$\mathfrak{A}^0 = \frac{\mathfrak{A}}{\lvert\mathfrak{A}\rvert}$	den Einheitsvektor in Richtung von $\mathfrak{A}$
$\mathfrak{B}$	einen räumlichen Bereich
$\mathfrak{C}$	eine in einer Ebene oder im Raum stetige Kurve
$d\mathfrak{f} = \mathfrak{n}^0\, df$	ein Flächenelement; seine Normale hat die Richtung des Einheitsvektors $\mathfrak{n}^0$, der Betrag des Flächenelementes ist $df\ (= \lvert d\mathfrak{f}\rvert)$
$\mathfrak{F}\ \{F_x, F_y, F_z\}$	die Volumenkraft (Kraft pro Volumeneinheit)
$\mathfrak{g}$	den Vektor der Erdbeschleunigung
$\mathfrak{i}\ \{1, 0, 0\}$ $\mathfrak{j}\ \{0, 1, 0\}$ $\mathfrak{k}\ \{0, 0, 1\}$	die Einheitsvektoren in Richtung der x- bzw. y-, z-Achse eines cartesischen Koordinatensystems
$\mathfrak{n}^0$	den Flächennormaleneinheitsvektor
$\mathfrak{P}\ \{P_x, P_y, P_z\}$	die Massenkraft (Kraft pro Masseneinheit)
$\mathfrak{R}$	die einen räumlichen Bereich $\mathfrak{B}$ berandende Fläche
$\mathfrak{s}\ \{\xi, \eta, \zeta\}$	den Verschiebungsvektor mit den Komponenten ξ, η, ζ
$\mathfrak{S}\ \{\mathfrak{i}, \mathfrak{j}, \mathfrak{k}\}$	ein rechtwinkliges Koordinatensystem, dessen x, y, z-Achse in die Richtungen der Einheitsvektoren $\mathfrak{i}, \mathfrak{j}, \mathfrak{k}$ fallen
$\mathfrak{t}^{(\mathfrak{n})}\ \{t_x^{(\mathfrak{n})}, t_y^{(\mathfrak{n})}, t_z^{(\mathfrak{n})}\}$	Oberflächenkraft, d. i. die auf die Flächeneinheit (mit der durch $\mathfrak{n}^0$ gegebenen Normalenrichtung) wirkende Kraft mit den Komponenten $t_x^{(\mathfrak{n})}, t_y^{(\mathfrak{n})}, t_z^{(\mathfrak{n})}$ parallel zu den Achsen eines cartesischen Koordinatensystems
$\mathfrak{r}\ \{x, y, z\}$	den Ortsvektor eines Aufpunktes $P(\mathfrak{r})$ in bezug auf den Ursprung eines cartesischen Koordinatensystems

$\mathfrak{v}\ (v_x, v_y, v_z)$	die Geschwindigkeit
E	den Elastizitätsmodul (Youngscher Modul)
$g = \lvert\mathfrak{g}\rvert$	den Betrag der Erdbeschleunigung
G	den Gleitmodul (Schub- oder Schermodul)
$i, k = 1, 2, 3$	Indizes, die anstelle von x (= 1), y (= 2), z (= 3) verwendet werden
$j = \sqrt{-1}$	die imaginäre Einheit
K	den Kompressionsmodul
m	die Poissonsche Querkontraktionskonstante
p	den Druck
t	die Zeit
w	das elastische Potential
α_{ik}	die Richtungskosinusse
ε_{ik}	die Komponenten des Deformationstensors
$\varepsilon_1, \varepsilon_2, \varepsilon_3$	die Hauptdehnungskomponenten
$\varkappa$	die Kompressibilität
λ, μ	die Laméschen Elastizitätskonstanten
ϱ	die Dichte eines Mediums
σ_{ik}	die Komponenten des Spannungstensors
$\sigma_1, \sigma_2, \sigma_3$	die Hauptspannungskomponenten
Θ	die Volumendilatation
$d\tau$	ein Volumenelement

Formelbezeichnung

Jede in dieser Darstellung auftretende Formel bzw. Gleichung erhält eine Nummer, die aus zwei durch ein Komma getrennten Zahlen besteht. Die Zahl vor dem Komma gibt den jeweiligen § an, in dem die Gleichung vorkommt, während die Zahl hinter dem Komma angibt, an wievielter Stelle die Formel bzw. Gleichung in dem genannten § auftritt („Laufzahl“). Bei Rückverweisungen wird, wenn es sich um eine in dem gleichen § vorkommende Formel handelt, nur deren „Laufzahl“ angegeben. Bei Bezugnahme auf eine in einem anderen § stehende Formel bzw. Gleichung wird deren vollständige Nummer angegeben.

A. Vorbereitendes

§ 1. Einführung

Der in den nachfolgenden Darlegungen behandelte Gegenstand gehört — wie es bereits der Titel dieses Bandes zum Ausdruck bringt — der *Mechanik* an. Diese Disziplin ist bekanntlich die Lehre von den Kräften und den Bewegungen, und ihr obliegt insbesondere die Aufgabe, *Bewegungsgleichungen* aufzustellen. Unter diesem Begriff versteht man jene Gesetzmäßigkeiten, die es ermöglichen, den zeitlichen Ablauf der Bewegung eines mechanischen Systems zu ermitteln, wenn es der Einwirkung von (als gegeben anzusehenden) Kräften unterworfen ist. Dabei ist mit System eine Gesamtheit von Objekten (Körper usw.) gemeint, die als ein Ganzes betrachtet werden.

Da die Bewegung eines Systems erst dann vollständig beschrieben ist, wenn der Ortsvektor $\mathfrak{r} = \mathfrak{r}(t)$ eines jeden zum System gehörenden Teiles für jeden Zeitpunkt t bekannt ist, ist die Aufgabe, den Bewegungszustand eines Systems zu bestimmen, im allgemeinen sehr schwierig und in Strenge wohl kaum lösbar.

Um dennoch zu Ergebnissen zu gelangen, ersetzt man — und das nicht nur in der Mechanik, sondern ebenfalls in allen anderen Teilgebieten der Physik — die tatsächlichen Verhältnisse (die „Wirklichkeit") durch *Modell*vorstellungen, indem man gewisse Einzelheiten, die die Beschreibung physikalischer Vorgänge komplizieren, einfacher annimmt, als sie in Wirklichkeit sind oder vielleicht auch gänzlich unberücksichtigt läßt.

In der Mechanik geschieht dies in radikalster Weise wohl durch Einführung des Modells des Massen*punktes.* Dieser ist nämlich insofern das einfachste Abbild, durch das die tatsächlichen (festen) Körper ersetzt werden können, als von allen sie kennzeichnenden Größen und Eigenschaften (geom. Form, Massenverteilung, Verformbarkeit usw.) abgesehen und nur allein noch deren Gesamtmasse berücksichtigt wird, die man sich in einem Punkt konzentriert denkt. Wenn trotz dieses primitiven Modells die darauf aufbauende (von Newton 1687 begründete) *Punktmechanik* eine Vielzahl von mechanischen Erscheinungen befriedigend zu erklären vermag, so muß naturgemäß deren Leistungsfähigkeit begrenzt sein. So wird man mit ihr nicht mehr solche Bewegungsvorgänge beschreiben können, die von der Form des Körpers abhängen, wie es etwa bei den Kreiselbewegungen der Fall ist.

Um hier weiter zu kommen, führt man anstelle des diskreten Massenpunktes das Modell des *starren* Körpers ein, welches definiert ist als ein System von Massenpunkten, deren gegenseitiger Abstand während des Ablaufs jeder Bewegung unverändert bleibt. Dieses Modell liegt den Betrachtungen der *Stereomechanik* zugrunde. Diese Disziplin kann daher der jeweiligen geometrischen Gestalt eines sich bewegenden Körpers Rechnung tragen, jedoch läßt sie — wie es das Beiwort „starr" ausdrücklich hervorhebt — die jedem Körper zukommende Eigenschaft, nämlich verformbar — *deformierbar* — zu sein, unbeachtet. Es ist daher verständlich, daß die Anwendung der Gesetzmäßigkeiten der Stereomechanik — und natürlich erst recht derjenigen der Punktmechanik — immer dann zu Aussagen führen wird, die mit der Erfahrung nicht übereinstimmen können, wenn es sich um die Behandlung solcher Probleme handelt, deren Lösung die Berücksichtigung der jedem materiellen Körper eigentümlichen Verformbarkeit unbedingt verlangt. In derartigen Fällen werden andere, über die Punkt- und Stereomechanik hinausgehende Gesetzmäßigkeiten anzuwenden sein, die aufzustellen und zu untersuchen Aufgabe einer *Mechanik der deformierbaren Körper* ist. Es soll nun Ziel und Zweck der folgenden Ausführungen sein, in die Haupttatsachen dieser Disziplin einzuführen und die wichtigsten ihrer Gesetze herzuleiten, die es ermöglichen, auch die durch das Einwirken von Kräften auf irgendwelche Körper an diesen hervorgerufenen Deformationen quantitativ zu beschreiben. Dabei werden die Betrachtungen nicht allein auf den festen Körper (Abschnitt B) beschränkt, vielmehr sollen auch die besonders leicht verformbaren Flüssigkeiten und Gase ebenfalls eine Behandlung (in Abschnitt C) erfahren.

Bevor wir mit unseren Darlegungen im einzelnen beginnen, erwähnen wir die Voraussetzungen, die zum Verständnis des Nachfolgenden erforderlich sind. Aus der Physik: Kenntnis der wichtigsten Gesetze der Punkt- und Stereomechanik[1]) und Kenntnis der qualitativen Grundbegriffe aus der Mechanik deformierbarer Körper wie etwa Dehnung, Strömung usw. Aus der Mathematik: Kenntnis der Hauptregeln der Infinitesimalrechnung sowie einiges (wenige) über Differentialgleichungen, ferner die Vektorrechnung[2]), aus der einige hier mehrfach gebrauchte Formeln und Sätze in § 2 zusammengestellt sind, um vielleicht ein Nachschlagen in der mathematischen Literatur zu ersparen.

Außer den eben erwähnten mathematischen Hilfsmitteln wird noch einiges aus der Tensorrechnung[2]) benötigt. Da diese wohl aber nicht als allgemein geläufig angesehen werden kann, wird das aus ihr in diesem Band Erforderliche — aber auch nur dies — in § 3 hergeleitet. Schließlich wird in § 4 noch auf die Wellengleichung, ihre Lösung und deren physikalische Bedeutung eingegangen, damit nicht später an Stellen, wo die Wellengleichung auftritt, der jeweilige physikalische Gedankengang durch mathematische Zwischenbetrachtungen unterbrochen zu werden braucht.

§ 2. Formeln und Sätze aus der Vektorrechnung

Nachstehend sind ohne nähere Erklärung bzw. ohne Beweis einige Hauptbegriffe, wichtige Formeln und Sätze aus der Vektorrechnung zusammengestellt, auf die in den späteren Ausführungen häufig Bezug genommen wird.

Sind $\mathfrak{A}$ und $\mathfrak{B}$ Vektoren, so gelten u. a. folgende

Definitionen:

Skalares Produkt:

$$(\mathfrak{A}\mathfrak{B}) = |\mathfrak{A}|\,|\mathfrak{B}|\cos(\mathfrak{A},\mathfrak{B}) = A_x B_x + A_y B_y + A_z B_z\,. \quad (2,1)$$

Vektorprodukt:

$$[\mathfrak{A}\mathfrak{B}] = -[\mathfrak{B}\mathfrak{A}] = \mathfrak{i}(A_y B_z - A_z B_y) + \mathfrak{j}(A_z B_x - A_x B_z) + \\ + \mathfrak{k}(A_x B_y - A_y B_x) \quad (2,2)$$

$$|[\mathfrak{A}\mathfrak{B}]| = |\mathfrak{A}|\,|\mathfrak{B}|\sin(\mathfrak{A},\mathfrak{B})\,. \quad (2,3)$$

---

[1]) vgl. dazu etwa: W. Döring, Einf. i. d. theor. Phys. Sammlung Göschen. Band 76.

[2]) vgl. dazu etwa: S. Valentiner, Vektoren u. Matrizen. Sammlung Göschen. Band 354/354a.

Der Gradient einer skalaren Ortsfunktion $u = u(\mathfrak{r})$ ist der Vektor

$$\operatorname{grad} u = \mathfrak{i}\,\frac{\partial u}{\partial x} + \mathfrak{j}\,\frac{\partial u}{\partial y} + \mathfrak{k}\,\frac{\partial u}{\partial z}\,. \tag{2,4}$$

Die Divergenz eines Vektors $\mathfrak{A}$ ist der Skalar

$$\operatorname{div} \mathfrak{A} = \frac{\partial A_x}{\partial x} + \frac{\partial A_y}{\partial y} + \frac{\partial A_z}{\partial z}\,. \tag{2,5}$$

Die Rotation eines Vektors $\mathfrak{A}$ ist der Vektor

$$\operatorname{rot} \mathfrak{A} = \mathfrak{i}\left(\frac{\partial A_z}{\partial y} - \frac{\partial A_y}{\partial z}\right) + \mathfrak{j}\left(\frac{\partial A_x}{\partial z} - \frac{\partial A_z}{\partial x}\right) + \mathfrak{k}\left(\frac{\partial A_y}{\partial x} - \frac{\partial A_x}{\partial y}\right)\,. \tag{2,6}$$

Sind $\lambda, u, v, w \ldots$ skalare Größen und $\mathfrak{A}, \mathfrak{B}, \mathfrak{C}, \ldots$ Vektoren, so gelten unter bestimmten Voraussetzungen u. a. folgende Formeln aus der

Vektoralgebra:

$$(\mathfrak{A}\mathfrak{B}) = 0, \quad \text{wenn } \mathfrak{A} \perp \mathfrak{B} \tag{2,7}$$

$$[\mathfrak{A}\mathfrak{B}] = 0, \quad \text{wenn } \mathfrak{A} \parallel \mathfrak{B} \tag{2,8}$$

$$(\mathfrak{A}[\mathfrak{B}\mathfrak{C}]) = (\mathfrak{B}[\mathfrak{C}\mathfrak{A}]) = (\mathfrak{C}[\mathfrak{A}\mathfrak{B}]) \tag{2,9}$$

$$[\mathfrak{A}[\mathfrak{B}\mathfrak{C}]] = \mathfrak{B}(\mathfrak{A}\mathfrak{C}) - \mathfrak{C}(\mathfrak{A}\mathfrak{B}) \tag{2,10}$$

Differentiationsregeln:

$$\operatorname{div} \lambda\mathfrak{A} = \lambda \operatorname{div} \mathfrak{A} + (\mathfrak{A} \operatorname{grad} \lambda) \tag{2,11}$$

$$\operatorname{rot} \lambda\mathfrak{A} = \lambda \operatorname{rot} \mathfrak{A} - [\mathfrak{A}, \operatorname{grad} \lambda] \tag{2,12}$$

$$\operatorname{rot} [\mathfrak{A}\mathfrak{B}] = (\mathfrak{B} \operatorname{grad})\,\mathfrak{A} - (\mathfrak{B} \operatorname{div} \mathfrak{A}) - (\mathfrak{A} \operatorname{grad})\,\mathfrak{B} + (\mathfrak{A} \operatorname{div} \mathfrak{B})$$

(bzgl. der Bedeutung von ($\mathfrak{B}$ grad) s. Gl. (17)) (2,13)

$$\operatorname{rot}\operatorname{rot} \mathfrak{A} = \operatorname{grad}\operatorname{div} \mathfrak{A} - \Delta\,\mathfrak{A}\,. \; — \tag{2,14}$$

Ist $u = u(\mathfrak{r}, t)$ bzw. $\mathfrak{A} = \mathfrak{A}(\mathfrak{r}, t)$ eine orts- und zeitabhängige Funktion, durch die eine skalare bzw. vektorielle Feldeigenschaft der Materie beschrieben wird, so ist die totale zeitliche (substantielle) Änderung der Feldeigenschaft

$$\frac{du}{dt} = \frac{\partial u}{\partial t} + (\mathfrak{v} \operatorname{grad})\,u \tag{2,15}$$

$$\frac{d\mathfrak{A}}{dt} = \frac{\partial \mathfrak{A}}{\partial t} + (\mathfrak{v} \operatorname{grad})\,\mathfrak{A}, \tag{2,16}$$

wobei ($\mathfrak{v}$ grad) ein (auf u bzw. $\mathfrak{A}$) wirkender Operator ist, der ausführlich geschrieben

$$(\mathfrak{v}\,\text{grad}) = v_x \frac{\partial}{\partial x} + v_y \frac{\partial}{\partial y} + v_z \frac{\partial}{\partial z} \tag{2,17}$$

lautet. Hierin bedeutet $\mathfrak{v}$ die Geschwindigkeit des materiellen Trägers der Feldeigenschaft u bzw. $\mathfrak{A}$.

Integralsätze:

Ist $\mathfrak{B}$ ein Raumbereich, der von der Fläche $\mathfrak{R}$ berandet wird, ist weiterhin $d\tau$ ein Volumenelement von $\mathfrak{B}$ und $d\mathfrak{f} = \mathfrak{n}^0\, df$ ein Flächenelement von $\mathfrak{R}$ mit aus $\mathfrak{B}$ hinausweisendem Flächennormaleneinheitsvektor $\mathfrak{n}^0$ und sind $\varphi_1(\mathfrak{r})$, $\varphi_2(\mathfrak{r})$, $\varphi_3(\mathfrak{r})$ stetige in $\mathfrak{B}$ nach den Koordinaten differenzierbare Ortsfunktionen, so gilt die Gausssche Integralformel

$$\iint_{\mathfrak{R}} \{\varphi_1 \cos(\mathfrak{n}^0, \mathfrak{i}) + \varphi_2 \cos(\mathfrak{n}^0, \mathfrak{j}) + \varphi_3 \cos(\mathfrak{n}^0, \mathfrak{k})\}\, d\mathfrak{f}$$

$$= \iiint_{\mathfrak{B}} \left(\frac{\partial \varphi_1}{\partial x} + \frac{\partial \varphi_2}{\partial y} + \frac{\partial \varphi_3}{\partial z}\right) d\tau\,. \tag{2,18}$$

Für den Sonderfall $\varphi_1 = \varphi_2 = \varphi_3 = \varphi$ erhält man daraus

$$\int_{\mathfrak{R}} \varphi\, d\mathfrak{f} = \int_{\mathfrak{B}} \text{grad}\, \varphi\, d\tau\,. \tag{2,19}$$

Haben φ_1, φ_2, φ_3 den Charakter von Komponenten eines Vektors — etwa $\mathfrak{A}$ —, so geht die Integralformel (18) in den Gaussschen Integralsatz

$$\iiint_{\mathfrak{B}} \text{div}\, \mathfrak{A}\, d\tau = \iint_{\mathfrak{R}} (\mathfrak{A}\, d\mathfrak{f}) \tag{2,20}$$

über.

Aus ihm folgen die Greenschen Formeln

$$\int_{\mathfrak{B}} (u \Delta v - v \Delta u)\, d\tau = \int_{\mathfrak{R}} (u\, \text{grad}\, v - v\, \text{grad}\, u)\, d\mathfrak{f} \tag{2,21}$$

$$\int_{\mathfrak{B}} \{u \Delta u + (\text{grad}\, u)^2\}\, d\tau = \int_{\mathfrak{R}} u\, (\text{grad}\, u, d\mathfrak{f})\,. \tag{2,22}$$

Ist $\mathfrak{C}$ eine geschlossene Raumkurve, $d\mathfrak{s}$ ein Linienelement von ihr und F eine Fläche, die von $\mathfrak{C}$ berandet wird, so gilt, wenn $d\mathfrak{f} = \mathfrak{n}^0\, df$ ein Element von F bedeutet, der Stokessche Satz

$$\iint\limits_F (\operatorname{rot}\mathfrak{A}, d\mathfrak{f}) = \int\limits_C (\mathfrak{A}\, d\mathfrak{s}). \qquad (2,23)$$

Ist F eine in einem Vektorfeld $\mathfrak{A} = \mathfrak{A}(\mathfrak{r}, t)$ liegende Fläche, so ist die auf die Zeiteinheit bezogene Gesamtänderung des Flusses von $\mathfrak{A}$ durch die Fläche

$$\frac{d}{dt}\int\limits_F \mathfrak{A}\, d\mathfrak{f} = \int \left(\frac{\partial\mathfrak{A}}{\partial t} + \mathfrak{v}\operatorname{div}\mathfrak{A} - \operatorname{rot}\,[\mathfrak{v}\mathfrak{A}], d\mathfrak{f}\right), \qquad (2,24)$$

wenn sich F mit der Geschwindigkeit $\mathfrak{v}$ bewegt.

§ 3. Einiges über Tensoren

In vielen Fällen genügt zu einer Beschreibung von Naturvorgängen die Verwendung von Skalaren und Vektoren. Jedoch reichen diese Größen nicht immer aus, denn die quantitative Formulierung gewisser physikalischer Zustände verlangt gelegentlich die Benutzung von „höheren“ Größen als es Skalare und Vektoren sind. Man nennt sie *Tensoren*. Bereits in der Mechanik des starren Körpers begegnet man einer derartigen Größe, dem Trägheitstensor[1]). In der Mechanik der deformierbaren festen Körper benötigt man den Begriff des Tensors wesentlich zur Beschreibung des Deformations- und des Spannungszustandes. Um die zum Verständnis dazu erforderlichen Regeln, Begriffe und Sätze aus der Tensorrechnung[2]) herzuleiten, schließen wir an folgende bekannte Tatsache aus der Vektorrechnung an:

Es sei $\mathfrak{A}$ ein Vektor und $\mathfrak{S}\{\mathfrak{i}, \mathfrak{j}, \mathfrak{k}\}$ ein rechtwinkliges Koordinatensystem. Dann sind in bezug auf $\mathfrak{S}$ die Komponenten von $\mathfrak{A}$:

$$A_x = (\mathfrak{A}\mathfrak{i}) = |\mathfrak{A}| \cos(\mathfrak{i}, \mathfrak{A}) \qquad (3,1\,a)$$

$$A_y = (\mathfrak{A}\mathfrak{j}) = |\mathfrak{A}| \cos(\mathfrak{j}, \mathfrak{A}) \qquad (3,1\,b)$$

$$A_z = (\mathfrak{A}\mathfrak{k}) = |\mathfrak{A}| \cos(\mathfrak{k}, \mathfrak{A})\,. \qquad (3,1\,c)$$

Es sei ferner $\mathfrak{S}'\{\mathfrak{i}', \mathfrak{j}', \mathfrak{k}'\}$ ein anderes rechtwinkliges Koordinatensystem. Seine Grundvektoren $\mathfrak{i}', \mathfrak{j}', \mathfrak{k}'$ mögen mit denen von $\mathfrak{S}$ Winkel einschließen, deren Kosinusse gleich

$$\begin{array}{lll} \alpha_{11} = (\mathfrak{i}, \mathfrak{i}'), & \alpha_{12} = (\mathfrak{j}, \mathfrak{i}'), & \alpha_{13} = (\mathfrak{k}, \mathfrak{i}') \\ \alpha_{21} = (\mathfrak{i}, \mathfrak{j}'), & \alpha_{22} = (\mathfrak{j}, \mathfrak{j}'), & \alpha_{23} = (\mathfrak{k}, \mathfrak{j}') \\ \alpha_{31} = (\mathfrak{i}, \mathfrak{k}'), & \alpha_{32} = (\mathfrak{j}, \mathfrak{k}'), & \alpha_{33} = (\mathfrak{k}, \mathfrak{k}') \end{array} \qquad (3,2)$$

[1]) Vgl. etwa Döring, W.: Einf. i. d. theor. Phys. Sammlung Göschen, Band 76, S. 81.

[2]) Vgl. Fußnote 2, S. 12.

sind, was übersichtlich durch folgendes Schema dargestellt werden möge:

	$\mathfrak{i}$	$\mathfrak{j}$	$\mathfrak{k}$
$\mathfrak{i}'$	α_{11}	α_{12}	α_{13}
$\mathfrak{j}'$	α_{21}	α_{22}	α_{23}
$\mathfrak{k}'$	α_{31}	α_{32}	α_{33}

(3,3)

Die 9 Richtungskosinusse α_{ik} $(i, k = 1, 2, 3)$ sind nicht voneinander unabhängig, sondern genügen den Orthogonalitätsrelationen

$$\left.\begin{array}{l} \sum\limits_m \alpha_{im}\,\alpha_{km} \\ \sum\limits_m \alpha_{mi}\,\alpha_{mk} \end{array}\right\} = \delta_{ik} = \begin{cases} 1 & \text{für } i = k \\ 0 & \text{für } i \neq k \end{cases} \qquad \begin{array}{r}(3,4)\\(3,5)\end{array}$$

Diese Gleichungen sagen aus, daß die Summe der Produkte je zweier korrespondierender Glieder von zwei verschiedenen Zeilen bzw. Spalten des Schemas (3) verschwindet, dagegen die Summe der Quadrate der in einer Zeile bzw. Spalte stehenden Glieder gleich 1 ist.

Geht man von dem System $\mathfrak{S}$ zu $\mathfrak{S}'$ über, so geht der Vektor $\mathfrak{A}$ in einen Vektor $\mathfrak{A}'$ über, dessen („gestrichene") Komponenten A'_x, A'_y, A'_z sich vermittels der Richtungskosinusse α_{ik} $(i, k = 1, 2, 3)$ durch die („ungestrichenen") Komponenten A_x, A_y, A_z linear und homogen ausdrücken lassen. Denn es gelten bekanntlich die Transformationsgleichungen:

$$A'_x = \alpha_{11} A_x + \alpha_{12} A_y + \alpha_{13} A_z \qquad (3,6\text{a})$$
$$A'_y = \alpha_{21} A_x + \alpha_{22} A_y + \alpha_{23} A_z \qquad (3,6\text{b})$$
$$A'_z = \alpha_{31} A_x + \alpha_{32} A_y + \alpha_{33} A_z\,. \qquad (3,6\text{c})$$

Diese (und ebenso noch später auftretende) Gleichungen lassen sich in sehr einfacher Form schreiben, wenn man die übliche Bezeichnung für die rechtwinkligen Koordinaten x, y, z in x_1, x_2, x_3 abändert, also statt

$$x, y, z \to x_1, x_2, x_3 \quad \text{kurz } x_i\ (i = 1, 2, 3) \qquad (3,7)$$

und entsprechend für die Komponenten eines Vektors

$$A_x, A_y, A_z \to A_1, A_2, A_3 \quad \text{kurz } A_i\ (i = 1, 2, 3) \qquad (3,8)$$

schreibt.

Mit dieser Bezeichnungsweise kann man, wie ohne weiteres ersichtlich, die Gl. (6a—c) in

$$\boxed{A'_i = \sum_k \alpha_{ik} A_k} \qquad (i, k = 1, 2, 3) \quad (3,9)$$

zusammenfassen. Hieraus ergibt sich — mit Verwendung der Relationen (4) und (5) — durch Auflösen nach den „ungestrichenen" Komponenten für diese

$$A_k = \sum_i \alpha_{ik} A'_i. \qquad (3{,}10)$$

Es seien nun $\mathfrak{A}\{A_1, A_2, A_3\}$ und $\mathfrak{B}\{B_1, B_2, B_3\}$ zwei Vektoren, zwischen denen ein funktionaler Zusammenhang bestehe. Damit ist gemeint, daß die Komponenten des einen Vektors, etwa $\mathfrak{A}$, von den Komponenten des anderen Vektors, $\mathfrak{B}$, in bestimmter Weise abhängen sollen, so daß

$$A_i = F_i(B_1, B_2, B_3) \qquad (i = 1, 2, 3) \qquad (3{,}11)$$

gilt, wobei unter F wie üblich ein Funktionssymbol zu verstehen ist.

Ein besonders einfacher Fall einer wie durch (11) zum Ausdruck gebrachten *Vektorfunktion* liegt offenbar dann vor, wenn die Verknüpfung zwischen den Komponenten A_i und B_i linear und homogen ist. Man spricht dann von einer linearen Vektorfunktion, deren analytische Darstellung (ausführlich geschrieben) in den drei Gleichungen

$$A_1 = t_{11} B_1 + t_{12} B_2 + t_{13} B_3 \qquad (3{,}12\text{a})$$
$$A_2 = t_{21} B_1 + t_{22} B_2 + t_{23} B_3 \qquad (3{,}12\text{b})$$
$$A_3 = t_{31} B_1 + t_{32} B_2 + t_{33} B_3 \qquad (3{,}12\text{c})$$

ihren Ausdruck findet. Gemäß der vorstehend getroffenen Vereinbarung betr. die Schreibweise lassen sich die Gl. (12a—c) in

$$A_i = \sum_k t_{ik} B_k \qquad (3{,}13)$$

zusammenfassen.

Die Gesamtheit der neun Größen t_{ik} $(i, k = 1, 2, 3)$, die die lineare und homogene Verknüpfung zwischen den A_i und B_i vermittelt, nennt man einen *Tensor* schlechthin, jede einzelne der neun Größen t_{ik} heißt eine Komponente des Tensors.

Insbesondere nennt man die Komponenten mit gleichen Indizes, t_{ii}, $(i = 1, 2, 3)$, die Hauptkomponenten oder Komponenten erster Art des Tensors, dagegen die Komponenten t_{ik} $(i \neq k)$ Tensorkomponenten zweiter Art. Vielfach wird der Tensor durch die Matrix

$$T = (t_{ik}) = \begin{pmatrix} t_{xx} & t_{xy} & t_{xz} \\ t_{yx} & t_{yy} & t_{yz} \\ t_{zx} & t_{zy} & t_{zz} \end{pmatrix} = \begin{pmatrix} t_{11} & t_{12} & t_{13} \\ t_{21} & t_{22} & t_{23} \\ t_{31} & t_{32} & t_{33} \end{pmatrix} \qquad (3{,}14)$$

dargestellt und statt der Gl. (12) bzw. (13) auch symbolisch

$$\mathfrak{B} = T * \mathfrak{A} \tag{3,15}$$

geschrieben.

Es ist klar, daß die in (12) bzw. (13) stehenden t_{ik} nicht beliebige neun Größen sein können. Denn die Verknüpfung von $\mathfrak{A}$ mit $\mathfrak{B}$ gemäß (12) soll aus Vektorkomponenten wieder Vektorkomponenten ergeben und diese müssen die durch Gl. (9) bzw. (10) zum Ausdruck gebrachten Transformationseigenschaften besitzen. Dadurch wird ein ganz bestimmtes Verhalten der Tensorkomponenten t_{ik} bei einer orthogonalen Transformation festgelegt, das nach dem Vorstehenden wie folgt gefunden werden kann.

In bezug auf ein Koordinatensystem $\mathfrak{S}$ gelte zwischen den Komponenten A_i und B_i $(i = 1, 2, 3)$ zweier Vektoren $\mathfrak{A}$ und $\mathfrak{B}$ die lineare und homogene Verknüpfung (13), die durch ein geeignetes System von neun Größen t_{ik}, eben einen Tensor, vermittelt werde. Dann gilt in einem anderen, gegen $\mathfrak{S}$ gedrehten System $\mathfrak{S}'$ der gleiche Ausdruck, jedoch nunmehr mit den entsprechenden „gestrichenen" Größen:

$$A'_i = \sum_k t'_{ik} B'_k \,. \tag{3,16}$$

Ersetzt man hierin die linke Seite gemäß (9), so geht (16) in

$$\sum_k \alpha_{ik} A_k = \sum_k t'_{ik} B'_k \tag{3,17}$$

über. Ersetzt man das auf der linken Seite in vorstehender Gleichung stehende A_k gemäß (13), so erhält man nach Änderung des Summationsindex und Vertauschung der beiden Seiten von (17):

$$\sum_k t'_{ik} B'_k = \sum_k \alpha_{ik} \sum_m t_{km} B_m \,. \tag{3,18}$$

Drückt man hierin B_m nach Gl. (10) aus, so ergibt sich nach erneutem Wechsel des festen und des laufenden (= Summations-) Index

$$\sum_k t'_{ik} B'_k = \sum_k \alpha_{ik} \sum_m t_{km} \sum_n \alpha_{nm} B'_n \,. \tag{3,19}$$

Da der Wert einer Summe unabhängig von der Bezeichnung des jeweiligen Summationsindex ist, ändert sich vorstehender Ausdruck nicht, wenn in dessen rechter Seite gleichzeitig ersetzt wird:

$$\begin{aligned} n &\to k \\ k &\to p \\ m &\to q. \end{aligned} \tag{3,20}$$

Dann wird aus (10)

$$\sum_k t'_{ik} B'_k = \sum_k \sum_p \sum_q \alpha_{ip} \alpha_{kq} t_{pq} B'_k . \tag{3,21}$$

Hieraus kann in bekannter Weise auf die Gültigkeit von

$$\boxed{t'_{ik} = \sum_p \sum_q \alpha_{ip} \alpha_{kq} t_{pq}} \tag{3,22}$$

geschlossen werden. Diese Gleichung stellt das gesuchte Transformationsgesetz von Tensorkomponenten dar und besagt, daß sich bei einem Übergang von einem Koordinatensystem $\mathfrak{S}$ zu einem anderen $\mathfrak{S}'$ Tensorkomponenten ebenso transformieren wie ein *Produkt* aus zwei Vektorkomponenten, vgl. (9). Ebenso wie diese Gleichung nach den ungestrichenen Größen aufgelöst wurde, läßt sich auch die zu (22) inverse Gleichung durch Verwendung der Orthogonalitätsbedingungen (4) und (5) — analog wie beim Übergang von (9) zu (10) — bestimmen und man erhält

$$\boxed{t_{pq} = \sum_i \sum_k \alpha_{ip} \alpha_{kq} t'_{ik}} \tag{3,23}$$

Neben der — durch Gl. (13) gegebenen — Definition eines Tensors und dem — durch Gl. (22) bzw. (23) ausgedrückten — Transformationsverhalten seiner Komponenten, benötigen wir im folgenden noch einige andere Begriffe und Sätze aus der Tensorrechnung, die wir nachstehend angeben.

Genügen die Tensorkomponenten 2. Art t_{ik} $(i \neq k)$ der Beziehung

$$t_{ik} = t_{ki}, \qquad (i, k = 1, 2, 3), \tag{3,24}$$

dann heißt $T = (t_{ik})$ ein symmetrischer Tensor. Gilt dagegen

$$t_{ik} = -t_{ik} \qquad (i, k = 1, 2, 3), \tag{3,25}$$

dann liegt ein unsymmetrischer (oder alternierender) Tensor vor. Für einen solchen verschwinden, wie ohne weiteres aus (25) folgt, dessen Hauptkomponenten:

$$t_{ii} = 0 \quad (i = 1, 2, 3), \quad \text{d. h.} \quad t_{xx} = t_{yy} = t_{zz} = 0. \tag{3,26}$$

Jede beliebige Tensorkomponente (t_{ik}) kann übrigens stets als Summe aus einem symmetrischen und unsymmetrischen Anteil dargestellt werden, wie die Zerlegung

$$t_{ik} = \frac{1}{2} (t_{ik} + t_{ki}) + \frac{1}{2} (t_{ik} - t_{ki}) \tag{3,27}$$

erkennen läßt.

Bildet man die Summe der drei Haupttensorkomponenten, die Spur des Tensors T:

$$\mathfrak{J}_1 = t_{11} + t_{22} + t_{33} = t_{xx} + t_{yy} + t_{zz}\,, \tag{3,28}$$

so erweist sie sich, wie die Anwendung von (22) zeigt, gegenüber einer Koordinatentransformation als invariant:

$$\mathfrak{J}_1(t_{ik}) = t_{xx} + t_{yy} + t_{zz} = t'_{xx} + t'_{yy} + t'_{zz} = \mathfrak{J}'_1(t'_{ik}). \tag{3,29}$$

Neben der Spur (28) besitzt jeder symmetrische Tensor noch zwei weitere Invarianten, von denen später der bilineare Ausdruck

$$\mathfrak{J}_2(t_{ik}) = t_{xx}t_{yy} + t_{yy}t_{zz} + t_{zz}t_{xx} - t_{xy}t_{yx} - t_{yz}t_{zy} - t_{zx}t_{xz} \tag{3,30}$$

benötigt werden wird.

Schließlich sei noch bemerkt, daß sich stets ein spezielles Koordinatensystem $\mathfrak{S}_0$ angeben läßt, in bezug auf welches die Komponenten 2. Art jedes symmetrischen Tensors T verschwinden, so daß er die Form

$$T^{(0)} = \begin{pmatrix} t_{xx}^{(0)} & 0 & 0 \\ 0 & t_{yy}^{(0)} & 0 \\ 0 & 0 & t_{zz}^{(0)} \end{pmatrix} \tag{3,31}$$

annimmt. Die drei (im allgemeinen) nicht verschwindenden Komponenten $t_{xx}^{(0)}, t_{yy}^{(0)}, t_{zz}^{(0)}$ nennt man die Hauptwerte des Tensors, und ihn selbst bezeichnet man dann „als auf Hauptachsen transformiert“, womit man die Achsen jenes Koordinatensystems $\mathfrak{S}_0$ meint, in dem T die „Diagonalform“ (31) annimmt.

Sind die Hauptwerte eines Tensors bekannt, so nehmen dessen Komponenten, in bezug auf ein beliebiges anderes Koordinatensystem $\mathfrak{S}$, das gegen $\mathfrak{S}_0$ gedreht, eine verhältnismäßig einfache Form an. Sieht man nämlich die Hauptwerte als die „gestrichenen“ Komponenten an, so reduziert sich die dann anzuwendende Transformationsgleichung (23) auf nur drei Glieder:

$$t_{pq} = \alpha_{1p}\,\alpha_{1q}\,t_{11}^{(0)} + \alpha_{2p}\,\alpha_{2q}\,t_{22}^{(0)} + \alpha_{3p}\,\alpha_{3q}\,t_{33}^{(0)}. \tag{3,32}$$

Schreibt man für die drei Hauptwerte, wie es künftig auch geschehen wird:

$$t_{xx}^{(0)} = t_1\,, \qquad t_{yy}^{(0)} = t_2\,, \qquad t_{zz}^{(0)} = t_3\,, \tag{3,33}$$

so wird aus (32)

$$t_{pq} = \alpha_{1p}\,\alpha_{1q}\,t_1 + \alpha_{2p}\,\alpha_{2q}\,t_2 + \alpha_{3p}\,\alpha_{3q}\,t_3\,, \tag{3,34}$$

wofür auch

$$t_{pq} = \sum_i \alpha_{ip} \alpha_{iq} t_i \tag{3,35}$$

geschrieben werden kann. Von dieser Beziehung werden wir nachfolgend mehrfach Gebrauch machen.

§ 4. Die Wellengleichung

Im Nachfolgenden wird es sich mehrfach um die Behandlung von Vorgängen handeln, welche durch eine (vorerst als skalar angenommene) physikalische *Feldgröße*[1]) $u = u(\mathfrak{r}, t)$ beschrieben werden, die vom Ort $\mathfrak{r}\{x, y, z\}$ und der Zeit t in solcher Weise abhängt, daß u die partielle Differentialgleichung

$$\Delta u = \frac{1}{v^2} \frac{\partial^2 u}{\partial t^2} \tag{4,1}$$

erfüllt. Dabei bedeutet v eine Konstante und Δ den Laplaceschen Operator. Gl. (1) heißt *Wellengleichnng* und nimmt bei Benutzung von kartesischen Koordinaten die Form

$$\frac{\partial^2 u}{\partial x^2} + \frac{\partial^2 u}{\partial y^2} + \frac{\partial^2 u}{\partial z^2} = \frac{1}{v^2} \frac{\partial^2 u}{\partial t^2} \tag{4,2}$$

an.

Da alle in (2) vorkommenden Ableitungen nach Ort und Zeit von 2. Ordnung sind, ist jede in $\mathfrak{r}$ und t lineare Funktion φ, also

$$\varphi(\mathfrak{r}, t) = a_1 x + a_2 y + a_3 z + a_4 t \tag{4,3}$$

Lösung von (2), wobei die in (3) auftretenden Größen $a_1, \ldots a_4$ beliebige, d. h. voneinander unabhängige Konstanten sind. Mit φ ist auch jede Funktion Φ von φ, also

$$\Phi(\varphi) = \Phi(a_1 x + a_2 y + a_3 z + a_4 t) \tag{4,4}$$

Lösung von (2), wobei allerdings die Konstanten $a_1 \ldots a_4$ nun nicht mehr beliebig gewählt werden können. Soll nämlich (4) eine *Wellenfunktion* sein, d. h. die Wellengleichung erfüllen, so ergibt Einsetzen in (2)

[1]) Unter einer Feldgröße versteht man eine vom Ort $\mathfrak{r}$ und vielleicht auch von der Zeit t abhängigen Funktion $u = u(\mathfrak{r}, t)$, durch die allen Punkten eines i. allg. beschränkten Raumgebietes — in Sonderfällen allen Punkten des gesamten Raumes — in eindeutiger Weise ein bestimmter Betrag einer durch u beschriebenen Größe zugeordnet wird. Der Bereich, innerhalb dessen u definiert ist, heißt *Feld*. Je nachdem, ob die Feldgröße ein Skalar, Vektor oder Tensor ist, spricht man von einem skalaren, vektoriellen oder tensoriellen Feld.

$$a_1^2 + a_2^2 + a_3^2 = \frac{a_4^2}{v^2}, \qquad (4,5)$$

welcher Nebenbedingung die $a_1 \ldots a_4$ zu genügen haben. Wählt man a_1, a_2, a_3 so, daß

$$a_1^2 + a_2^2 + a_3^2 = 1 \qquad (4,6)$$

wird, dann ergibt (5) für

$$a_4 = \pm v. \qquad (4,7)$$

Damit erhält man nach (4) als weitere Partikularlösungen von (2):

$$\Phi_1(\mathfrak{r}, t) = \Phi_1(a_1 x + a_2 y + a_3 z - vt) \qquad (4,8a)$$

$$\Phi_2(\mathfrak{r}, t) = \Phi_2(a_1 x + a_2 y + a_3 z + vt). \qquad (4,8b)$$

Deutet man nach Gl. (6) die Größen a_1, a_2, a_3 als Komponenten eines eine Richtung festlegenden Einheitsvektors

$$\mathfrak{n}^0 \{a_1, a_2, a_3\}, \qquad (4,9)$$

so kann – nach (2,1) – für

$$a_1 x + a_2 y + a_3 z = (\mathfrak{n}^0 \mathfrak{r}) \qquad (4,10)$$

geschrieben werden und damit wird aus (8):

$$\Phi_1(\mathfrak{r}, t) = \Phi_1[(\mathfrak{n}^0 \mathfrak{r}) - vt] = F[vt - (\mathfrak{n}^0 \mathfrak{r})] \qquad (4,11a)$$

$$\Phi_2(\mathfrak{r}, t) = \Phi_2[(\mathfrak{n}^0 \mathfrak{r}) + vt] = G[vt + (\mathfrak{n}^0 \mathfrak{r})]. \qquad (4,11b)$$

Die Summe

$$u(\mathfrak{r}, t) = F[vt - (\mathfrak{n}^0 \mathfrak{r})] + G[vt + (\mathfrak{n}^0 \mathfrak{r})] \qquad (4,12)$$

stellt die allgemeine, sog. *d'Alembertsche Lösung* von (2) dar. Die eigentümliche Kombination der Orts-Zeit Variablen $\mathfrak{r}$ und t in Form des speziellen Argumentes

$$\varphi = vt \mp (\mathfrak{n}^0 \mathfrak{r}), \qquad (4,13)$$

von dem die beliebigen Funktionen F und G abhängen, nennt man *Phase*.

Um zu untersuchen, welche physikalische Bedeutung (11) besitzt, betrachten wir zu einer beliebigen Zeit $t = t_0$ die Phase von (11), also den Ausdruck

$$\varphi(\mathfrak{r}, t_0) = vt_0 \mp (\mathfrak{n}^0 \mathfrak{r}). \qquad (4,14)$$

Im allgemeinen wird für verschiedene Werte von $\mathfrak{r}$, d. h. in verschiedenen Raumpunkten, der Betrag von φ – und damit auch der der Wellenfunktionen u – verschieden sein. Man kann nun fragen: Gibt es Stellen im Raum, wo die Phase für $t = t_0$ den gleichen Wert, etwa c_1, hat? Trifft dies zu, so muß die Bedingung

$$v t_0 \mp (\mathfrak{n}^0 \mathfrak{r}) = c_1 \; (= \text{const.}) \qquad (4,15)$$

oder

$$\pm (\mathfrak{n}^0 \mathfrak{r}) = C \; (= \text{const.}) \qquad (4,16)$$

erfüllt sein. Dies ist aber, wie die analytische Geometrie lehrt, die Gleichung einer Schar von Ebenen, deren Normalen die Richtung von $\mathfrak{n}^0$ haben. Vorgänge, die durch Gl. (11) beschrieben werden, sind demnach dadurch gekennzeichnet, daß sie Flächen konstanter Phase (gleiche Zustände) besitzen, die Ebenen sind, vgl. Abb. 1.

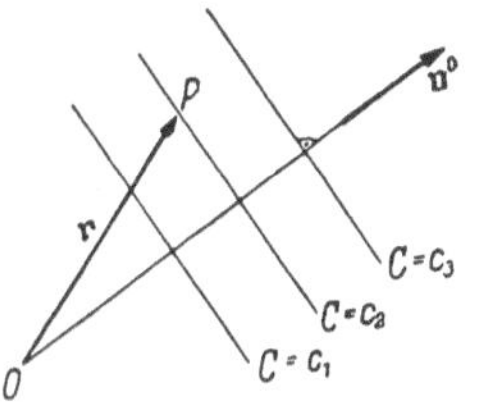

Abb. 1: Flächen konstanter Phase und Ausbreitungsrichtung $\mathfrak{n}^0$ einer ebenen Welle.

Faßt man eine derartige Ebene

$$\varphi = vt \mp (\mathfrak{n}^0 \mathfrak{r}) = \text{const.} \qquad (4,17)$$

ins Auge, so behält φ bei einer Änderung von $\mathfrak{r}$ *und* t dann seinen Wert bei, wenn

$$d\varphi = v\,dt \mp (\mathfrak{n}^0 d\mathfrak{r}) = 0 \qquad (4,18)$$

ist. Hieraus folgt

$$\pm \left(\mathfrak{n}^0 \frac{d\mathfrak{r}}{dt}\right) = v = v(\mathfrak{n}^0 \mathfrak{n}^0)^{1)} = (v\mathfrak{n}^0, \mathfrak{n}^0) \qquad (4,19)$$

oder

$$\left(\mathfrak{n}^0, \pm \frac{d\mathfrak{r}}{dt} - v\mathfrak{n}^0\right) = 0\,, \qquad (4,20)$$

woraus sich

$$\frac{d\mathfrak{r}}{dt} = \pm v\mathfrak{n}^0 \qquad (4,21)$$

ergibt. Diese Gleichung besagt, daß sich die Phase (17), ohne Änderung ihres Betrages, mit der Geschwindigkeit v in Richtung von $\pm \mathfrak{n}^0$ bewegt. Man bezeichnet daher v als *Phasengeschwindigkeit*. Damit ist die physikalische Bedeutung der in (1) auftretenden Konstanten v geklärt.

---

[1]) $\mathfrak{n}^0$ ist nach (9) und (6) ein Einheitsvektor, d. h. $(\mathfrak{n}^0, \mathfrak{n}^0) = a_1^2 + a_2^2 + a_3^2 = 1$.

Faßt man die beiden, durch Gl. (16) und (21) zum Ausdruck gebrachten Ergebnisse zusammen, so kann gesagt werden: Durch die Lösung (12) der Wellengleichung (2) werden Vorgänge beschrieben, deren Zustände (Phase) in jedem Augenblick in allen Punkten $\mathfrak{r}$ einer Ebene $(\mathfrak{n}^0\mathfrak{r}) = \text{const.}$ ($\mathfrak{n}^0$ = Flächennomale) gleich sind. Diese Zustände breiten sich unverzerrt in Richtung $\pm\,\mathfrak{n}^0$ mit der Phasengeschwindigkeit v aus, weswegen man die durch (11) dargestellten Vorgänge als fortschreitende ebene Wellen (auch Planwellen) bezeichnet.

Für den Sonderfall, daß die Ausbreitungsrichtung $\mathfrak{n}^0$ in die Richtung einer Koordinatenachse, etwa der x-Achse, fällt, ist $\mathfrak{n}^0\{1, 0, 0\}$ und (11a) vereinfacht sich zu

$$u(x, t) = F(vt - x)\,, \qquad (4{,}22)$$

welcher Ausdruck eine Partikularlösung der eindimensionalen[1]) Wellengleichung

$$\frac{\partial^2 u}{\partial x^2} = \frac{1}{v^2}\frac{\partial^2 u}{\partial t^2} \qquad (4{,}23)$$

ist. Der durch (22) beschriebene, eindimensionale Ausbreitungsvorgang — dessen Flächen konstanter Phase Ebenen parallel zur yz-Ebene sind — läßt sich in einem u, x-System veranschaulichen, wie in Abb. 2 angedeutet. —

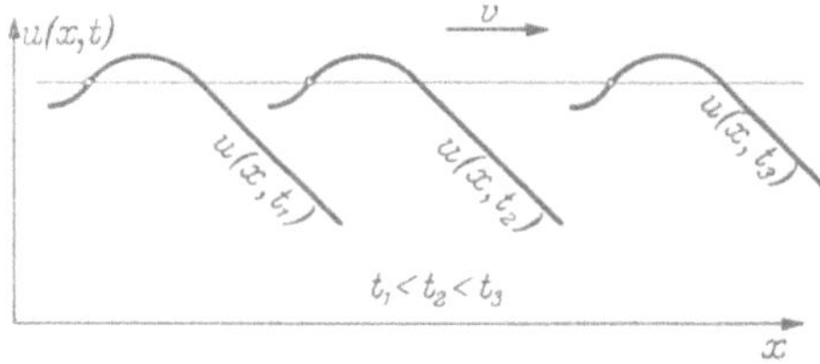

Abb. 2: Zur Bedeutung von $u(x, t) = F(vt - x)$.

Von den beliebig viel angebbaren Funktionen der Argumente $\varphi = vt \mp (\mathfrak{n}^0\mathfrak{r})$ als Lösung der Wellengleichung (2) sind für die Physik insbesondere die harmonischen Funktionen von Bedeutung, also im eindimensionalen Fall die Partikularlösung

$$u(x, t) = u_0 \sin\,[k(vt - x)]\,. \qquad (4{,}24)$$

[1]) Mit diesem Wort ist in der Physik eine Abhängigkeit von nur einer Ortskoordinate gemeint.

Die darin auftretende Konstante u_0 nennt man die Amplitude der ebenen Welle (24). Die im Argument erscheinende Konstante k muß deswegen in dieses aufgenommen werden, damit es, wie erforderlich, dimensionslos wird. k läßt sich aus der Periodizitätseigenschaft der sin-Funktion wie folgt bestimmen:

Betrachtet man u an einer Stelle $x = x_0$ zu einer beliebigen Zeit t, so muß sich in x_0 zu bestimmten späteren Zeiten — eben wegen der Periodizität der sin-Funktion — der Zustand $u = u\,(t, x_0)$ regelmäßig wiederholen. Tritt dies erstmalig nach der Zeitspanne T auf (Abb. 3a.), so muß also gelten

$$\sin \{k[v(t + T) - x_0]\} = \sin k[vt - x_0]\,, \qquad (4{,}25)$$

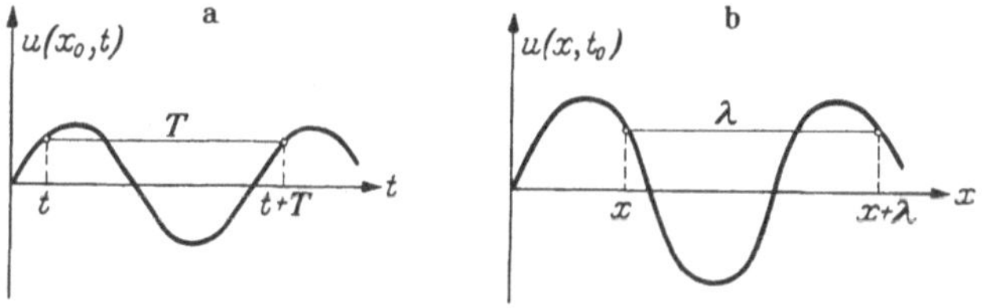

T = Schwingungsdauer λ = Wellenlänge

Abb. 3. Eindimensionale harmonische Welle in Abhängigkeit a) von der Zeit, b) vom Ort.

und das ist nur möglich, wenn sich die Argumente von (25) um 2π unterscheiden. Hieraus ergibt sich mit

$$kv = \omega \qquad (4{,}26)$$

für

$$kv = \omega = \frac{2\pi}{T} = 2\pi f\,. \qquad (4{,}27)$$

Die Zeit T, nach deren Verlauf sich an einer Stelle $x = x_0$ der Zustand $u = u\,(x_0, t)$ erstmalig wiederholt, nennt man die Schwingungsdauer der Welle, ihr reziproker Wert $f = 1/T$ heißt die Frequenz, ihr 2π-facher Wert $\omega = 2\pi f$ heißt Kreisfrequenz.

Anstatt wie eben zur Bestimmung der in (22) auftretenden Konstanten k die Periodizität von (22) in der Variablen t zu verwenden, kann natürlich auch die Periodizität von x ausgenutzt werden. Dies bedeutet, daß u zu einer festen Zeit $t = t_0$ in Abhängigkeit des Ortes betrachtet wird („Momentphotographie") (Abb. 3b). Es ist dann an der Stelle x der Betrag von $u = u(x, t_0)$. Die Periodizität von (24) verlangt, daß dieser Zustand sich räumlich wiederholt. Ist dies erstmalig an einer Stelle der Fall, die von x den Abstand λ hat, so führt die gleiche Überlegung wie vorstehend, für k zu dem Wert

$$k = \frac{2\pi}{\lambda}. \tag{4,28}$$

Der „räumliche Periodizitätsmodul" λ heißt Wellenlänge, ihr 2π-facher reziproker Wert k die Wellenzahl.

Nach (27) und (28) ist

$$2\pi = \omega T = kvT = k\lambda. \tag{4,29}$$

Hieraus folgen die beiden wichtigen wellentheoretischen Beziehungen

$$\boxed{v = \frac{\omega}{k} \quad \text{und} \quad \lambda = vT.} \tag{4,30a—b}$$

Unter Verwendung dieser beiden Relationen ergeben sich daher im Anschluß an (24) für die Darstellung einer eindimensionalen ebenen Welle noch folgende Möglichkeiten:

$$u = u_0 \sin(\omega t - kx) = u_0 \sin \omega \left(t - \frac{x}{v}\right) \tag{4,31a}$$

$$= u_0 \sin\left[2\pi\left(\frac{t}{T} - \frac{x}{\lambda}\right)\right] \tag{4,31b}$$

oder, indem von der komplexen Schreibweise Gebrauch gemacht wird, auch (mit $j = \sqrt{-1}$)

$$u = u_0 \, e^{j[\omega t - kx]} = \cdots \tag{4,32}$$

mit der Vereinbarung, daß bei dieser Schreibweise der (mit $-j$ multiplizierte) Imaginärteil der e-Funktion gemeint ist.

Bei Abhängigkeit von allen drei Raumkoordinaten nimmt die Phase der Welle (11) die Form

$$\varphi = \omega t - k(\mathfrak{n}^0 \mathfrak{r}) = \omega t - (\mathfrak{k}\mathfrak{r}) \tag{4,33}$$

an, wenn man den Wellenvektor

$$\mathfrak{k} = k\mathfrak{n}^0 = \frac{2\pi}{\lambda}\mathfrak{n}^0 \tag{4,34}$$

einführt. Er gibt, weil $\mathfrak{k} \| \mathfrak{n}^0$, die Richtung der Wellenausbreitung an, während sein Betrag $k = 2\pi/\lambda$ gleich der Wellenzahl ist. Mit (33) kann daher die ebene Welle (11a) auch durch

$$u(\mathfrak{r}, t) = F[\omega t - (\mathfrak{k}\mathfrak{r})] \qquad (4{,}35)$$

dargestellt werden, deren Sonderfall

$$u(\mathfrak{r}, t) = u_0 \sin[\omega t - (\mathfrak{k}\mathfrak{r})] \qquad (4{,}36)$$

später vorwiegend gebraucht werden wird.

Die vorstehend gefundenen Ergebnisse können unverändert übernommen werden, wenn die der Gl. (2) genügende Größe nicht — wie eingangs angenommen — skalarer Natur, sondern ein Vektor, etwa $\mathfrak{A}$, ist. Es liegt dann die vektorielle Wellengleichung

$$\Delta \mathfrak{A} = \frac{1}{v^2} \frac{\partial^2 \mathfrak{A}}{\partial t^2} \qquad (4{,}37)$$

vor, deren (hier allein interessierende Partikular-) Lösung demnach

$$\mathfrak{A}(\mathfrak{r}, t) = \mathfrak{F}[\omega t - (\mathfrak{k}\mathfrak{r})] \qquad (4{,}38)$$

$$= \mathfrak{A}_0 \cdot F[\omega t - (\mathfrak{k}\mathfrak{r})] \qquad (4{,}39)$$

ist und ebene Vektorwelle (mit der Amplitude $\mathfrak{A}_0$) heißt.

Von den durch (38) beschriebenen möglichen Vektorwellenfeldern kommt zwei Typen eine besondere Bedeutung zu. Der erste Typ liegt dann vor, wenn der Wellenvektor $\mathfrak{A}$ stets parallel zu $\mathfrak{n}^0$ ist, also „in die Ausbreitungsrichtung fällt". Wellen mit dieser Eigenschaft heißen longitudinal. Für sie gilt nach (2,2) wegen $\mathfrak{A} \| \mathfrak{n}^0$, die „Longitudinalitätsbedingung"

$$[\mathfrak{A}\mathfrak{n}^0] = 0\,, \qquad (4{,}40)$$

die mit

$$\operatorname{rot} \mathfrak{A} = 0 \qquad (4{,}41)$$

gleichwertig ist, was sich sofort durch Anwendung von (2,12) auf (39) ergibt. Ein longitudinales vektorielles Wellenfeld ist überall wirbelfrei.

Der zweite Sonderfall eines ebenen Vektorwellenfeldes liegt dann vor, wenn $\mathfrak{A}$ stets senkrecht auf $\mathfrak{n}^0$ steht, also in der Ausbreitungsrichtung $\mathfrak{n}^0$ keine Komponente besitzt. Derartige Wellen heißen transversal und erfüllen nach (2,1) die Transversalitätsbedingung

$$(\mathfrak{A}\mathfrak{n}^0) = 0\,, \qquad (4{,}42)$$

die, wie Anwendung von (2,11) auf (39) zeigt, gleichwertig mit

$$\operatorname{div} \mathfrak{A} = 0 \tag{4,43}$$

ist: Ein transversales Vektorwellenfeld ist überall quellenfrei. —

Mit der Kenntnis von (22) als Lösung der eindimensionalen Wellengleichung (23) läßt sich sehr leicht eine später (§ 36) benötigte Lösung der zweidimensionalen Laplaceschen oder Potentialgleichung

$$\frac{\partial^2 u}{\partial x^2} + \frac{\partial^2 u}{\partial y^2} = 0 \tag{4,44}$$

angeben. Offensichtlich erhält man diese aus Gl. (23), indem man darin

$$v^2 t^2 = -y^2 \tag{4,45}$$

oder

$$v t = \pm j y \tag{4,46}$$

setzt. Damit ergibt sich nach (22) als Partikularlösung von (44):

$$u(x, y) = F(\pm j y - x) = f(x \mp j y)\,. \tag{4,47}$$

Diese Gleichung bringt zum Ausdruck, daß jede reguläre (analytische) Funktion

$$u = f(\zeta) = f(x \pm j y) \tag{4,48}$$

des komplexen Argumentes $\zeta = x \pm j y$ Partikularlösung der Potentialgleichung (44) ist.

B. Mechanik der deformierbaren festen Körper (Elastomechanik)

§ 5. Der ideal elastische Körper

Eingangs (in § 1) wurde erwähnt, daß es zur Aufgabe der Mechanik der deformierbaren Körper gehört, deren mechanisches Verhalten insbesondere unter Berücksichtigung ihrer Verformbarkeit zu untersuchen. Handelt es sich — wie in diesem Abschnitt ausschließlich — um feste Körper, so bestehen die infolge einer Krafteinwirkung („Belastung“) an einem Körper hervorgerufenen Deformationen in Änderungen seiner Gestalt oder/und seines Volumens. Derartige Änderungen treten offensichtlich dann und nur dann ein, wenn infolge der Krafteinwirkung die den Körper aufbauenden Teilchen zu Bewegungen relativ zueinander veranlaßt werden. Dies ist bei Bewegungen, die der Körper als Ganzes ausführt (Translations- oder/und Rotationsbewegungen), sicher nicht der Fall, weswegen diese für das Folgende ohne Interesse sind.

Nimmt ein deformierter Körper, nachdem die verformende Kraft aufgehört hat, auf jenen einzuwirken, seine ursprüngliche Gestalt wieder an, wird also eine erlittene Deformation nach Aufhebung der Ursache („Entlastung") wieder gänzlich ausgeglichen, so nennt man den Körper bzw. das Material, aus dem er besteht, *elastisch.* Behält dagegen ein Körper nach Entlastung eine dauernde Verformung zurück, weil eine hervorgerufene Deformation nur teilweise oder gar nicht ausgeglichen wurde, dann heißt das Material *plastisch.* Ob sich bei Belastung ein Stoff elastisch oder plastisch verhält, hängt nicht nur von seiner Natur, sondern noch wesentlich von der Belastung ab. Bei „kleinen" Belastungen, das sind solche, die — möglichst weit — unterhalb einer von Stoff zu Stoff verschiedenen Grenze (der Elastizitätsgrenze) liegen, weist eine Reihe von in der Natur vorkommenden Stoffen nahezu ideal elastisches Verhalten auf, wie es, um Beispiele zu nennen, etwa bei einigen Stahlsorten, Elfenbein (Billardkugeln) u. a. der Fall ist. Ihnen gegenüber stehen die nahezu ideal plastischen Materialien, die die durch auch nur sehr geringe Krafteinwirkungen erlittenen Deformationen dauernd behalten, wie es etwa von Wachs, Ton, Lehm usw. bekannt ist.

Wenn im nachfolgenden das zugrunde gelegte Objekt stets als fester Körper mit ideal elastischem Verhalten vorausgesetzt wird, so beschränken wir unsere Betrachtungen allein auf die *Elastizitätstheorie.*

Diese stellt nur ein Kapitel einer Erweiterung der klassischen Mechanik dar, die — von Bingham begründet — sich vor etwa 35 Jahren zu entwickeln begann und heute als *Rheologie*[1]) bezeichnet wird. Sie bemüht sich um ein Verständnis der me-

[1]) Vgl. Literaturangaben.

chanischen Eigenschaften aller Stoffe, wie etwa Plastizität, Härte, Sprödigkeit, Fließen usw., und versucht somit dem tatsächlichen Verhalten der Stoffe näher zu kommen und es besser zu beschreiben, als es die Elastizitätstheorie vermag.

Um deren Haupttatsachen zu entwickeln, bedarf es noch der Festlegung eines Modells als geeignetem Ausgangspunkt. Hierzu bieten sich zwei Möglichkeiten.

Einerseits kann man von der Tatsache der atomistischen Struktur der Materie ausgehen und die einen festen Körper aufbauenden Teilchen (Atome, Moleküle) als diskrete Massenpunkte ansehen. Damit ergibt sich als Modell für einen festen Körper — ähnlich wie in der Stereomechanik — ein System von (vielen) Massenpunkten, deren gegenseitige Abstände natürlich nun nicht mehr unveränderlich sein können. Dieses Modell liegt der *Molekulartheorie* zugrunde, deren Aufgabe es ist, aus der eben skizzierten Vorstellung heraus u. a. auch das mechanische Verhalten der Stoffe zu erklären.

Zu einem anderen Modell gelangt man, indem von der atomaren Struktur der Materie abgesehen wird und man sich, wie es der (rohen, d. h. makroskopischen) Beobachtung auch zu entsprechen scheint, den von einem Körper eingenommenen Raum kontinuierlich mit Masse ausgefüllt denkt. Diese Vorstellung eines lückenlos mit Masse ausgefüllten Raumgebietes ist das Abbild eines (festen, flüssigen oder gasförmigen) Körpers in der *Kontinuumstheorie.* Auf diese soll im folgenden allein eingegangen werden (*Mechanik der Kontinua*), wozu außer der Vorstellung der kontinuierlichen Massenausfüllung eines bestimmten Raumgebietes noch die Voraussetzung der stetigen Bewegung aller Massenelemente des Kontinuums benötigt wird.

I. Kinematik

§ 6. Der sog. Fundamentalsatz der Kinematik

Unterliegt ein Körper der Einwirkung einer Kraft, so wird diese zu Bewegungen des Körpers, d. h. zu Lageänderungen seiner einzelnen Punkte Anlaß geben. Um zu untersuchen, welche möglichen Bewegungen entstehen können, fassen wir zu einer festen Zeit $t = t_1$ zwei benachbarte Punkte P_0 und P

innerhalb eines festen Kontinuums ins Auge (vgl. Abb. 1) und wählen P_0 als Ursprung eines Koordinatensystems $\mathfrak{S}$. In bezug darauf habe P den Ortsvektor $\mathfrak{r}\{x, y, z\}$. Im Verlauf der Bewegung des Körpers mögen zu einer späteren Zeit $t = t_2 > t_1$ die Punkte P_0 in P_0' und P in P' übergegangen sein. Der wiederum auf $\mathfrak{S}$ bezogene Ortsvektor von P_0' sei $\mathfrak{r}_0' = \mathfrak{s}_0$ und der von P' sei $\mathfrak{r}' = \mathfrak{r} + \mathfrak{s}$. Während der Zeitspanne $\Delta t = t_2 - t_1$ hat also der in der Umgebung von P_0 liegende Punkt $P(\mathfrak{r})$ eine Ortsveränderung (Verschiebung) erlitten, die durch den Verschiebungsvektor

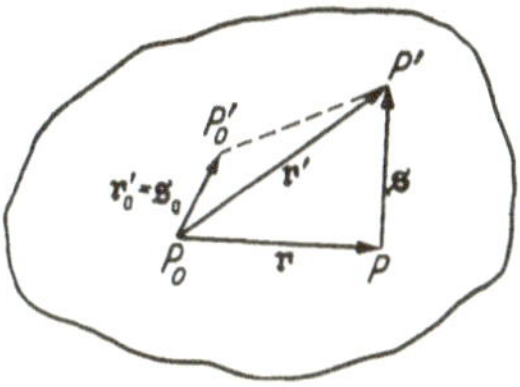

Abb. 4. Zur Herleitung eines Satzes von Helmholtz.

$$\mathfrak{s}\{\xi, \eta, \zeta\} = \mathfrak{r}' - \mathfrak{r} \tag{6,1}$$

beschrieben wird. Seine Komponenten ξ, η, ζ sind — wegen der hier rein kinematischen Betrachtungsweise — allein als Funktionen des Ortsvektors $\mathfrak{r}\{x, y, z\}$ des Punktes $P(\mathfrak{r})$ anzusehen, also

$$\xi = \xi(x, y, z) = \xi(\mathfrak{r}), \quad \eta = \eta(\mathfrak{r}), \quad \zeta = \zeta(\mathfrak{r}). \tag{6,2a–c}$$

Von der Vielzahl der möglichen Verschiebungen, die die vorstehenden Gleichungen beinhalten, betrachten wir nachfolgend allein den Sonderfall für kleine Werte der Argumente x, y, z. Geometrisch bedeutet dies, daß wir die Betrachtungen auf eine genügend kleine Umgebung von P_0 beschränken, innerhalb der $P(\mathfrak{r})$ liegt. Dann lassen sich die Komponenten von $\mathfrak{s} = \mathfrak{s}(\mathfrak{r})$ in erster Näherung durch die linearen Glieder einer Taylor-Entwicklung von $\mathfrak{s}\{\xi, \eta, \zeta\}$ „um P_0" darstellen, also

$$\xi(\mathfrak{r}) = \xi(x, y, z) = \xi_0 + \frac{\partial \xi}{\partial x} x + \frac{\partial \xi}{\partial y} y + \frac{\partial \xi}{\partial z} z \tag{6,3a}$$

$$\eta(\mathfrak{r}) = \quad = \eta_0 + \frac{\partial \eta}{\partial x} x + \frac{\partial \eta}{\partial y} y + \frac{\partial \eta}{\partial z} z \tag{6,3b}$$

$$\zeta(\mathfrak{r}) = \quad = \zeta_0 + \frac{\partial \zeta}{\partial x} x + \frac{\partial \zeta}{\partial y} y + \frac{\partial \zeta}{\partial z} z. \tag{6,3c}$$

Hierin bedeuten ξ_0, η_0, ζ_0 die Komponenten von $\mathfrak{s}_0$, d. h. des Verschiebungsvektors von P_0, während

$$\begin{aligned} \frac{\partial\xi}{\partial x} &= \beta_{11}, & \frac{\partial\xi}{\partial y} &= \beta_{12}, & \frac{\partial\xi}{\partial z} &= \beta_{13} \\ \frac{\partial\eta}{\partial x} &= \beta_{21}, & \frac{\partial\eta}{\partial y} &= \beta_{22}, & \frac{\partial\eta}{\partial z} &= \beta_{23} \\ \frac{\partial\zeta}{\partial x} &= \beta_{31}, & \frac{\partial\zeta}{\partial y} &= \beta_{32}, & \frac{\partial\zeta}{\partial z} &= \beta_{33} \end{aligned} \tag{6,4}$$

die Werte der Ableitungen der Komponenten von $\mathfrak{s}$ nach den Ortskoordinaten in P_0, also Konstanten, sind. Mit den durch (4) eingeführten Abkürzungen wird aus (3a):

$$\xi = \xi_0 + \beta_{11}x + \beta_{12}y + \beta_{13}z\,, \tag{6,5}$$

und das ist offensichtlich gleichwertig mit

$$\begin{aligned} \xi = \xi_0 + \beta_{11}x &+ \frac{1}{2}(\beta_{12} - \beta_{21})\,y + \frac{1}{2}(\beta_{13} - \beta_{31})\,z \\ &+ \frac{1}{2}(\beta_{12} + \beta_{21})\,y + \frac{1}{2}(\beta_{13} + \beta_{31})\,z\,. \end{aligned} \tag{6,6}$$

Nun ist nach (4) und weiterhin mit Bezug auf (2,6) und (2,2)

$$\begin{aligned} (\beta_{12} - \beta_{21})\,y + (\beta_{13} - \beta_{31})\,z &= \left(\frac{\partial\xi}{\partial y} - \frac{\partial\eta}{\partial x}\right) y + \left(\frac{\partial\xi}{\partial z} - \frac{\partial\zeta}{\partial x}\right) z \\ &= -\,y\,\mathrm{rot}_z\,\mathfrak{s} + z\,\mathrm{rot}_y\,\mathfrak{s} \\ &= -\,[\mathfrak{r}, \mathrm{rot}\,\mathfrak{s}]_x = [\mathrm{rot}\,\mathfrak{s}, \mathfrak{r}]_x\,. \end{aligned} \tag{6,7}$$

Führt man schließlich noch die neuen Abkürzungen

$$\varepsilon_{xx} = \beta_{11} = \frac{\partial\xi}{\partial x}, \quad \varepsilon_{yy} = \beta_{22} = \frac{\partial\eta}{\partial y}, \quad \varepsilon_{zz} = \beta_{33} = \frac{\partial\zeta}{\partial z} \tag{6,8a—c}$$

$$\varepsilon_{xy} = \varepsilon_{yx} = \frac{1}{2}(\beta_{12} + \beta_{21}) = \frac{1}{2}\left(\frac{\partial\xi}{\partial y} + \frac{\partial\eta}{\partial x}\right) \tag{6,9}$$

$$\varepsilon_{yz} = \varepsilon_{zy} = \frac{1}{2}(\beta_{23} + \beta_{32}) = \frac{1}{2}\left(\frac{\partial\eta}{\partial z} + \frac{\partial\zeta}{\partial y}\right) \tag{6,10}$$

$$\varepsilon_{zx} = \varepsilon_{xz} = \frac{1}{2}(\beta_{31} + \beta_{13}) = \frac{1}{2}\left(\frac{\partial\zeta}{\partial x} + \frac{\partial\xi}{\partial z}\right) \tag{6,11}$$

ein, so ergibt sich aus (6) für ξ und daraus durch zyklische Vertauschung für die beiden anderen Komponenten des Verschiebungsvektors:

$$\xi = \xi_0 + \frac{1}{2}[\operatorname{rot}\mathfrak{s}, \mathfrak{r}]_x + \varepsilon_{xx}x + \varepsilon_{xy}y + \varepsilon_{xz}z \qquad (6{,}12\,\mathrm{a})$$

$$\eta = \eta_0 + \frac{1}{2}[\operatorname{rot}\mathfrak{s}, \mathfrak{r}]_y + \varepsilon_{yx}x + \varepsilon_{yy}y + \varepsilon_{yz}z \qquad (6{,}12\,\mathrm{b})$$

$$\zeta = \zeta_0 + \frac{1}{2}[\operatorname{rot}\mathfrak{s}, \mathfrak{r}]_z + \varepsilon_{zx}x + \varepsilon_{zy}y + \varepsilon_{zz}z\,. \qquad (6{,}12\,\mathrm{c})$$

Faßt man diese drei Gleichungen unter Benutzung der Vektorschreibweise in

$$\mathfrak{s} = \mathfrak{s}^{(1)} + \mathfrak{s}^{(2)} + \mathfrak{s}^{(3)} \qquad (6{,}13)$$

zusammen, so besagt (13): Eine Verschiebung, die Punkte (innerhalb eines nicht zu ausgedehnten Bereiches) eines Körpers erleiden können, setzt sich im allgemeinen aus drei Anteilen zusammen.

Der erste Anteil

$$\mathfrak{s}^{(1)} = \mathfrak{s}_0\{\xi_0, \eta_0, \zeta_0\} \qquad (6{,}14)$$

ist offensichtlich eine Translation, denn (14) stellt die gleiche Verschiebung $\mathfrak{s}_0$ der Umgebung von P_0 dar, die auch der (willkürlich gewählte) Nullpunkt P_0 erfährt.

Der zweite Anteil

$$\mathfrak{s}^{(2)} = \frac{1}{2}[\operatorname{rot}\mathfrak{s}, \mathfrak{r}] \qquad (6{,}15)$$

stellt, wie aus der Mechanik des starren Körpers als bekannt vorausgesetzt werde, eine (infinitesimale) Drehung des betrachteten Körpers dar.

Die Stereomechanik lehrt nämlich: Wird durch den Einheitsvektor $\mathfrak{a}^0$ die Richtung einer Achse angegeben, um die ein starrer Körper eine infinitesimale Drehung um den Winkel $\delta\varphi$ erfährt (vgl. Abb. 5), so ist die Verschiebung $\delta\mathfrak{s}^{(2)}$, die ein Punkt $P(\mathfrak{r})$ des Körpers infolge der Drehung erfährt:

$$\delta\mathfrak{s}^{(2)} = [\delta\vec{\varphi}, \mathfrak{r}]\,, \qquad (6{,}16)$$

wenn unter

$$\delta\vec{\varphi}\,\{\delta\varphi_x, \delta\varphi_y, \delta\varphi_z\} = \delta\varphi\,\mathfrak{a}^0 \qquad (6{,}17)$$

verstanden wird. Ein Vergleich von (16) mit (15) führt zu

$$\delta\vec{\varphi} = \frac{1}{2} \operatorname{rot} \mathfrak{s} . \qquad (6,18)$$

Wurde die Drehung in der kleinen Zeitspanne δt durchgeführt, so ist

$$\mathfrak{s} = \mathfrak{v}\,\delta t \quad \text{und}$$

$$\delta\vec{\varphi} = \vec{\omega}\,\delta t\,, \qquad (6,19\,\text{a–b})$$

wenn $\mathfrak{v}$ die momentane Geschwindigkeit von P und $\vec{\omega}$ die Winkelgeschwindigkeit bedeuten. Setzt man (19) in (18) ein, so gelangt man zu der wichtigen Beziehung

$$\vec{\omega} = \frac{1}{2} \operatorname{rot} \mathfrak{v} . \qquad (6,20)$$

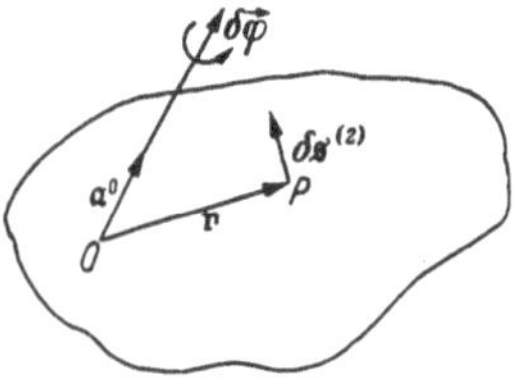

Abb. 5. Drehung eines Körpers.

Während die beiden Anteile $\mathfrak{s}^{(1)}$ und $\mathfrak{s}^{(2)}$ Verschiebungen darstellen, bei denen sich die betrachtete Umgebung von P_0 als Ganzes bewegt und daher nicht verzerrt wird, beschreibt der dritte Anteil $\mathfrak{s}^{(3)}$ von $\mathfrak{s}$ gegebenenfalls auftretende Deformationen. Dies wird in § 7 im einzelnen nachgewiesen und näher untersucht werden. Dabei wird es sich auch erweisen, daß durch den Vektor $\mathfrak{s}^{(3)}$, der ausführlich geschrieben

$$\xi^{(3)} = \varepsilon_{xx} x + \varepsilon_{xy} y + \varepsilon_{xz} z \qquad (6,21\,\text{a})$$

$$\eta^{(3)} = \varepsilon_{yx} x + \varepsilon_{yy} y + \varepsilon_{yz} z \qquad (6,21\,\text{b})$$

$$\zeta^{(3)} = \varepsilon_{zx} x + \varepsilon_{zy} y + \varepsilon_{zz} z \qquad (6,21\,\text{c})$$

lautet, eine Deformation beschrieben wird, die entsteht, wenn ein Körper Dehnungen (oder Stauchungen) in drei zueinander senkrechten Richtungen erleidet.

Sieht man den Beweis hierfür als erbracht an, so kann man das Ergebnis der vorstehenden Darlegungen zusammenfassend wie folgt aussprechen:

Eine („unendlich kleine“) Verschiebung eines kontinuierlichen deformierbaren Mediums läßt sich im allgemeinen als Summe aus einer Translation, einer Rotation und einer

Dehnung (Dilatation) nach drei zueinander senkrechten Richtungen darstellen.

Diese Aussage wird oftmals als Fundamentalsatz der Kinematik bezeichnet. Obwohl er häufig H. v. Helmholtz (1858) zugesprochen wird, ist der Satz schon früher (1845) von G. Stokes gefunden worden.

§ 7. Der Deformationstensor

Um den ausstehenden Nachweis dafür zu erbringen, daß der Vektor $\mathfrak{s}^{(3)}$ mit den Komponenten (6,21 a—c) eine Verschiebung darstellt, die mit einer Deformation, also Form und/oder Volumenänderung verbunden ist, betrachten wir vorbereitend den einfachen Sonderfall einer Dehnung in *einer* Richtung. Legt man in diese die x-Achse eines Koordinatensystems, so versteht man unter Dehnung (bzw. Stauchung) in der x-Achse eine solche Deformation, bei der nur die Abstände aller Punkte des Körpers von der yz-Ebene sich ändern und zwar im gleichen Verhältnis größer (bzw. kleiner) werden. Es sei $\mathfrak{r}\{x, y, z\}$ der Ortsvektor eines Punktes P vor der Dehnung, durch die P in P_1 mit dem neuen Ortsvektor $\mathfrak{r}_1\{x_1, y_1, z_1\}$ übergehe, (Abb. 6). Da die Entfernung zwischen P bzw. P_1 und der yz-Ebene gleich den x-Koordinaten der Punkte ist, gilt daher bei einer Dehnung parallel zur x-Achse

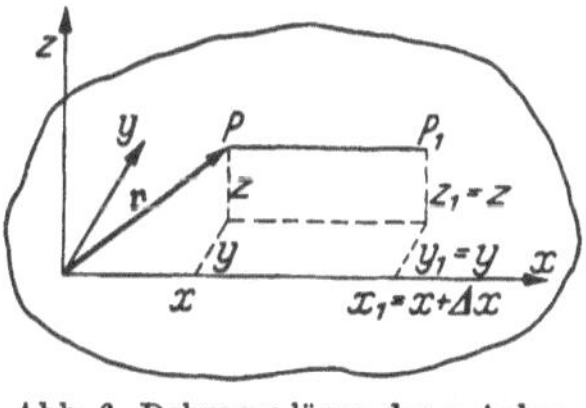

Abb. 6. Dehnung längs der x-Achse.

$$\frac{x_1}{x} = 1 + \varepsilon\,, \quad \frac{y_1}{y} = 1\,, \quad \frac{z_1}{z} = 1. \qquad (7{,}1\,\text{a—c})$$

Hierbei ist $\varepsilon > 0$ (bzw. < 0) eine Größe, die als Maß für die Dehnung (bzw. Stauchung) angesehen werden kann. Beachtet man, daß

$$x_1 = x + \Delta x \qquad (7{,}2)$$

ist, unter Δx den Abstandszuwachs von der yz-Ebene verstanden, so folgt aus (1a) für

$$\varepsilon = \frac{\Delta x}{x}, \tag{7,3}$$

in Worten: ε gibt den Entfernungszuwachs bezogen auf die ursprüngliche Entfernung, d. h. die relative Abstandsänderung von der yz-Ebene, an.

Wir denken uns nun ein festes elastisches Medium verschieden großen Dehnungen in drei zueinander senkrechten Richtungen unterworfen. In diese Richtungen legen wir die Achsen eines Koordinatensystems $\mathfrak{S}'\{\mathfrak{i}', \mathfrak{j}', \mathfrak{k}'\}$. Ein Punkt P, der im undeformierten Zustand den Ortsvektor $\mathfrak{r}'\{x', y', z'\}$ in bezug auf $\mathfrak{S}'$ hatte, möge nach den stattgefundenen Dehnungen in P_1 übergegangen sein und dann bzgl. $\mathfrak{S}'$ den neuen Ortsvektor $\mathfrak{r}_1'$ haben (vgl. Abb. 7). Seine Komponenten ergeben sich durch Verallgemeinerung von (1a) zu

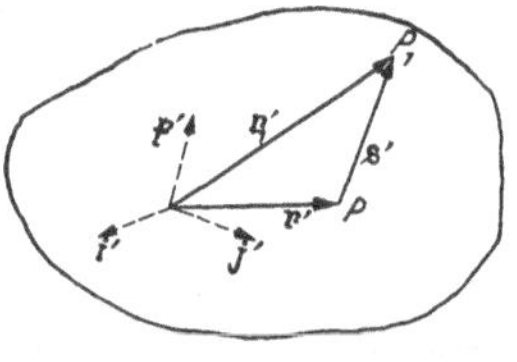

Abb. 7. Dehnung nach drei zueinander senkrechten Richtungen.

$$x_1' = (1 + \varepsilon_1)\, x' \tag{7,4a}$$
$$y_1' = (1 + \varepsilon_2)\, y' \tag{7,4b}$$
$$z_1' = (1 + \varepsilon_3)\, z', \tag{7,4c}$$

wobei ε_1, ε_2, ε_3 die infolge der Dehnungen eingetretenen relativen Abstandsänderungen des Punktes P von der bzw. yz-, zx-, xy-Ebene sind. Die Differenz der Ortsvektoren

$$\mathfrak{s}' = \mathfrak{r}_1' - \mathfrak{r}' \tag{7,5}$$

ist der Verschiebungsvektor, dessen auf $\mathfrak{S}'$ bezogene Komponenten nach (5) und (4a—c)

$$\xi' = \varepsilon_1 x' \qquad \eta' = \varepsilon_2 y' \qquad \zeta' = \varepsilon_3 z' \tag{7,6a—c}$$

sind. Aus diesen Gleichungen ist zu erkennen, daß die drei Größen ε_1, ε_2, ε_3 die Komponenten (Hauptwerte) eines „auf Hauptachsen transformierten“ Tensors sind (vgl. § 3).

Wir wollen die Gl. (6 a [illegible] c), die sich bei Verwendung von der durch (3,7) und (3,8) erklärten Schreibweise in

$$\xi_i' = \varepsilon_i x_i' \quad (i = 1, 2, 3) \tag{7,7}$$

zusammenfassen lassen, auf ein neues Koordinatensystem $\mathfrak{S}\{\mathfrak{i}, \mathfrak{j}, \mathfrak{k}\}$ umrechnen, das gegenüber $\mathfrak{S}'$ gedreht ist. Die drei Achsen von $\mathfrak{S}$ mögen mit denen von $\mathfrak{S}'$ Winkel einschließen, deren Richtungskosinusse $\alpha_{ik} (i, k = 1, 2, 3)$ durch (3,2) bzw. (3,3) gegeben sind. Dann ist das Transformationsgesetz (3,10) anzuwenden, nach dem

$$\xi_k = \sum_i \alpha_{ik} \xi_i' \quad (i, k = 1, 2, 3) \tag{7,8}$$

ist. Hierbei bedeuten $\xi_k (\xi_1 \to \xi, \xi_2 \to \eta, \xi_3 \to \zeta)$ die Komponenten des Verschiebungsvektors $\mathfrak{s}$ in bezug auf $\mathfrak{S}$. Setzt man in (8) für ξ_i' den Wert aus (7) ein, so wird

$$\xi_k = \sum_i \varepsilon_i \alpha_{ik} x_i' \quad (i, k = 1, 2, 3), \tag{7,9}$$

und dies geht mit (3,9) in

$$\xi_k = \sum_i \sum_j \alpha_{ik} \alpha_{ij} \varepsilon_i x_j \quad (i, j, k = 1, 2, 3) \tag{7,10}$$

über, wenn mit $x_j (x_1 \to x, x_2 \to y, x_3 \to z)$ die Komponenten des Ortsvektors $\mathfrak{r}$ bzgl. $\mathfrak{S}$ bezeichnet werden. Ändert man in (10) die Bezeichnung der Indizes: $k \to i$, $j \to k$, $i \to m$ und vertauscht die Summationen, so kann statt (10) geschrieben werden:

$$\xi_i = \sum_k \Big(\sum_m \alpha_{mi} \alpha_{mk} \varepsilon_m \Big) x_k \tag{7,11}$$

oder mit Bezug auf (3,35):

$$\xi_i = \sum_k \varepsilon_{ik} x_k \,, \tag{7,12}$$

wobei

$$\varepsilon_{ik} = \sum_m \alpha_{mi} \alpha_{mk} \varepsilon_m = \varepsilon_{ki} \tag{7,13}$$

ist und i, k, m die Werte 1, 2, 3 durchlaufen.

Geht man zu der ursprünglichen ausführlichen Schreibweise zurück, so erhält man aus (12) genau[1]) die Gl. (6,21a—c). Diese stellen demnach tatsächlich — wie im Anschluß an sie behauptet — eine Verschiebung eines Punktes eines Kontinuums dar, die sich ergibt, wenn dieses Dehnungen in drei zueinander senkrechten Richtungen erleidet.

Aus Gl. (12) oder den ihr gleichwertigen, ausführlich geschriebenen (6,21a—c) ist zu ersehen, daß die Komponenten des Verschiebungsvektors $\mathfrak{s}^{(3)}$ — künftig nur mit $\mathfrak{s}$ bezeichnet — lineare homogene Funktionen der Komponenten x, y, z des Ortsvektors $\mathfrak{r}$ sind und d. h., daß (vgl. § 3) die neun Größen ε_{ik} die Komponenten eines Tensors sind. Sie sind aus den Hauptwerten (den Hauptdehnungen ε_1, ε_2, ε_3) nach (13) berechenbar, welche Gl. erkennen läßt, daß es sich um einen symmetrischen Tensor handelt. Man nennt ihn den *Deformations-*, *Dilatations-* oder *Verzerrungstensor*, weil seine Komponenten ε_{ik} die bei einer Deformation auftretenden Abstandsänderungen zwischen zwei Punkten und Änderungen von Winkeln zwischen zwei Strecken in einem Kontinuum beschreiben.

Um dieses zu zeigen, betrachten wir zunächst innerhalb eines deformierbaren festen Körpers zwei Punkte P_1 und P_2, deren gegenseitiger Abstand vor der Deformation l sei (Abb. 8). Legt man ein Koordinatensystem derart, daß P_1 und P_2 auf dessen x-Achse liegen, so wird $P_1(x_1, 0, 0)$ und $P_2(x_2, 0, 0)$, und es ist

$$l = x_2 - x_1 = \Delta x\,. \tag{7,14}$$

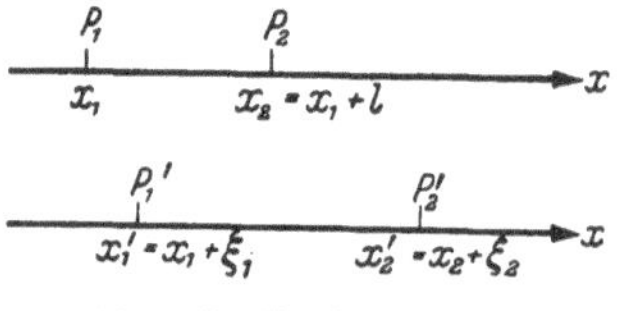

Abb. 8. Zur Deutung von ε_{xx}.

Nach der Deformation ist die neue Länge l' der betrachteten „x-Faser“, wie aus Abb. 8 zu entnehmen ist:

[1]) Wenn man von dem unwesentlichen Index (³) absieht, der weiterhin der Einfachheit wegen fortgelassen werden soll.

$$\begin{aligned} l' &= x_2' - x_1' = x_2 + \xi_2 - (x_1 + \xi_1) \\ &= (x_2 - x_1) + (\xi_2 - \xi_1) = l + \xi_2 - \xi_1 \\ &= l + \Delta\xi\,. \end{aligned} \tag{7,15}$$

Demnach ist die infolge der Deformation eingetretene Längenänderung in Richtung der x-Achse

$$\Delta l = l' - l = \Delta\xi\,. \tag{7,16}$$

Bezieht man sie auf die ursprüngliche Länge $l = \Delta x$, so wird

$$\frac{l' - l}{l} = \frac{\Delta l}{l} = \frac{\Delta\xi}{\Delta x}, \tag{7,17}$$

und dieser Ausdruck geht für den Fall infinitesimal benachbarter Punkte in

$$\frac{\Delta\xi}{\Delta x} \longrightarrow \frac{\partial\xi}{\partial x} \tag{7,18}$$

über. Aus den beiden letzten Gleichungen folgt unter Beachtung von (6,8a) für

$$\varepsilon_{xx} = \frac{\Delta l}{l} \tag{7,19}$$

Demnach bedeutet die Tensorkomponente ε_{xx} die relative Änderung $\Delta l/l$ eines ursprünglichen Abstandes l zweier auf der x-Achse liegenden Punkte bei einer Dehnung in Richtung der x-Achse. Analoges gilt für die Bedeutung von ε_{yy} und ε_{zz}.

Die Komponenten erster Art ε_{xx}, ε_{yy}, ε_{zz} des Verzerrungstensors haben also die gleiche physikalische Bedeutung wie die Hauptdehnungen ε_1, ε_2, ε_3, die offensichtlich die drei Hauptwerte des auf „Hauptachsen transformierten" Dilatationstensors darstellen.

Wir betrachten nun ein kleines Volumen von Quaderform, dessen Kanten von den Längen l_1, l_2 und l_3 parallel zu den drei Achsen des Koordinatensystems liegen sollen. Das Volumen V_0 des Quaders ist daher $V_0 = l_1 l_2 l_3$. Infolge einer Deformation mögen sich die Kantenlängen in $l_1' = l_1(1 + \varepsilon_{xx})$, $l_2' = l_2(1 + \varepsilon_{yy})$, $l_3' = l_3(1 + \varepsilon_{zz})$ ändern, so daß das Volumen V_0' des verzerrten Quaders

$$V_0' = l_1' l_2' l_3' = l_1 l_2 l_3 (1 + \varepsilon_{xx})\,(1 + \varepsilon_{yy})\,(1 + \varepsilon_{zz}) \qquad (7{,}20)$$

$$= V_0 (1 + \varepsilon_{xx} + \varepsilon_{yy} + \varepsilon_{zz}) \qquad (7{,}21)$$

wird, wenn man nach der Ausmultiplikation der rechten Seite von (20) Glieder, die doppelte und dreifache Produkte der ε_{ii} enthalten, als sehr klein gegen 1 und ε_{ii}, vernachläßigt. Aus (21) folgt für die Volumenänderung

$$V_0' - V_0 = \Delta V = V_0 (\varepsilon_{xx} + \varepsilon_{yy} + \varepsilon_{zz}) \qquad (7{,}22)$$

und hieraus für die auf das ursprüngliche Volumen bezogene Änderung

$$\frac{\Delta V}{V_0} = \varepsilon_{xx} + \varepsilon_{yy} + \varepsilon_{zz}\,. \qquad (7{,}23)$$

Man bezeichnet die relative Volumenänderung als *Volumendilatation* Θ, für die man unter Beachtung von (6,8a—c) und (2,5) auch

$$\Theta = \varepsilon_{xx} + \varepsilon_{yy} + \varepsilon_{zz} = \frac{\partial \xi}{\partial x} + \frac{\partial \eta}{\partial y} + \frac{\partial \zeta}{\partial z} = \operatorname{div} \mathfrak{s} \qquad (7{,}24)$$

schreiben kann. Sie ist, wie unmittelbar aus ihrer Natur hervorgeht, eine skalare Größe und daher vom Koordinatensystem unabhängig, (vgl. (3,29.)).

Es verbleibt noch die Aufgabe, zu klären, was die $\varepsilon_{ik} (i \neq k)$ bedeuten. Zu diesem Zweck betrachten wir innerhalb des deformierbaren Körpers vier seiner Punkte P_1, P_2, P_3, P_4, die in einer Ebene so liegen mögen, daß sie, miteinander verbunden, ein Rechteck bilden (Abb. 9). Die Ebene werde zur xy-Ebene eines Koordinatensystems gewählt, auf das bezogen die Punkte die aus Abb. 9 ersichtlichen Koordinaten haben mögen. Infolge einer Deformation ändern sich ihre ursprünglichen Lagen und es gehen insbesondere P_1 und P_2 nach (6,3) über in

$$P_1(x, y, 0) \rightarrow P_1'(x + \xi, y + \eta, \zeta) \qquad (7{,}25)$$

$$P_2(x + dx, y, 0) \rightarrow P_2'\left(x + dx + \xi + \frac{\partial \xi}{\partial x} dx,\; y + \eta + \frac{\partial \eta}{\partial x} dx,\; \zeta + \frac{\partial \zeta}{\partial x} dx\right). \qquad (7{,}26)$$

Die Änderungen in Richtung der z-Achse können unberücksichtigt bleiben, indem man sich P_1' und P_2' in die xy-Ebene projiziert denkt. Dann wird die Richtung ihrer Verbindungs-

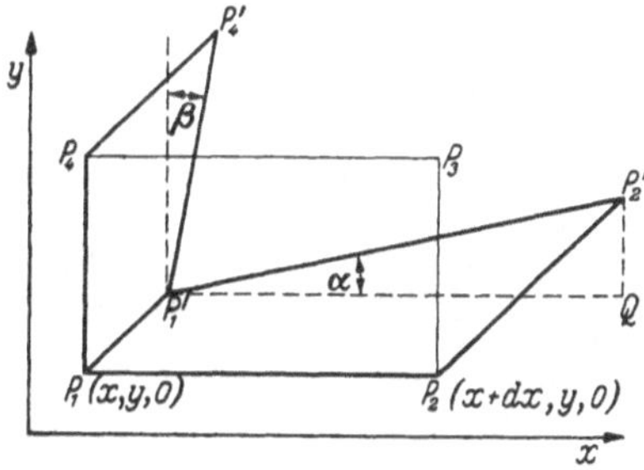

Abb. 9. Zur Bedeutung von ε_{xy}.

linie, die ursprünglich mit der Richtung der x-Achse zusammenfiel, nunmehr eine andere sein und mit dieser einen (kleinen) Winkel α einschließen. Für ihn gilt, wie aus Abb. 9 sofort abzulesen,

$$\operatorname{tg}\alpha = \frac{P_2'Q}{P_1'Q} = \frac{\left(y + \eta + \frac{\partial \eta}{\partial x}\,dx\right) - (y + \eta)}{\left(x + dx + \xi + \frac{\partial \xi}{\partial x}\,dx\right) - (x + \xi)} \tag{7,27}$$

$$= \frac{\frac{\partial \eta}{\partial x}\,dx}{\left(1 + \frac{\partial \xi}{\partial x}\right) dx} \tag{7,28}$$

Vernachläßigt man im Nenner die kleine Größe $\partial\xi/\partial x$ gegen 1 und ersetzt näherungsweise den tg des kleinen Winkels α durch das Argument α selbst, so wird

$$\alpha \approx \frac{\partial \eta}{\partial x}\,. \tag{7,29}$$

Entsprechend findet man für den Winkel β, den die Verbindungslinie P_1', P_4' mit der y-Achse bildet,

$$\beta \approx \frac{\partial \xi}{\partial y}. \tag{7,30}$$

Daher ist

$$\varepsilon_{xy} = \frac{1}{2}\left(\frac{\partial \xi}{\partial y} + \frac{\partial \eta}{\partial x}\right) \approx \frac{1}{2}(\alpha + \beta) \tag{7,31}$$

und gibt die Hälfte der Änderung eines ursprünglichen in der xy-Ebene gelegenen rechten Winkels infolge einer Deformation an (*Gleitung* oder *Scherung*). Entsprechende Bedeutung haben ε_{xz} und ε_{yz}.

Zusammenfassend läßt sich also sagen: Die bei einer Deformation eines festen Körpers auftretenden Längen- und Winkeländerungen werden durch einen Tensor, den Deformationstensor, beschrieben. Er ist symmetrisch, hat also nur 6 voneinander unabhängige Komponenten. Die drei Komponenten 1. Art beschreiben relative Längenänderungen (Dehnungen bzw. Stauchungen), also Volumenänderung, während die Komponenten 2. Art Winkeländerungen, also Gestaltsverformungen, angeben.

§ 8. Die Kompatibilitätsbedingungen

Wenn eben gezeigt wurde, daß ein Deformationszustand durch 6 Tensorkomponenten beschrieben wird, so wird dennoch durch ein System von 6 Größen, auch wenn es Tensorcharakter besitzt, durchaus nicht immer ein physikalisch möglicher Verzerrungszustand dargestellt. Dies folgt daraus, daß die ε_{ik} von den (nur drei!) Komponenten ξ, η, ζ des Verschiebungsvektors $\mathfrak{s}$ abhängen, mit denen sie gemäß (6,8—11) verknüpft sind. Die ε_{ik} müssen demnach außer der ihren Tensorcharakter festlegenden Gl. (3,23) noch weiteren Relationen genügen, die als *Verträglichkeits-* oder *Kompatibilitätsbedingungen* bezeichnet werden. Diese ergeben sich aus der Tatsache, daß das Ergebnis einer mehrfachen partiellen Differentiation unabhängig davon sein muß, in welcher Reihenfolge nach den einzelnen Variablen abgeleitet wird. So muß etwa gelten

$$\frac{\partial}{\partial y}\left(\frac{\partial \xi}{\partial x}\right) = \frac{\partial}{\partial x}\left(\frac{\partial \xi}{\partial y}\right). \tag{8,1}$$

Ersetzt man die in Klammern stehenden Größen nach (6,8a) und (6,9), so ergibt sich

$$\frac{\partial \varepsilon_{xx}}{\partial y} = 2\,\frac{\partial \varepsilon_{xy}}{\partial x} - \frac{\partial^2 \eta}{\partial x^2}\,. \tag{8,2}$$

Aus dieser Gleichung kann die Komponente η eliminiert und durch ε_{yy} ausgedrückt werden, indem man (2) nach y differenziert und (6,8b) beachtet. Dann erhält man aus (2):

$$2\,\frac{\partial^2 \varepsilon_{xy}}{\partial x\,\partial y} = \frac{\partial^2 \varepsilon_{xx}}{\partial y^2} + \frac{\partial^2 \varepsilon_{yy}}{\partial x^2}\,. \tag{8,3a}$$

Dies ist offensichtlich eine erste Verträglichkeitsbedingung, da sie verlangt, daß drei Komponenten des Verzerrungstensors der vorstehenden Differentialgleichung genügen. Durch zyklische Vertauschung der Variablen erhält man aus (3a) die zwei weiteren Bedingungen

$$2\,\frac{\partial^2 \varepsilon_{yz}}{\partial y\,\partial z} = \frac{\partial^2 \varepsilon_{yy}}{\partial z^2} + \frac{\partial^2 \varepsilon_{zz}}{\partial y^2} \tag{8,3b}$$

$$2\,\frac{\partial^2 \varepsilon_{zx}}{\partial z\,\partial x} = \frac{\partial^2 \varepsilon_{zz}}{\partial x^2} + \frac{\partial^2 \varepsilon_{xx}}{\partial z^2}\,. \tag{8,3c}$$

Zu einem zweiten Tripel von Bedingungen gelangt man, indem man etwa von der Gleichheit

$$\frac{\partial}{\partial x}\left(\frac{\partial \eta}{\partial z}\right) = \frac{\partial}{\partial z}\left(\frac{\partial \eta}{\partial x}\right) \tag{8,4}$$

ausgeht. Setzt man hierin für die in Klammern stehenden Differentialquotienten die sich für sie aus (6,10) bzw. (6,9) ergebenden Ausdrücke ein, so geht (4) in

$$2\,\frac{\partial \varepsilon_{yz}}{\partial x} - 2\,\frac{\partial \varepsilon_{xy}}{\partial z} = \frac{\partial}{\partial y}\left(\frac{\partial \zeta}{\partial x} - \frac{\partial \xi}{\partial z}\right) \tag{8,5}$$

über. Mit (6,11) wird daraus

$$\ldots = 2\,\frac{\partial \varepsilon_{xz}}{\partial y} - 2\,\frac{\partial^2 \xi}{\partial y\,\partial z}\,. \tag{8,6}$$

Differentiation nach x und Beachtung von (6,8a) liefert schließlich:

$$\frac{\partial^2 \varepsilon_{xx}}{\partial y\,\partial z} = \frac{\partial}{\partial x}\left(-\frac{\partial \varepsilon_{yz}}{\partial x} + \frac{\partial \varepsilon_{zx}}{\partial y} + \frac{\partial \varepsilon_{xy}}{\partial z}\right) \tag{8,7a}$$

und durch zyklische Vertauschung die zwei weiteren Beziehungen

$$\frac{\partial^2 \varepsilon_{yy}}{\partial z\,\partial x} = \frac{\partial}{\partial y}\left(\frac{\partial \varepsilon_{yz}}{\partial x} - \frac{\partial \varepsilon_{xz}}{\partial y} + \frac{\partial \varepsilon_{xy}}{\partial z}\right) \tag{8,7b}$$

$$\frac{\partial^2 \varepsilon_{zz}}{\partial x\,\partial y} = \frac{\partial}{\partial z}\left(\frac{\partial \varepsilon_{yz}}{\partial x} + \frac{\partial \varepsilon_{zx}}{\partial y} - \frac{\partial \varepsilon_{xy}}{\partial z}\right)\,. \tag{8,7c}$$

Diese Gleichungen stellen drei weitere Bedingungen dar, denen die Komponenten des Dehnungstensors genügen müssen.

Von den insgesamt neun Gleichheiten, die sich zwischen den gemischten Ableitungen der drei Komponenten ξ, η, ζ nach den drei Ortsvariablen x, y, z aufstellen lassen, sind bisher nur sechs verwendet worden. Geht man von den noch verbleibenden Gleichungen aus, so gelangt man zu keinen weiteren neuen Bedingungen für die ε_{ik}. Demnach stellen die beiden Gleichungstripel (3) und (7) die gesuchten (erstmalig von Kirchhoff und De Saint-Venant angegebenen) Verträglichkeitsbedingungen dar. Sie sind, wie Beltrami bewiesen hat, notwendige und hinreichende Bedingungen dafür, daß nur jene sechs Tensorkomponenten, die den Nebenbedingungen (3) und (7) genügen, einen physikalisch möglichen Deformationszustand beschreiben.

II. STATIK

§ 9. Die Kräfte (Volumen-, Massen- und Oberflächenkräfte)

Die auf einen elastischen Körper wirkenden Kräfte lassen sich in zwei Klassen einteilen. Die erste Klasse umfaßt alle jene Kräfte, die auf jedes Massenelement dm des Körpers wirken und deren Betrag dem Massenelement dm proportional ist. Man nennt sie daher *Massenkräfte*. Bezeichnet man die auf die Masseneinheit wirkende Kraft mit $\mathfrak{P}$, so wirkt auf ein Massenelement dm die infinitesimale Kraft

$$d\mathfrak{K} = \mathfrak{P}\, dm \qquad (9{,}1)$$

und auf den gesamten Körper die Kraft

$$\mathfrak{K} = \int \mathfrak{P}\, dm\,. \qquad (9{,}2)$$

Beispiele für Massenkräfte sind die Schwerkraft, die Zentrifugalkraft, die Trägheitskraft u. a. m.

Anstelle der auf die Masseneinheit bezogenen Kraft $\mathfrak{P}$ wird insbesondere in der Mechanik des deformierbaren festen Körpers auch oft mit der auf die Volumeneinheit bezogenen *Volumenkraft* gerechnet, für welche die Bezeichnung $\mathfrak{F}$ gewählt werden möge. Da angenommen wurde, daß das Volumen des betrachteten Körpers kontinuierlich mit Masse ausgefüllt sei, muß zwischen Massen- und Volumenkraft ein Zusammenhang bestehen, der sich wie folgt ergibt. Sei $\varrho = \varrho(\mathfrak{r})$ die – gegebenenfalls ortsabhängige – Dichte des betrachteten Körpers und $d\tau$ ein Volumenelement desselben, so enthält $d\tau$ die Masse $dm = \varrho\, d\tau$. Damit wird aus (1):

$$\mathfrak{P}\, dm = \mathfrak{P} \varrho\, d\tau\,, \tag{9,3}$$

und man erhält für die auf die Volumeneinheit bezogene Kraft (Kraftdichte)

$$\mathfrak{F} = \varrho\, \mathfrak{P}\,. \tag{9,4}$$

Die gesamte auf den Körper wirkende Kraft ist dann

$$\mathfrak{K} = \int \mathfrak{F}\, d\tau\,, \tag{9,5}$$

wobei über das vom Körper eingenommene Volumen V zu integrieren ist.

Für den Fall, daß es sich bei der Kraft etwa um die Erdschwere handelt, ist $\mathfrak{P} = \mathfrak{g}$ und $\mathfrak{F} = \varrho\mathfrak{g}$ ($\mathfrak{g}$ = Vektor der Erdbeschleunigung).

Neben den Massen- bzw. Volumenkräften spielen als zweite Klasse in der Mechanik deformierbarer Körper die Flächenkräfte eine wesentliche Rolle. Als solche bezeichnet man Kräfte, die auf Flächen innerhalb eines Körpers oder auf die ihn begrenzende Oberfläche wirken und durch diese übertragen werden. Von den verschiedenen Flächenkräften spielen in der Elastizitätstheorie insbesondere die *Spannungen* eine wichtige Rolle. Zur Erläuterung dieses Begriffes betrachten wir den etwa rechteckigen Querschnitt $\mathfrak{f} = \mathfrak{n}^0 f$ eines Stabes (Abb. 10), auf den, über ihn gleichmäßig verteilt, eine Kraft $\mathfrak{K} = \mathfrak{n}^0 K$ wirken möge. Die auf die Flächeneinheit bezogene Kraft

$$\mathfrak{t} = \frac{\mathfrak{K}}{f} = \frac{K}{f}\mathfrak{n}^0 \tag{9,6}$$

nennt man Spannungsvektor. Im vorliegenden Sonderfall

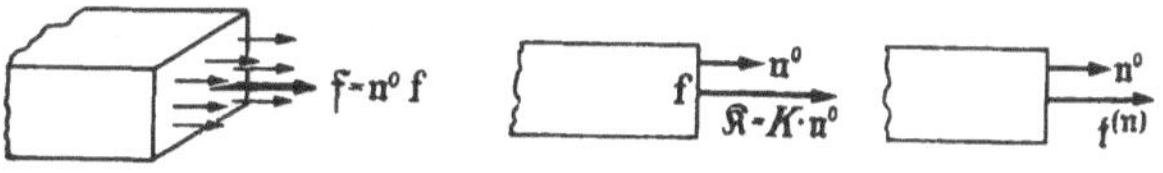

Abb. 10. Zum Spannungsbegriff.

hat $\mathfrak{t}$ die Richtung der Flächennormalen und daher nur eine *in* Normalrichtung nicht verschwindende Komponente. Diese wird deswegen Normalspannung genannt. Ist sie, wie im eben betrachteten Beispiel, positiv, so spricht man von einer Zug-, im entgegengesetzten Fall von einer Druck-Komponente.

Offensichtlich muß bei einem nur auf Zug beanspruchten (bzw. nur einem Druck unterworfenen) Körper die auf ihn einwirkende Kraft in allen Punkten der Körperoberfläche auf ihr senkrecht stehen (vgl. Abb. 11).

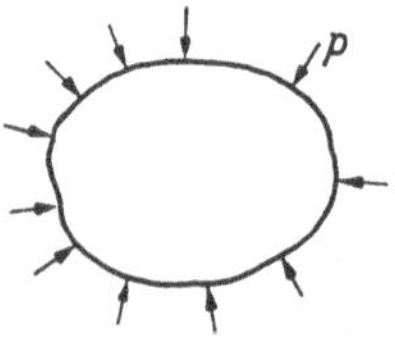

Abb. 11. Ein einem Druck unterworfener Körper.

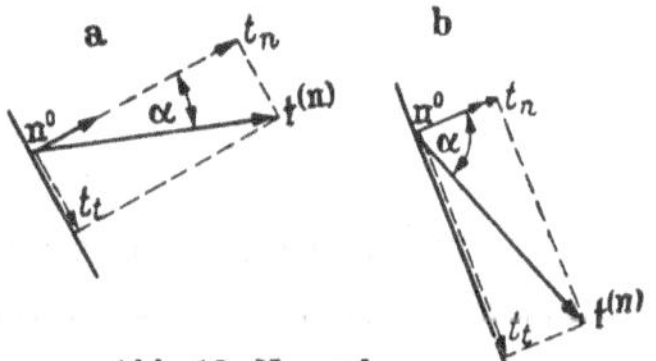

Abb. 12. Normal- und Schubspannung

Trifft dies nicht zu, was im allgemeinen auch der Fall sein wird, so schließen Spannungsvektor $\mathfrak{t}$ und Flächennormale $\mathfrak{n}^0$ einen Winkel $\alpha \neq 0$ ein (Abb. 12) und dann hat der Spannungsvektor außer der Normalkomponente t_n nun auch eine in die Fläche fallende Tangentialkomponente $t_t \neq 0$. Man nennt sie Scher- oder Schubspannung.

Offenbar haben nun, was Abb. 12 erkennen läßt, Normal- und Tangentialkomponente des gleichen Spannungsvektors $\mathfrak{t}$ verschiedene Beträge, wenn $\mathfrak{t}$ auf Flächen mit verschieden gerichteten Flächennormalen $\mathfrak{n}^0$ wirkt. Zur vollständigen Beschreibung der Verhältnisse wird also neben dem Spannungsvektor $\mathfrak{t}$ auch noch die jeweilige Normale $\mathfrak{n}^0$ jener Fläche angegeben werden müssen, auf die $\mathfrak{t}$ wirkt. Dazu möge die Abkürzung $\mathfrak{t}^{(\mathfrak{n})}$ verwendet werden[1]). Sie bedeutet also eine

[1]) Korrekterweise sollte $\mathfrak{t}^{(\mathfrak{n}^\bullet)}$ geschrieben werden. Wenn dem entgegen das den Einheitsvektor kennzeichnende Symbol $^\bullet$ bei $\mathfrak{n}^\bullet$ fortgelassen wurde, so geschieht das lediglich aus Gründen der Vereinfachung. Verwechslungen oder Unklarheiten dürfte dies wohl kaum zur Folge haben.

Kraft, welche an einer als eben vorausgesetzten Einheitsfläche $\mathfrak{f} = f\mathfrak{n}^0$ angreift, deren Normale die Richtung des Einheitsvektors $\mathfrak{n}^0$ hat. Auf Grund des Gesetzes „actio = reactio" gilt die Beziehung

$$\mathfrak{t}^{(-\mathfrak{n})} = -\mathfrak{t}^{(\mathfrak{n})}\,, \qquad (9,7)$$

die sich auch unmittelbar aus Abb. 13 ablesen läßt. Die gesamte auf f wirkende Kraft ist $\mathfrak{K} = f\mathfrak{t}^{(\mathfrak{n})}$.

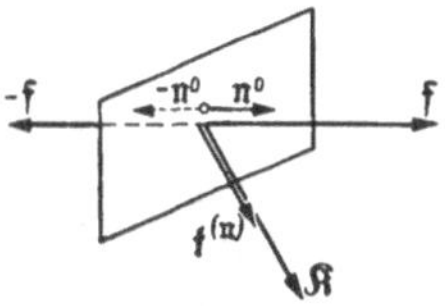

Abb. 13. Zu Gl. (9,7)

Dieser Ausdruck für $\mathfrak{K}$ gilt allerdings nicht mehr, wenn, wie es im allgemeinen auch sein wird, die Fläche $\mathfrak{f}$ **nicht** eben ist, wie bisher vorausgesetzt. Es mag sich etwa um eine beliebig geformte (aber „vernünftige") Fläche handeln, die die Oberfläche eines elastischen Körpers sei. Eines ihrer Elemente werde durch $d\mathfrak{f} = \mathfrak{n}^0 df$ beschrieben, mit der Vereinbarung, daß von den beiden möglichen Normalenrichtungen durchweg diejenige als positiv (negativ) bezeichnet werde, die „nach außen" (innen) weist (Abb. 14). Ist nun $\mathfrak{t}^{(\mathfrak{n})}$ ein an df angreifender Spannungsvektor, dann wirkt auf df der infinitesimale Kraftanteil

$$d\mathfrak{K} = \mathfrak{t}^{(\mathfrak{n})}\, df \qquad (9,8)$$

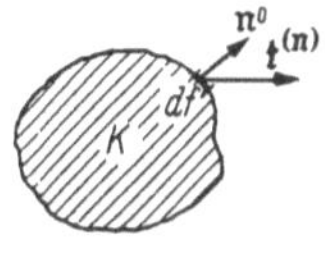

Abb. 14. Zur Festlegung des **positiven** Sinnes eines Flächennormalenvektors

und auf die gesamte Körperoberfläche die Kraft

$$\mathfrak{K} = \int \mathfrak{t}^{(\mathfrak{n})}\, df\,. \qquad (9,9)$$

Um das in (9) stehende, über die Oberfläche des Körpers zu erstreckende Integral auswerten zu können, bedarf es der Kenntnis der Spannungsvektoren $\mathfrak{t}^{(\mathfrak{n})}$ für **alle** vorkommenden — d. h. im allgemeinen für **jede mögliche** — Normalenrichtungen. Dies führt zu der Frage: Wann ist $\mathfrak{t}^{(\mathfrak{n})}$ für eine **beliebige** Richtung bekannt? Die Antwort hierauf wird im nächsten Paragraphen gegeben werden.

§ 10. Der Spannungstensor

Um die am Ende des vorstehenden Paragraphen aufgeworfene Frage beantworten zu können, schließen wir an Abb. 15 an. In ihr möge K einen sich im Gleichgewicht befindenden deformierbaren festen Körper darstellen, der Volumen- und Flächenkräften unterworfen sei. Weiterhin sei P ein Punkt von K, der in einem Flächenelement $d\mathfrak{f} = \mathfrak{n}^0 df$ liege. An $d\mathfrak{f}$ greife der Spannungsvektor $\mathfrak{t}^{(\mathfrak{n})}$ an. Wir denken uns nun ein ursprünglich beliebig orientiertes rechtwinkliges Koordinatensystem $\mathfrak{S}\{\mathfrak{i}, \mathfrak{j}, \mathfrak{k}\}$ derart verschoben, daß sein Ursprung mit P zusammenfällt. Gleichzeitig möge das Flächenelement $d\mathfrak{f}$ um ein infinitesimales Stück in Richtung seiner Normalen $\mathfrak{n}^0$ verschoben werden. Dann schneidet $d\mathfrak{f}$ aus dem Dreibein $\mathfrak{S}\{\mathfrak{i}, \mathfrak{j}, \mathfrak{k}\}$ die in die drei Koordinatenebenen fallenden Flächenelemente $BCP = df_1$, $CAP = df_2$ und $ABP = df_3$ aus. Da diese Flächen mit $|d\mathfrak{f}| = ABC$ ein (infinitesimal) kleines Tetraeder begrenzen (vgl. Abb. 15), sind die positiven (nach außen gerichteten) Normalenrichtungen von

df_1: $-\mathfrak{i}$, d. h. die Richtung der $-x$-Achse
df_2: $-\mathfrak{j}$, d. h. die Richtung der $-y$-Achse
df_3: $-\mathfrak{k}$, d. h. die Richtung der $-z$-Achse

Es ist also: $d\mathfrak{f}_1 = (-\mathfrak{i})\, df_1$ usw.

Wegen des vorausgesetzten Gleichgewichts von K muß sich ebenfalls jedes seiner Teile, also auch das Tetraeder im Gleichgewicht befinden. Notwendige Bedingung dafür ist das Verschwinden der Summe aller am Tetraeder angreifenden Kräfte, also

$$\iiint \mathfrak{F}\, d\tau + \iint \mathfrak{t}^{(\mathfrak{n})}\, df = 0\,, \qquad (10{,}1)$$

wenn $\mathfrak{F}$ die Volumenkraft und $\mathfrak{t}^{(\mathfrak{n})}$ die Spannungen sind, die auf die Oberfläche wirken. Da diese aus nur vier Teilflächen besteht und nur ein Volumenelement vorliegt, reduziert sich Gl. (1), von der wir nur die x-Komponente betrachten wollen, auf

$$F_x d\tau - t_x^{(x)} df_1 - t_x^{(y)} df_2 - t_x^{(z)} df_3 + t_x^{(\mathfrak{n})} df = 0\,, \qquad (10{,}2)$$

wobei statt $\mathfrak{t}^{(-i)}$ [illegible] $\mathfrak{t}^{(i)}$ [illegible] $\mathfrak{t}^{(x)}$ geschrieben wurde, wie es allgemein üblich ist. Nun sind df_1, df_2 und df_3 die Projektionen von df auf die drei Koordinatenebenen, also

$$df_1 = (\mathfrak{i}, d\mathfrak{f}) = df(\mathfrak{i}, \mathfrak{n}^0) = df \cos\alpha \tag{10,3a}$$
$$df_2 = (\mathfrak{j}, d\mathfrak{f}) = df(\mathfrak{j}, \mathfrak{n}^0) = df \cos\beta \tag{10,3b}$$
$$df_3 = (\mathfrak{k}, d\mathfrak{f}) = df(\mathfrak{k}, \mathfrak{n}^0) = df \cos\gamma\,. \tag{10,3c}$$

Hierbei sind α, β, γ die Winkel, die $\mathfrak{n}^0$ mit $\mathfrak{i}$, $\mathfrak{j}$, $\mathfrak{k}$ bildet und daher $\cos\alpha, \ldots$ die Komponenten des Einheitsvektors $\mathfrak{n}^0$ in bezug auf $\mathfrak{S}$, also

$$\mathfrak{n}^0\{\cos\alpha, \cos\beta, \cos\gamma\}\,. \tag{10,4}$$

Geht man mit den Gl. (3) in (2) ein und unterdrückt deren erstes Glied — weil gegenüber den anderen klein von erster Ordnung — so ergibt sich

$$t_x^{(n)} = t_x^{(x)} \cos\alpha + t_x^{(y)} \cos\beta + t_x^{(z)} \cos\gamma \tag{10,5a}$$

und zwei analoge Gleichungen für die beiden anderen Komponenten:

$$t_y^{(n)} = t_y^{(x)} \cos\alpha + t_y^{(y)} \cos\beta + t_y^{(z)} \cos\gamma \tag{10,5b}$$
$$t_z^{(n)} = t_z^{()x} \cos\alpha + t_z^{(y)} \cos\beta + t_z^{(z)} \cos\gamma\,. \tag{10,5c}$$

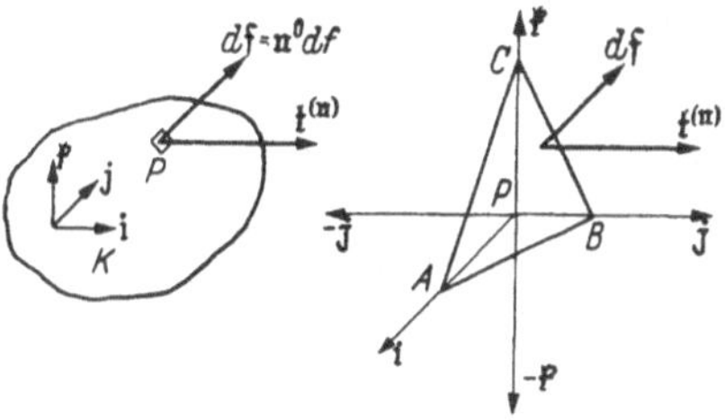

Abb. 15. Zur Herleitung von Gl. (10,5)

Die drei Gl. (5) bringen zunächst zum Ausdruck, daß ein an einem beliebig orientierten Flächenelement $d\mathfrak{f} = \mathfrak{n}^0 df$ angreifender Spannungsvektor $\mathfrak{t}^{(n)}$, dann bekannt ist, wenn man am Ort von df die Spannungsvektoren in drei aufeinander senkrecht stehenden Normalenrichtungen kennt (in welche man aus Zweckmäßigkeitsgründen die drei Achsen eines rechtwinkligen Koordinatensystems $\mathfrak{S}\{\mathfrak{i}, \mathfrak{j}, \mathfrak{k}\}$ legen wird).

Des weiteren lehren die Gl. (5), daß durch die neun Größen $t_x^{(x)}, t_y^{(x)} \ldots$ die Komponenten des Spannungsvektors $\mathfrak{t}^{(\mathfrak{n})}$ mit den Komponenten des Flächennormalenvektors $\mathfrak{n}^0$ — (4) — linear und homogen verknüpft werden. Dies bedeutet aber — nach den Darlegungen in § 3 —, daß das System $t_x^{(x)}, \ldots$ die Komponente eines Tensors ist, den man *Spannungstensor* nennt. Um seine Komponenten in der üblichen Tensorschreibweise (Benutzung von Doppelindizes, vgl. § 3) darzustellen, schreiben wir künftig ausnahmslos für

$$\begin{aligned} t_x^{(x)} &= \sigma_{xx}, \quad t_y^{(x)} = \sigma_{xy}, \quad t_z^{(x)} = \sigma_{xz} \\ t_x^{(y)} &= \sigma_{yx}, \ \ldots \\ t_x^{(z)} &= \sigma_{zx}, \ \ldots \end{aligned} \tag{10,6}$$

oder allgemein

$$t_k^{(i)} = \sigma_{ik} \qquad (i, k = 1, 2, 3 \rightarrow x, y, z). \tag{10,7}$$

Von den beiden Indizes gibt also der erste die Normalenrichtung der Fläche an, an der $\mathfrak{t}$ angreift, während der zweite Index die übliche Kennzeichnung einer Vektorkomponente ist. Demnach sind die Tensorkomponenten erster Art jene Komponenten, die in Richtung der jeweiligen Flächennormale fallen, also (nach § 8) die *Normalspannungen.* Dagegen stellen die Komponenten zweiter Art die *Scher-* oder *Schubspannungen* dar.

Wenn diese durchweg verschwinden, also $\sigma_{ik} = 0$ für $i \neq k$, so wirken nur Normalspannungen, die — wie auf S. 46 dargelegt — insbesondere einen Druck darstellen, wenn jene entgegengesetzt der Normalenrichtungen der einzelnen Flächenelemente wirken (Abb. 11). Ist der absolute Betrag des auf ein Element der Körperoberfläche wirkenden Druckes überall gleich groß, etwa gleich p, so wird der Spannungszustand des einem gleichmäßigen Druck unterworfenen Körpers demnach durch

$$\sigma_{xx} = \sigma_{yy} = \sigma_{zz} = -p \qquad (10,8\,a)$$

$$\sigma_{ik} = 0 \quad \text{für} \quad i \neq k \qquad (10,8\,b)$$

beschrieben. Von diesen Gleichungen werden wir noch mehrmals Gebrauch machen.

Mit (6) bzw. (7) nehmen die Gl. (5) die Form

$$\sigma_{nx} = \sigma_{xx} \cos\alpha + \sigma_{yx} \cos\beta + \sigma_{zx} \cos\gamma \qquad (10,9\,a)$$

$$\sigma_{ny} = \sigma_{xy} \cos\alpha + \sigma_{yy} \cos\beta + \sigma_{zy} \cos\gamma \qquad (10,9\,b)$$

$$\sigma_{nz} = \sigma_{xz} \cos\alpha + \sigma_{yz} \cos\beta + \sigma_{zz} \cos\gamma \qquad (10,9\,c)$$

an. Sie gelten auch dann, wenn das in Abb. 15 dargestellte Tetraeder so liegt, daß $d\mathfrak{f} = \mathfrak{n}^0\, df$ ein Element der Oberfläche des Körpers ist. In diesem Sonderfall heißen die Gl. (8) Oberflächenbedingungen.

§ 11. Die Gleichgewichtsbedingungen

In der Stereomechanik wird gezeigt, daß ein Körper, der der Einwirkung von Kräften unterliegt, sich dann und nur dann im Gleichgewicht befindet, wenn

1. der Schwerpunkt des Körpers in Ruhe bleibt. Dies verlangt das Verschwinden der Summe aller auf den Körper einwirkenden Kräfte (Resultantensatz);
2. der Körper keine Drehung ausführt. Dies verlangt das Verschwinden der Summe aller Kraftmomente (Momentensatz).

Bezeichnet man die Kräfte mit $\mathfrak{K}_i (i = 1,2 \cdots n)$ und die von ihnen hervorgerufenen Momente mit $\mathfrak{D}_i = [\mathfrak{r}_i \mathfrak{K}_i]$, wobei $\mathfrak{r}_i$ der Ortsvektor des Angriffpunktes von $\mathfrak{K}_i$ in bezug auf einen beliebigen Nullpunkt ist, so lauten die Gleichgewichtsbedingungen

$$\sum_i \mathfrak{K}_i = 0\,, \qquad \sum_i \mathfrak{D}_i = 0\,. \qquad (11,1\,a\text{—}b)$$

Handelt es sich um einen deformierbaren festen Körper, auf den Volumen- und Oberflächenkräfte mit den Resultanten $\mathfrak{F}$ bzw. $\mathfrak{t}^{(n)}$ wirken, so gehen die Gleichgewichtsbedingungen (1a) und (1b) in

$$\int \mathfrak{F}\, d\tau + \int \mathfrak{t}^{(n)}\, df = 0 \qquad (11,2)$$

$$\int [\mathfrak{r}\mathfrak{F}]\,d\tau + \int [\mathfrak{r}\mathfrak{t}^{(\mathfrak{n})}]\,df = 0 \tag{11,3}$$

über. Diese Gleichungen lassen sich umformen, was für jede von ihnen getrennt durchgeführt werden soll.

Zunächst behandeln wir Gl. (2), von der wir die x-Komponente anschreiben und $t_x^{(n)} = \sigma_{nx}$ durch (10,9a) ersetzen. Das führt zu

$$\int F_x d\tau + \int \Big\{\sigma_{xx} \cos(\mathfrak{n}^0, \mathfrak{i}) + \sigma_{yx} \cos(\mathfrak{n}^0, \mathfrak{j}) + \sigma_{zx} \cos(\mathfrak{n}^0, \mathfrak{k})\Big\}\,df = 0\,. \tag{11,4}$$

In dieser Gleichung lassen sich die drei Oberflächenintegrale nach der Gaussschen Integralformel (2,18) in Volumenintegrale umwandeln, womit (4) in

$$\int \left\{F_x + \frac{\partial \sigma_{xx}}{\partial x} + \frac{\partial \sigma_{yx}}{\partial y} + \frac{\partial \sigma_{zx}}{\partial z}\right\} d\tau = 0 \tag{11,5}$$

übergeht. Das Integral ist über das vom betrachteten Körper eingenommene Volumen V zu erstrecken. Es kann aber auch über irgendein Teilvolumen V' des Körpers erstreckt werden, denn: Ist ein Körper im Gleichgewicht, so ist auch jedes beliebige Teilvolumen V' von ihm im Gleichgewicht. Daraus folgt, daß der in (5) stehende Integrand (bei entsprechender Stetigkeit) selbst Null sein muß. Indem man die in ihm auftretenden Indizes und Variablen zyklisch vertauscht, erhält man demnach als Gleichgewichtsbedingungen:

$$F_x + \frac{\partial \sigma_{xx}}{\partial x} + \frac{\partial \sigma_{yx}}{\partial y} + \frac{\partial \sigma_{zx}}{\partial z} = 0 \tag{11,6a}$$

$$F_y + \frac{\partial \sigma_{xy}}{\partial x} + \frac{\partial \sigma_{yy}}{\partial y} + \frac{\partial \sigma_{zy}}{\partial z} = 0 \tag{11,6b}$$

$$F_z + \frac{\partial \sigma_{xz}}{\partial x} + \frac{\partial \sigma_{yz}}{\partial y} + \frac{\partial \sigma_{zz}}{\partial z} = 0\,. \tag{11,6c}$$

Diesen Gleichungen müssen die Komponenten einer Volumenkraft $\mathfrak{F}$ und die Spannungskomponenten σ_{ik} genügen, damit ein Körper, auf den jene einwirken, im Gleichgewicht ist.

Wir bemerken, daß in die Bedingungen (6) nicht die Spannungskomponenten selbst — wie etwa F_x, F_y, F_z —, sondern nur deren räumliche Änderungen eingehen.

Es verbleibt zu untersuchen, ob auch die den Momentensatz ausdrückende Gl. (3) sich in ähnlicher Weise wie (2) umformen läßt und zu welcher Aussage man dann gelangt. Dazu knüpfen wir an eine (etwa die x-) Komponente von (3) an, die

$$\int (y F_z - z F_y)\, d\tau + \int (y t_z^{(n)} - z t_y^{(n)})\, df = 0 \qquad (11,7)$$

lautet. Setzt man für die im Oberflächenintegral auftretenden Größen $t_z^{(n)} = \sigma_{nz}$ und $t_y^{(n)} = \sigma_{ny}$ die Ausdrücke (10,9c) bzw. (10,9b) ein, so erhält man Integrale, auf die abermals die Gausssche Integralformel (2,18) angewandt werden kann. So ergibt sich etwa für

$$\begin{aligned} \int y t_z^{(n)}\, df &= \int y \sigma_{nz}\, df \\ &= \int \Big\{ y\sigma_{xz} \cos(\mathfrak{n}^\circ, \mathfrak{i}) + y\sigma_{yz} \cos(\mathfrak{n}^\circ, \mathfrak{j}) + y\sigma_{zz} \cos(\mathfrak{n}^\circ, \mathfrak{k}) \Big\}\, df \\ &= \int \Big\{ \frac{\partial (y\sigma_{xz})}{\partial x} + \frac{\partial (y\sigma_{yz})}{\partial y} + \frac{\partial (y\sigma_{zz})}{\partial z} \Big\}\, d\tau \qquad (11,8) \\ &= \int \Big\{ y \left(\frac{\partial \sigma_{xz}}{\partial x} + \frac{\partial \sigma_{yz}}{\partial y} + \frac{\partial \sigma_{zz}}{\partial z} \right) + \sigma_{yz} \Big\}\, d\tau . \end{aligned}$$

Entsprechend liefert

$$\begin{aligned} \int z t_y^{(n)}\, df &= \int z \sigma_{ny}\, df \\ &= \int \Big\{ z \left(\frac{\partial \sigma_{xy}}{\partial x} + \frac{\partial \sigma_{yy}}{\partial y} + \frac{\partial \sigma_{zy}}{\partial z} \right) + \sigma_{zy} \Big\}\, d\tau . \qquad (11,9) \end{aligned}$$

Setzt man (8) und (9) in (7) ein, so heben sich die vier mit y behafteten Glieder wegen (6c) auf. Desgleichen ergibt die Summe der mit z behafteten Terme nach (6b) den Wert Null, so daß nur noch

$$\int (\sigma_{yz} - \sigma_{zy})\, d\tau = 0 \qquad (11,10)$$

verbleibt. Hieraus folgt nach der gleichen Schlußweise wie oben — jedes beliebige Teilvolumen eines sich im Gleichgewicht befindenden Körpers ist ebenfalls im Gleichgewicht —, daß

$$\sigma_{zy} = \sigma_{yz} \qquad (11,11\,\mathrm{a})$$

sein muß. Analog folgt ebenso, daß auch

$$\sigma_{xz} = \sigma_{zx}\,, \quad \sigma_{xy} = \sigma_{yx} \qquad (11,11\,\mathrm{b—c})$$

sein muß. Die Forderung, daß im Gleichgewicht (neben dem Resultantensatz) auch der Momentensatz erfüllt sein muß, führt zu der Aussage: Der Spannungstensor ist symmetrisch. Dies kann kurz mit der früher — § 3 — erklärten Schreibweise durch

$$\boxed{\sigma_{ik} = \sigma_{ki}} \quad i, k = 1, 2, 3 \to x, y, z. \qquad (11,12)$$

ausgedrückt werden.

Die Tatsache, daß (12) aus den Gleichgewichtsbedingungen gefolgert wurde, könnte es erscheinen lassen, daß die Symmetrie des Spannungstensors nur für den Fall des Gleichgewichts zutrifft. Daß dem aber nicht so ist, wird später (in § 18) gezeigt werden.

§ 12. Das Hookesche und das Naviersche Gesetz

Das Gleichungssystem (11,6) kann dazu dienen, die drei Komponenten F_x, F_y, F_z der Volumenkraft $\mathfrak{F}$ (durch Differentiation) zu ermitteln, wenn die Spannungskomponenten $\sigma_{ik} = \sigma_{ik}(\mathfrak{r})$ in ihrer Abhängigkeit vom Ort $\mathfrak{r}\{x, y, z\}$ bekannt sind. Dies ist aber im allgemeinen nicht der Fall, vielmehr liegt praktisch fast ausschließlich die umgekehrte Aufgabe vor: es ist das in einem elastischen Körper entstandene Spannungsfeld (die „Beanspruchung des Materials") zu ermitteln, wenn der Körper der Einwirkung von äußeren Kräften unterliegt. Anders formuliert lautet das Problem: Durch welche Gesetzmäßigkeit sind die in einem elastischen Körper entstehenden Spannungen mit den an ihm auftretenden Deformationen verknüpft?

Hierauf kann natürlich nur auf Grund der Erfahrung geantwortet werden, die zu der erstmalig (1678) von Hooke ausgesprochenen Erkenntnis führte, daß die von einem Zug hervorgerufene Dehnung in Richtung des Zuges diesem proportional ist („ut tensio sic vis"). Diese als Hookesches Gesetz bezeichnete Aussage folgt aus den wohl bekannten Zugversuchen an Stäben, die im einzelnen folgendes erkennen lassen. Wird ein homogener isotroper Stab von der Länge l in seiner Längsrichtung auf Zug beansprucht (Abb. 16), so erfährt der Stab eine Längenänderung Δl, die bei nicht zu großer Zugbeanspruchung dem Betrag der über den Stabquerschnitt F gleichmäßig verteilt zu denkenden und senkrecht zu F wirkenden Zugkraft K und der Länge l direkt, dagegen dem Querschnitt F umgekehrt proportional ist. Demnach gilt für

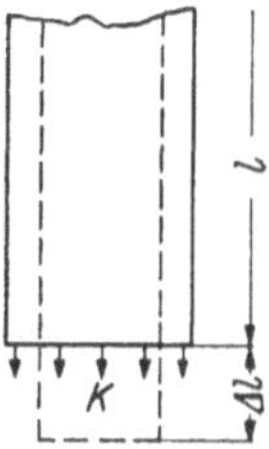

Abb. 16. Dehnung und Querkontraktion eines auf Zug beanspruchten Stabes

$$\Delta l = \frac{1}{E}\ \frac{K \cdot l}{F}. \tag{12,1}$$

Hierin ist E ein von K, l und F unabhängiger Proportionalitätsfaktor, also eine Materialkonstante, die *Elastizitätsmodul* (in der angelsächsischen Literatur Youngscher Modul)[1]) genannt wird. Für ihn ergibt sich aus (1):

$$E = \frac{K}{F} \cdot \frac{l}{\Delta l}, \tag{12,2}$$

und dies bedeutet, daß E als diejenige Kraft gedeutet werden kann, die auf die Einheit des Stabquerschnittes ($F = 1$) wirken müßte, damit die ursprüngliche Stablänge l (theoretisch!) verdoppelt wird ($\Delta l = l$)[2]).

---

[1]) Zu Ehren von Thomas Young, der ihn 1807 eingeführt hat.

[2]) Diese Interpretation von E setzt allerdings die Gültigkeit von (1) auch für derartige starke Belastungen voraus, die für eine Streckung auf das Doppelte einer ursprünglichen Länge erforderlich sind. Erfahrungsgemäß gilt dann jedoch das Hookesche Gesetz (1) nicht mehr, wenn von wenigen Ausnahmen (z. B. Gummi) abgesehen wird.

Da nach früher (9,6) und (7,3) Dargelegtem $K/F = |\mathfrak{t}| = \sigma$ die wirkende Spannung in Richtung des Zuges und $\Delta l/l = \varepsilon$ die durch σ hervorgerufene relative Längenänderung ε ist, kann statt (1) auch

$$\sigma = E\varepsilon \tag{12,3}$$

geschrieben werden. Diese Gleichung ist der quantitative Ausdruck für das oben (qualitativ) formulierte Hookesche Gesetz. Dieses läßt sich demnach auch dahingehend ausdrücken, daß der Quotient aus einer Zugspannung σ und der dadurch verursachten (relativen) Längenänderung ε — innerhalb gewisser Grenzen — eine für ein Material charakteristische Konstante ist.

Mit dieser Aussage werden jedoch keineswegs alle aus den erwähnten Zugversuchen an Stäben gefundenen Ergebnisse vollständig beschrieben. Im Jahre 1822 konnte nämlich Navier das Hookesche Gesetz dahingehend ergänzen, daß eine Zugspannung nicht nur eine Längenänderung in, sondern zugleich auch eine Änderung der senkrecht zur Zugrichtung orientierten Dimensionen (Querschnitt) hervorruft. Da diese bei einem Zug verkleinert werden, spricht man von Querkontraktion. Das Experiment lehrt, daß die relative Verkürzung $-\varepsilon'$ einer zur Zugrichtung senkrechten Dimension, bezogen auf die relative Längenänderung ε in Zugrichtung wiederum eine, ähnlich wie der Elastizitätsmodul E, für das jeweils vorliegende Material charakteristische Konstante m ist, die als Poissonsche Querkontraktionskonstante bezeichnet wird. Für sie gilt also

$$m = \frac{-\varepsilon'}{\varepsilon} \tag{12,4}$$

oder in Verbindung mit (3):

$$\varepsilon' = -\varepsilon m = -m\frac{\sigma}{E}. \tag{12,5}$$

Die beiden Konstanten E und m kennzeichnen das elastische Verhalten eines isotropen Stoffes vollständig.

Was den Betrag von m anbelangt, so erweist die Erfahrung, daß für die überwiegende Anzahl von Materialien die Querkontraktionskonstante m etwa zwischen 0,25 und 0,5 liegt.

Daß nach der Theorie tatsächlich m stets kleiner als 0,5 sein muß, wird in § 13 gezeigt werden.

§ 13. Die Spannungs-Dehnungs-Beziehungen

Die beiden in § 12 erwähnten, aus den Zugversuchen sich ergebenden Erfahrungstatsachen (Längsdilatation und Querkontraktion) genügen als Ausgangspunkt zur Aufstellung der gesuchten *Spannungs-Dehnungs-Beziehungen*. Hierzu betrachten wir einen quaderförmig geschnittenen Körper aus einem ausdrücklich als isotrop vorausgesetzten Material, dessen Flächen parallel zu den Ebenen eines rechtwinkligen Koordinatensystems $\mathfrak{S}'\{\mathfrak{i}', \mathfrak{j}', \mathfrak{k}'\}$ seien (Abb. 17). Parallel zu den Achsen von $\mathfrak{S}'$ mögen die drei aufeinander senkrecht stehenden Hauptspannungen $\sigma_1, \sigma_2,$ und σ_3 wirken. Es wird dann von σ_1 nach dem Hookeschen Gesetz in Richtung der x-Achse eine Dehnung ε_1 hervorgerufen, die gemäß (12,3) gleich

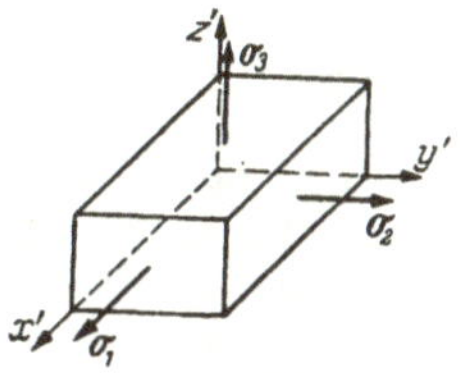

Abb. 17. An einem Quader angreifende Hauptspannungen, als Ausgangspunkt zur Herleitung der Spannungs-Dehnungs-Beziehungen (24).

$$\varepsilon_1' = \frac{\sigma_1}{E} \qquad (13,1)$$

ist. Gleichzeitig bewirken nach dem Navierschen Gesetz aber die beiden Hauptspannungen σ_2 und σ_3 senkrecht zu ihrer Richtung, also längs der x-Achse, Kontraktionen, die nach (12,5) durch

$$\varepsilon_1'' = -m\frac{\sigma_2}{E}, \qquad \varepsilon_1''' = -m\frac{\sigma_3}{E} \qquad (13,2\,\text{a—b})$$

gegeben sind. Demnach beträgt in Richtung der x-Achse die relative Längenänderung insgesamt

$$\varepsilon_1 = \varepsilon_1' + \varepsilon_1'' + \varepsilon_1''' = \frac{\sigma_1}{E} - \frac{m}{E}(\sigma_2 + \sigma_3) \qquad (13,3)$$

$$= \frac{\sigma_1}{E}(1 + m) - \frac{m}{E}(\sigma_1 + \sigma_2 + \sigma_3)\,. \qquad (13,4\,\text{a})$$

Da wegen der vorausgesetzten Isotropie keine Richtung ausgezeichnet ist, gilt entsprechend für die relativen Längenänderungen in Richtung der y- bzw. z-Achse:

$$\varepsilon_2 = \frac{\sigma_2}{E}(1+m) - \frac{m}{E}(\sigma_1+\sigma_2+\sigma_3) \qquad (13,4\text{b})$$

$$\varepsilon_3 = \frac{\sigma_3}{E}(1+m) - \frac{m}{E}(\sigma_1+\sigma_2+\sigma_3)\,. \qquad (13,4\text{c})$$

Die drei Gl. (4) geben die Hauptwerte $\varepsilon_1, \varepsilon_2, \varepsilon_3$ des Dehnungstensors an, der die durch die Hauptspannungen $\sigma_1, \sigma_2, \sigma_3$ an dem eingangs erwähnten Quader hervorgerufene Verzerrung beschreibt. Man nennt daher die Gl. (4) „Dehnungs-Spannungs-Beziehungen". Durch Auflösung nach den Hauptspannungen $\sigma_1, \sigma_2, \sigma_3$ gelangt man zu den „Spannungs-Dehnungs-Beziehungen". Man erhält sie, indem man zunächst die Gl. (4a—c) addiert. Dies liefert unter Beachtung von (7,24):

$$\Theta = \frac{1+m}{E}(\sigma_1+\sigma_2+\sigma_3) - \frac{3m}{E}(\sigma_1+\sigma_2+\sigma_3) \qquad (13,7)$$

$$= \frac{1-2m}{E}(\sigma_1+\sigma_2+\sigma_3) = \frac{1-2m}{E}S\,, \qquad (13,8)$$

wenn mit S die Spur (vgl. § 3) des Spannungstensors bezeichnet wird. Aus (8) und (4a) erhält man

$$\sigma_1 = \frac{E}{1+m}\varepsilon_1 + \frac{mE}{(1-2m)(1+m)}\Theta\,. \qquad (13,9)$$

Führt man schließlich, was sich als zweckmäßig erweist, statt der beiden bisher verwendeten (sog. „technischen") Elastizitätskonstanten E und m die Laméschen Elastizitätskonstanten

$$\mu = \frac{E}{2(1+m)}\,, \quad \lambda = \frac{Em}{(1-2m)(1+m)} \qquad (13,10)$$

ein, so ergibt (4) als Spannungs-Dehnungs-Beziehung

$$\sigma_1 = 2\mu\varepsilon_1 + \lambda\Theta \qquad (13,11\text{a})$$
$$\sigma_2 = 2\mu\varepsilon_2 + \lambda\Theta \qquad (13,11\text{b})$$
$$\sigma_3 = 2\mu\varepsilon_3 + \lambda\Theta\,. \qquad (13,11\text{c})$$

In dieser einfachen Form gelten die Gl. (11) allerdings nur in dem bisher benutzten Hauptsystem $\mathfrak{S}'$. Es obliegt uns daher, die Gl. (11) auf ein gegen dieses beliebig gedrehtes Koordinatensystem $\mathfrak{S}\{\mathfrak{i}, \mathfrak{j}, \mathfrak{k}\}$ zu transformieren. Hierzu ist das Transformationsgesetz (3,35) heranzuziehen, denn dieses gibt an, wie sich die Komponenten eines Tensors in einem irgendwie orientierten rechtwinkligen Koordinatensystem durch die Hauptwerte ausdrücken lassen. Werden die in (3,35) auftretenden Komponenten t_i mit den Hauptwerten $\sigma_1, \sigma_2, \sigma_3$, also

$$t_1 = \sigma_1, \qquad t_2 = \sigma_2, \qquad t_3 = \sigma_3 \tag{13,12}$$

und die t_{pq} mit

$$t_{11} \rightarrow t_{xx} = \sigma_{xx} \tag{13,13}$$

$$\cdots\cdots\cdots$$

$$t_{12} \rightarrow t_{xy} = \sigma_{xy}$$

$$\cdots\cdots\cdots$$

identifiziert, so liefert (3,35) etwa für

$$\sigma_{xx} = \alpha_{11}^2 \sigma_1 + \alpha_{21}^2 \sigma_2 + \alpha_{31}^2 \sigma_3 \tag{13,14}$$

$$= 2\mu\,(\alpha_{11}^2 \varepsilon_1 + \alpha_{21}^2 \varepsilon_2 + \alpha_{31}^2 \varepsilon_3) + \lambda(\alpha_{11}^2 + \alpha_{21}^2 + \alpha_{31}^2)\,\Theta\,. \tag{13,15}$$

Der in (15) rechtsseitig stehende erste Klammerausdruck ist, wie ein Vergleich mit (14) zeigt,

$$\alpha_{11}^2 \varepsilon_1 + \alpha_{21}^2 \varepsilon_2 + \alpha_{31}^2 \varepsilon_3 = \varepsilon_{xx}\,, \tag{13,16}$$

während der zweite Klammerausdruck auf Grund der Orthogonalitätsrelation (3,4)

$$\alpha_{11}^2 + \alpha_{21}^2 + \alpha_{31}^2 = 1 \tag{13,17}$$

ist. Damit wird aus (14):

$$\sigma_{xx} = 2\mu\varepsilon_{xx} + \lambda\Theta\,. \tag{13,18}$$

Zwei analoge Gleichungen gelten für σ_{yy} und σ_{zz}, die sich mit der früher (§ 3) vereinbarten Schreibweise in

$$\sigma_{ii} = 2\mu\varepsilon_{ii} + \lambda\Theta \qquad i = 1, 2, 3 \rightarrow x, y, z \tag{13,19}$$

zusammenfassen lassen. Ein Vergleich mit (11) lehrt, daß bei einem Übergang von einem Hauptsystem $\mathfrak{S}'$ zu einem beliebigen Koordinatensystem $\mathfrak{S}$ die Spannungs-Dehnungs-

Beziehungen (11) für die Komponenten erster Art formal ungeändert bleiben. Für die Komponenten zweiter Art $\sigma_{ik} (i \neq k)$ wird dies sicher nicht gelten, da diese in einem Hauptsystem — p. def. (!) — stets verschwinden, was jedoch in bezug auf ein beliebiges Koordinatensystem im allgemeinen nicht der Fall sein wird.

Nach dem Transformationsgesetz (3,35) ergibt sich etwa für $p = 1 \to x$, $q = 2 \to y$:

$$\sigma_{xy} = \alpha_{11}\alpha_{12}\sigma_1 + \alpha_{21}\alpha_{22}\sigma_2 + \alpha_{31}\alpha_{32}\sigma_3 \qquad (13,20)$$

$$= 2\mu(\alpha_{11}\alpha_{12}\varepsilon_1 + \alpha_{21}\alpha_{22}\varepsilon_2 + \alpha_{31}\alpha_{32}\varepsilon_3) + \lambda(\alpha_{11}\alpha_{12} + \alpha_{21}\alpha_{22} + \alpha_{31}\alpha_{32})\Theta\,. \qquad (13,21)$$

Hierin ist, wie wiederum Vergleich mit (20) zeigt, der erste rechtsseitig stehende Klammerausdruck gleich ε_{xy}, während gemäß der Orthogonalitätsrelation (3,5) die zweite rechtsseitig stehende Klammer in (21) verschwindet. Demnach folgt für

$$\sigma_{xy} = 2\mu\varepsilon_{xy}\,. \qquad (13,22)$$

Da zwei analoge Gleichungen für σ_{xz} und σ_{yz} gelten, kann statt (22) auch

$$\sigma_{ik} = 2\mu\varepsilon_{ik} \qquad (i \neq k) \qquad (13,23)$$

geschrieben werden. Die Gl. (19) und (23) stellen die allgemeine Form der Spannungs-Dehnungs-Beziehungen dar, die sich bei Verwendung des Kroneckerschen Symbols (3,4/5) in

$$\boxed{\sigma_{ik} = 2\mu\varepsilon_{ik} + \lambda\Theta\delta_{ik}} \qquad (13,24)$$

zusammenfassen lassen.

Als erste Anwendung dieser Gleichungen erbringen wir den Nachweis für die Richtigkeit der in § 12 ausgesprochenen Behauptung, daß der Betrag der Poissonschen Querkontraktionskonstanten m höchstens gleich 0,5 sein kann. Hierzu betrachten wir einen Körper, auf den allein ein an allen Stellen seiner (beliebig geformten aber „vernünftigen") Oberfläche gleich großer Druck p wirkt (vgl. Abb. 18). Dadurch erfährt der Körper lediglich eine Volumenverkleinerung (Kompression), jedoch keine Gestaltsveränderung. Nach dem in § 10

Dargelegten gilt für den betrachteten Sonderfall (10,0). Setzt man dies in (24) ein und addiert die drei Gleichungen, so erhält man

$$\begin{aligned} -3p &= 2\mu(\varepsilon_{xx} + \varepsilon_{yy} + \varepsilon_{zz}) + 3\lambda\Theta \\ &= (2\mu + 3\lambda)\Theta \end{aligned} \qquad (13,25)$$

und hieraus

$$\frac{p}{-\Theta} = K = \frac{1}{\varkappa} = \frac{1}{3}(2\mu + 3\lambda)\,. \qquad (13,26)$$

Die neu eingeführte Konstante K heißt der *Kompressionsmodul*, ihr reziprokes $\varkappa = {}^1/K$ wird als *Kompressibilität* bezeichnet. K und $\varkappa$ sind gemäß ihrer Definition positive Konstanten, da ein Druck ($p > 0$) stets eine (absolute und daher auch relative) Volumenverkleinerung $\Theta < 0$, also $-\Theta > 0$, zur Folge hat.

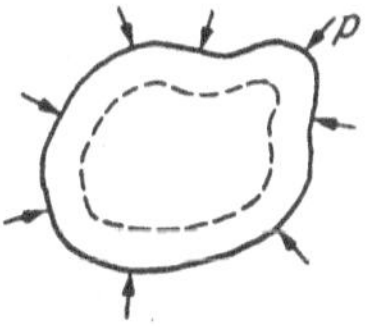

Abb. 18. Kompression eines Körpers

Ersetzt man in (26) die Konstanten λ und μ nach (10) durch E und m, so wird

$$K = \frac{1}{3}\,\frac{E}{1 - 2m} > 0\,. \qquad (13,27)$$

Dies ist aber dann und nur dann nicht negativ, wenn

$$m \overset{<}{(=)} 0{,}5 \qquad (13,28)$$

q. e. d. Für den Sonderfall $m = 0{,}5$ wird $K = \infty$ bzw. $\varkappa = 0$. Dieser Grenzfall bedeutet Inkompressibilität und kennzeichnet den „starren Körper" der Stereomechanik.

§ 14. Ergänzende Bemerkungen über Elastizitätskonstanten

In § 12 wurde gezeigt, daß zur Beschreibung des elastischen Verhaltens eines isotropen festen Materials zwei Elastizitätskonstanten erforderlich sind. Als solche ergab die Erfahrung unmittelbar die „anschaulichen" Konstanten E und m, die vorzugsweise zur Kennzeichnung der elastischen Eigenschaften fester Körper in der Technik verwendet werden. Dagegen erweisen sich — vgl. dazu insbesondere § 19 — für theoretische Betrachtungen die Laméschen Konstanten λ und μ als besonders zweckmäßig.

Natürlich stellen sie keine neuen Konstanten dar, da sie mit E und m durch Gl. (13,10) verknüpft sind. Auch der mit Gl. (13,26) eingeführte Kompressionsmodul K, bzw. die Kompressibilität $\varkappa$, sind keine neuen unabhängigen elastischen Konstanten, da sie sich durch λ und μ und somit auch durch E und m ausdrücken lassen. Gleiches gilt für den ebenfalls in der Technik oftmals verwendeten *Gleit- oder Schermodul* G, der durch

$$G = \frac{E}{2(1+m)} = \mu \tag{14,1}$$

definiert wird. Welche zwei von den vorstehend aufgezählten Konstanten ($E, m, \lambda, \mu = G, K = \varkappa^{-1}$) man zur Beschreibung des elastischen Verhaltens eines isotropen festen Materials wählt, ist prinzipiell gleichgültig. Entscheidend für die Wahl sind lediglich Zweckmäßigkeitsgründe.

Läßt man die bisher ausnahmslos gemachte Voraussetzung der Isotropie der Materie fallen (wie es etwa der Fall ist, wenn man das elastische Verhalten von Kristallen betrachtet), so kommt man mit zwei elastischen Konstanten nicht mehr aus. Denn nimmt man, was das Nächstliegende ist, die Gültigkeit des Hookeschen Gesetzes auch für anisotrope Körper an, so verlangt jenes, daß im allgemeinen Fall jede Komponente des Spannungstensors von jeder Komponente des Dehnungstensors linear (und homogen) abhängt. Die Spannungs-Dehnungs-Beziehungen müssen dann also im allgemeinen Fall die Form

$$\sigma_{xx} = c_{11}\varepsilon_{xx} + c_{12}\varepsilon_{yy} + c_{13}\varepsilon_{zz} + c_{14}\varepsilon_{yz} + c_{15}\varepsilon_{zx} + c_{16}\varepsilon_{xy} \tag{14,2}$$
$$\sigma_{yy} = c_{21}\varepsilon_{xx} + c_{22}\varepsilon_{yy} + c_{23}\varepsilon_{zz} + c_{24}\varepsilon_{yz} + c_{25}\varepsilon_{zx} + c_{26}\varepsilon_{xy} \tag{14,3}$$
$$\sigma_{zz} = c_{31}\varepsilon_{xx} + c_{32}\varepsilon_{yy} + \dots \tag{14,4}$$
$$\sigma_{yz} = c_{41}\varepsilon_{xx} + \dots \tag{14,5}$$
$$\sigma_{zx} = c_{51}\varepsilon_{xx} + \dots \tag{14,6}$$
$$\sigma_{xy} = c_{61}\varepsilon_{xx} + \dots \qquad + c_{66}\varepsilon_{xy} \tag{14,7}$$

haben. Die $6 \cdot 6 = 36$ auftretenden Koeffizienten c_{ik} heißen (isotherme) Elastizitätskonstanten.

Nach (2) bis (7) erscheint es, daß der allgemeine elastische Körper durch 36 elastische Konstanten gekennzeichnet ist. Man kann jedoch zeigen, daß allein aus der Existenz eines elastischen Potentials (§ 16) folgt, daß die Matrix der c_{ik} symmetrisch sein muß[1]), daß also

$$c_{ik} = c_{ki} \tag{14,8}$$

[1]) Erstmalig 1839 von Green nachgewiesen.

ist. Dadurch verringert sich im allgemeinen Fall die Anzahl der elastischen Konstanten von 36 auf 21. Diese aus der Theorie sich ergebende Aussage wird durch die Erfahrung bestätigt.

Besitzt der anisotrope Körper Symmetrien, so reduziert sich die Anzahl seiner elastischen Konstanten weiterhin. Indem bzgl. jedes Beweises auf die Spezialliteratur[2]) verwiesen werde, bemerken wir hier lediglich, daß zur Beschreibung des elastischen Verhaltens eines Körpers

der angehört dem	erforderlich sind
Triklinen System	21 Konstanten
Monoklinen „	13 „
Rhombischen „	9 „
Tetragonalen „	6 „
Kubischen „	3 „

während dem isotropen Körper zwei elastische Konstanten zukommen.

§ 15. Der ebene Spannungszustand
Die Airysche Spannungsfunktion

Ist das in einem Körper sich ausbildende Spannungsfeld von einer der drei Raumkoordinaten nicht abhängig, so liegt der Sonderfall eines zweidimensionalen oder ebenen Spannungszustandes vor. Obwohl es ihn in Strenge in der Natur nicht gibt, läßt sich in einer Reihe von Fällen die Berechnung von tatsächlich vorliegenden Spannungszuständen näherungsweise als zweidimensionales Problem auffassen. Solche spielen besonders in den technischen Anwendungen eine große Rolle, wie etwa bei der Untersuchung des Spannungs- und Dehnungszustandes von Scheiben und Platten.

Wegen der Unabhängigkeit des Spannungszustandes von einer Raumkoordinate vereinfachen sich die Gleichgewichtsbedingungen (11,6) und Spannungs-Dehnungsbeziehungen (13,24) auf ein solches System von Gleichungen, das in einer für den vorliegenden Sonderfall charakteristischen Weise zusammengefaßt werden kann.

Um dies zu zeigen, werde ein Koordinatensystem benutzt, in bezug auf welches der Spannungszustand nur von x, y abhängt. Dann reduzieren sich die Gleichgewichtsbedingungen (11,6), wenn man Fehlen von Volumenkräften ($\mathfrak{F} = 0$) voraussetzt, auf

[2]) Vgl. etwa W. Voigt: Lehrb. d. Kristallphysik. B. G. Teubner, Leipzig 1928.

$$\frac{\partial \sigma_{xx}}{\partial x} + \frac{\partial \sigma_{xy}}{\partial y} = 0 \tag{15,1a}$$

$$\frac{\partial \sigma_{yx}}{\partial x} + \frac{\partial \sigma_{yy}}{\partial y} = 0, \tag{15,1b}$$

und von den Spannungs-Dehnungsbeziehungen (13,24) verbleiben nur die drei Gleichungen

$$\sigma_{xx} = 2\mu\, \varepsilon_{xx} + \lambda(\varepsilon_{xx} + \varepsilon_{yy}) \tag{15,2a}$$

$$\sigma_{yy} = 2\mu\, \varepsilon_{yy} + \lambda(\varepsilon_{xx} + \varepsilon_{yy}) \tag{15,2b}$$

$$\sigma_{xy} = 2\mu\, \varepsilon_{xy}\,. \tag{15,2c}$$

Der ebene Spannungszustand wird also durch fünf Gleichungen beschrieben, aus denen sich fünf Unbekannte bestimmen lassen. Scheinbar enthalten die Gleichungen (1) und (2) sechs Unbekannte, nämlich die drei Spannungen σ_{xx}, σ_{yy}, $\sigma_{xy} = \sigma_{yx}$ sowie die drei Dehnungen ε_{xx}, ε_{yy}, und ε_{xy}. Es ist aber zu beachten, daß sich letztere nach (6,8/9) aus den nur zwei (!) Komponenten ξ und η des Verschiebungsvektors $\mathfrak{s}$ herleiten lassen, so daß die fünf Gleichungen (1) und (2) genau fünf Unbekannte enthalten: σ_{xx}, σ_{yy}, σ_{xy}, ξ und η. Praktisch interessieren meistens nur die drei Spannungskomponenten, die sich wie folgt ermitteln lassen:

Zunächst folgt aus (1a), daß sich diese Gleichung identisch erfüllen läßt, indem man eine Funktion $\Phi_1 = \Phi_1(x, y)$ einführt, mit der Eigenschaft, daß

$$\frac{\partial \Phi_1}{\partial y} = \sigma_{xx}\,, \qquad -\frac{\partial \Phi_1}{\partial x} = \sigma_{xy} \tag{15,3a—b}$$

ist. In gleicher Weise läßt sich (1b) durch eine andere Funktion $\Phi_2 = \Phi_2(x, y)$ befriedigen, wenn sie die Bedingung

$$\frac{\partial \Phi_2}{\partial x} = \sigma_{yy}\,, \qquad -\frac{\partial \Phi_2}{\partial y} = \sigma_{yx} \tag{15,4a—b}$$

erfüllt. Da nun ferner wegen der Symmetrie des Spannungstensors $\sigma_{xy} = \sigma_{yx}$ ist, folgt daraus, daß Φ_1 und Φ_2 nicht voneinander unabhängig, sondern nach (3b) und (4b) durch

$$\frac{\partial \Phi_1}{\partial x} = \frac{\partial \Phi_2}{\partial y} \tag{15,5}$$

miteinander verknüpft sind. Dieser Forderung kann durch Einführung einer „höheren" Funktion $\Phi = \Phi(x, y)$ Genüge geleistet werden, sofern Φ die Bedingungen

$$\Phi_1 = \frac{\partial \Phi}{\partial y} \qquad \Phi_2 = \frac{\partial \Phi}{\partial x} \tag{15,6a—b}$$

erfüllt. Wäre $\Phi = \Phi(x, y)$ bekannt, so ergeben sich daraus nach (3) und (4) die Spannungskomponenten durch einfache Differentiationsprozesse

$$\sigma_{xx} = \frac{\partial \Phi_1}{\partial y} = \frac{\partial^2 \Phi}{\partial y^2} \tag{15,7a}$$

$$\sigma_{yy} = \frac{\partial \Phi_2}{\partial x} = \frac{\partial^2 \Phi}{\partial x^2} \tag{15,7b}$$

$$\sigma_{xy} = \sigma_{yx} = -\frac{\partial \Phi_1}{\partial x} = -\frac{\partial \Phi_2}{\partial y} = -\frac{\partial^2 \Phi}{\partial x \partial y}\,. \tag{15,7c}$$

Es bedarf also im Sonderfall des ebenen Spannungszustandes zur Ermittlung der Spannungskomponenten lediglich der Kenntnis einer (potential-ähnlichen) Funktion, die man nach ihrem Entdecker als Airysche Spannungsfunktion bezeichnet.

Um sie zu finden, muß bekannt sein, welcher Gleichung Φ zu genügen hat. Diese ergibt sich aus den noch nicht verwendeten Gleichungen (2). Aus ihnen folgt zunächst durch Auflösung nach den drei Deformationskomponenten

$$\varepsilon_{xx} = \frac{\partial \xi}{\partial x} = \frac{1}{(2\mu + \lambda)^2 - \lambda^2}\left\{(2\mu + \lambda)\,\sigma_{xx} - \lambda \sigma_{yy}\right\} \tag{15,8a}$$

$$\varepsilon_{yy} = \frac{\partial \eta}{\partial y} = \frac{1}{(2\mu + \lambda)^2 - \lambda^2}\left\{(2\mu + \lambda)\,\sigma_{yy} - \lambda \sigma_{xx}\right\} \tag{15,8b}$$

$$\varepsilon_{xy} = \frac{1}{2}\left(\frac{\partial \xi}{\partial y} + \frac{\partial \eta}{\partial x}\right) = \frac{1}{2\mu}\,\sigma_{xy}\,. \tag{15,8c}$$

Differenziert man die letzte Gleichung partiell einmal nach x und einmal nach y, so ergibt sich unter Beachtung von (7c)

$$\frac{1}{2}\left\{\frac{\partial^3 \xi}{\partial x \partial y^2} + \frac{\partial^3 \eta}{\partial x^2 \partial y}\right\} = \frac{1}{2\mu}\,\frac{\partial^2 \sigma_{xy}}{\partial x \partial y} = -\frac{1}{2\mu}\,\frac{\partial^4 \Phi}{\partial x^2 \partial y^2}\,. \tag{15,9}$$

Die hierin auftretenden gemischten Ableitungen der Komponenten ξ und η des Verschiebungsvektors lassen sich mittels (8a) und (8b) eliminieren. Indem man diese Gleichung zweimal partiell nach y bzw. x differenziert, das sich dann ergebende Resultat in (9) einsetzt und Gleichung (7a) und (7b) beachtet, gelangt man nach elementarer Rechnung zu

$$\frac{\partial^4 \Phi}{\partial x^4} + 2\,\frac{\partial^4 \Phi}{\partial x^2 \partial y^2} + \frac{\partial^4 \Phi}{\partial y^4} = 0\,. \tag{15,10}$$

Dieser partiellen Differentialgleichung hat die Airysche Spannungsfunktion Φ zu genügen. Gl. (10) wird auch Bipotentialgleichung genannt und mit

$$\Delta\Delta\Phi = 0 \tag{15,11}$$

abgekürzt. Hierin ist Δ der übliche Laplacesche Differentialoperator, der in dem hier betrachteten zweidimensionalen Fall sich auf

$$\Delta = \frac{\partial^2}{\partial x^2} + \frac{\partial^2}{\partial y^2} \tag{15,12}$$

reduziert. Wendet man ihn zweimal auf die Funktion $\Phi = \Phi(x, y)$ an, so ergibt sich

$$\begin{aligned} \Delta\Delta\Phi &= \left(\frac{\partial^2}{\partial x^2} + \frac{\partial^2}{\partial y^2}\right)\left(\frac{\partial^2}{\partial x^2} + \frac{\partial^2}{\partial y^2}\right)\Phi \\ &= \frac{\partial^2}{\partial x^2}\left(\frac{\partial^2\Phi}{\partial x^2} + \frac{\partial^2\Phi}{\partial y^2}\right) + \frac{\partial^2}{\partial y^2}\left(\frac{\partial^2\Phi}{\partial x^2} + \frac{\partial^2\Phi}{\partial y^2}\right) \\ &= \frac{\partial^4\Phi}{\partial x^4} + 2\frac{\partial^4\Phi}{\partial x^2\,\partial y^2} + \frac{\partial^4\Phi}{\partial y^4}, \end{aligned} \tag{15,13}$$

und das ist die linke Seite von (10). Ihre Lösungen werden Bipotentialfunktionen genannt und jede von ihnen stellt eine mögliche Spannungsfunktion dar.

§ 16. Energetische Betrachtungen (Das elastische Potential)

Um einen elastischen Körper aus dem nichtdeformierten Zustand in einen deformierten überzuführen, bedarf es der Aufwendung von Arbeit. Sie ist im deformierten Körper als potentielle Energie enthalten und kann, wenn der Körper wieder in den undeformierten Zustand übergeht, entweder als Arbeit oder als kinetische Energie einer Bewegung zurückgewonnen werden, die der Körper nach der Entlastung vielleicht ausführt.

Zur Berechnung der Verformungsarbeit betrachten wir einen unter der Einwirkung von Volumen- und Oberflächenkräften stehenden Körper, der eine infinitesimale Verschiebung $d\mathfrak{s}\,\{d\xi, d\eta, d\zeta\}$ erleide. Sind die Resultanten der am Körper angreifenden Kräfte

$$\mathfrak{F}\{F_x, F_y, F_z\} \text{ bzw. } \mathfrak{t}^{(n)}\{t_x^{(n)} = \sigma_{nx}, t_y^{(n)} = \sigma_{ny}, t_z^{(n)} = \sigma_{nz}\},$$

so ist die von ihnen geleistete Arbeit (= Kraft · Weg)

$$dA = \iiint (\mathfrak{F}\,d\mathfrak{s})\,d\tau + \iint (\mathfrak{t}^{(n)}\,d\mathfrak{s})\,df. \tag{16,1}$$

In (1) ist über das Gebiet, wo die Volumenkraft $\mathfrak{F}$ und über die Fläche, auf die die Flächenkraft $\mathfrak{t}^{(n)}$ angreift, zu integrieren. Ausführlich geschrieben lautet (1):

$$\begin{aligned} dA &= \iiint (F_x d\xi + F_y d\eta + F_z d\zeta)\, d\tau \\ &\quad + \iint (t_x^{(n)} d\xi + t_y^{(n)} d\eta + t_z^{(n)} d\zeta)\, df \\ &= \iiint (F_x d\xi + F_y d\eta + F_z d\zeta)\, d\tau \\ &\quad + \iint (\sigma_{nx} d\xi + \sigma_{ny} d\eta + \sigma_{nz} d\zeta)\, df\,. \end{aligned} \tag{16,2}$$

Wir wollen (2) auf ein zu einem cartesischen Koordinatensystem achsenparallel geschnittenes Parallelepiped mit den Kantenlängen dx, dy, dz anwenden (Abb. 19). Dann reduziert sich das Volumenintegral in (2) auf

$$dA_1 = (F_x d\xi + F_y d\eta + F_z d\zeta)\, dx\, dy\, dz\,, \tag{16,3}$$

während das Oberflächenintegral in eine Summe von 6 Gliedern übergeht. Man erhält sie, indem man den Integranden $(\mathfrak{t}^{(n)} d\mathfrak{s})$ für die sechs das Parallelepiped begrenzenden Flächen bildet. Betrachtet man etwa in Abb. 19 die linke und rechte Begrenzungsfläche, so ist für diese $df = dy\,dz$ zu setzen, während die Richtung der Normalen $\mathfrak{n}^0$ der linken bzw. rechten Fläche mit der Richtung von $\mp \mathfrak{i}$ zusammenfällt. Daher wird die von den Spannungskomponenten an den beiden betrachteten Flächen bei der kleinen Verschiebung $d\mathfrak{s}$ geleistete Arbeit

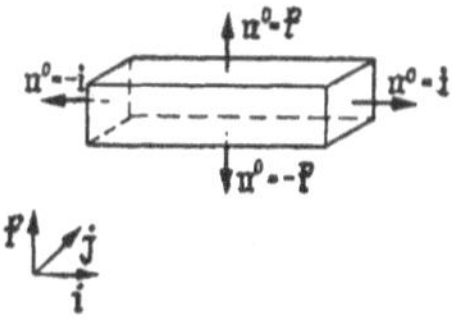

Abb. 19. Zur Berechnung der Deformationsarbeit.

$$\begin{aligned} dA_2 = \{ &(\sigma_{xx} d\xi + \sigma_{xy} d\eta + \sigma_{xz} d\zeta)_{x+dx} \\ &- (\sigma_{xx} d\xi + \sigma_{xy} d\eta + \sigma_{xz} d\zeta)_x \}\, dy\, dz\,. \end{aligned} \tag{16,4}$$

Durch die in (4) angegebenen Indizes $x + dx$ bzw. x wird zum Ausdruck gebracht, daß die Argumente der beiden Klammerausdrücke einmal x, y, z (linke Seitenfläche), das andere Mal $x + dx$, y, z (rechte Seitenfläche) sind. Entwickelt man die erste Klammer in (4) nach **Taylor**, so wird

$$dA_2 = \frac{\partial}{\partial x}(\sigma_{xx} d\xi + \sigma_{xy} d\eta + \sigma_{xz} d\zeta) \cdot dx\,dy\,dz\,. \qquad (16,5)$$

Entsprechend erhält man als Anteil der geleisteten Arbeit von den an der Vorder- und Hinterfläche ($\mathfrak{n}^0 = \mp \mathfrak{j}$) des Quaders angreifenden Spannungen

$$dA_3 = \frac{\partial}{\partial y}(\sigma_{yx} d\xi + \sigma_{yy} d\eta + \sigma_{yz} d\zeta) \cdot dy\,dx\,dz \qquad (16,6)$$

und schließlich für die Grund- und Oberfläche ($\mathfrak{n}^0 = \mp \mathfrak{k}$):

$$dA_4 = \frac{\partial}{\partial z}(\sigma_{zx} d\xi + \sigma_{zy} d\eta + \sigma_{zz} d\zeta) \cdot dz\,dx\,dy\,. \qquad (16,7)$$

Als gesamte Arbeit $dA = dA_1 + dA_2 + dA_3 + dA_4$ erhält man also

$$\begin{aligned} dA = \Big\{ & (F_x d\xi + F_y d\eta + F_z d\zeta) \\ & + \frac{\partial}{\partial x}(\sigma_{xx} d\xi + \sigma_{xy} d\eta + \sigma_{xz} d\zeta) \\ & + \frac{\partial}{\partial y}(\sigma_{yx} d\xi + \sigma_{yy} d\eta + \sigma_{yz} d\zeta) \\ & + \frac{\partial}{\partial z}(\sigma_{zx} d\xi + \sigma_{zy} d\eta + \sigma_{zz} d\zeta) \Big\} dx\,dy\,dz\,. \end{aligned} \qquad (16,8)$$

Führt man die Differentiationen in (8) aus und faßt die mit $d\xi$ bzw. $d\eta$ und $d\zeta$ behafteten Glieder zusammen, so erhält man Ausdrücke, die wegen der Gleichgewichtsbedingung (11,6) verschwinden. Daher verbleibt von (8) nur

$$\begin{aligned} dA = \Big\{ & \sigma_{xx} \frac{\partial d\xi}{\partial x} + \sigma_{xy} \frac{\partial d\eta}{\partial x} + \sigma_{xz} \frac{\partial d\zeta}{\partial x} \\ & + \sigma_{yx} \frac{\partial d\xi}{\partial y} + \sigma_{yy} \frac{\partial d\eta}{\partial y} + \sigma_{yz} \frac{\partial d\zeta}{\partial y} \\ & + \sigma_{zx} \frac{\partial d\xi}{\partial z} + \sigma_{zy} \frac{\partial d\eta}{\partial z} + \sigma_{zz} \frac{\partial d\zeta}{\partial z} \Big\} dx\,dy\,dz\,. \end{aligned} \qquad (16,9)$$

Dieser Ausdruck ist dem ursprünglichen Volumen $d\tau = dx\,dy\,dz$ proportional. Man kann daher eine auf die Volumeneinheit bezogene Verformungsarbeit dw einführen, die dem in den geschweiften Klammern von (9) stehenden Ausdruck gleich ist. Vertauscht man in ihm das sich auf die Zeit benichende Differentiationssymbol d mit den räumlichen Änderungen $\partial/\partial x, \ldots$ und beachtet schließlich die Gl. (6,8—11), so läßt sich dw unter Ausnutzung der Symmetrie des Spannungstensors in die Form

$$\begin{aligned} dw &= \sigma_{xx} d\varepsilon_{xx} + \sigma_{yy} d\varepsilon_{yy} + \sigma_{zz} d\varepsilon_{zz} \\ &\quad + 2\sigma_{xy} d\varepsilon_{xy} + 2\sigma_{xz} d\varepsilon_{xz} + 2\sigma_{yz} d\varepsilon_{yz} \end{aligned} \tag{16,10}$$

bringen.

Die bisher allgemein durchgeführten Betrachtungen sollen von nun an insofern spezialisiert werden, als die uneingeschränkte Gültigkeit des Hookeschen Gesetzes vorausgesetzt werden soll, d. h., daß die in (10) auftretenden Spannungskomponenten σ_{ik} mit den Komponenten ε_{ik} des Verzerrungstensors durch die Spannungs-Dehnungs-Beziehungen (13,24) verknüpft sind. Führt man diese in (10) ein, so erhält man nach elementarer Rechnung

$$\begin{aligned} dw &= 2\mu(\varepsilon_{xx} d\varepsilon_{xx} + \varepsilon_{yy} d\varepsilon_{yy} + \varepsilon_{zz} d\varepsilon_{zz} \\ &\quad + 2\varepsilon_{xy} d\varepsilon_{xy} + 2\varepsilon_{xz} d\varepsilon_{xz} + 2\varepsilon_{yz} d\varepsilon_{yz}) \\ &\quad + \lambda\Theta(d\varepsilon_{xx} + d\varepsilon_{yy} + d\varepsilon_{zz}) \end{aligned} \tag{16,11}$$

$$\begin{aligned} &= 2\mu(\varepsilon_{xx} d\varepsilon_{xx} + \cdots) \\ &\quad + \lambda\Theta d\Theta\,. \end{aligned} \tag{16,12}$$

Dieser Ausdruck läßt erkennen, daß — bei konstanten λ und μ — dw ein totales Differential ist. Es ist also die Formänderungsarbeit w eine Zustandsfunktion, für die sich aus (12), als Funktion der Verzerrungskomponenten geschrieben, ergibt

$$\begin{aligned} w(\varepsilon_{ik}) = \mu\Big(&\varepsilon_{xx}^2 + \varepsilon_{yy}^2 + \varepsilon_{zz}^2 + 2\varepsilon_{xy}^2 + 2\varepsilon_{xz}^2 \\ &+ 2\varepsilon_{yz}\Big) + \frac{\lambda}{2}\Theta^2\,. \end{aligned} \tag{16,13}$$

Die Tatsache der Existenz von w besagt physikalisch, daß die spezifische Formänderungsarbeit unabhängig davon ist, auf welchem „Wege" der Körper aus einem anfänglichen (nichtdeformierten) Zustand in einen (verformten) Endzustand gebracht wurde. Maßgeblich für den Betrag der aufgewandten Arbeit ist lediglich der zuletzt betrachtete Deformationszustand.

Verwendet man (nach sinngemäßer Änderung der Bezeichnung) die Invarianten $\mathfrak{J}_1(\varepsilon_{ik})$ und $\mathfrak{J}_2(\varepsilon_{ik})$ des Spannungstensors — vgl. Gl. (3,29) und (3,30) —, so geht, wie ganz einfache Umformung von (13) zeigt, w in die Form

$$w(\varepsilon_{ik}) = \left(\mu + \frac{\lambda}{2}\right) \mathfrak{J}_1^2(\varepsilon_{ik}) - 2\mu \mathfrak{J}_2(\varepsilon_{ik}) \qquad (16,14)$$

über. Diese invariante Darstellung war zu erwarten, da w als Zustandsgröße vom jeweils verwendeten Koordinatensystem natürlich unabhängig ist.

Aus (14) ergibt sich eine bemerkenswerte Eigenschaft der Deformationsarbeit w. Differenziert man diese Größe nach einer Tensorkomponente ε_{ik}, so erhält man

$$\frac{\partial w}{\partial \varepsilon_{ik}} = (2\mu + \lambda)\, \mathfrak{J}_1 \frac{\partial \mathfrak{J}_1}{\partial \varepsilon_{ik}} - 2\mu \frac{\partial \mathfrak{J}_2}{\partial \varepsilon_{ik}}. \qquad (16,15)$$

Ist ε_{ik} eine Komponente erster Art, etwa ε_{xx}, so wird unter Beachtung von (3,29) und (3,30) aus (15):

$$\frac{\partial w}{\partial \varepsilon_{xx}} = (2\mu + \lambda)(\varepsilon_{xx} + \varepsilon_{yy} + \varepsilon_{zz}) - 2\mu(\varepsilon_{yy} + \varepsilon_{zz})$$
$$= 2\mu\varepsilon_{xx} + \lambda\Theta \qquad (16,16)$$

oder nach (13,18)

$$\frac{\partial w}{\partial \varepsilon_{xx}} = \sigma_{xx}\,. \qquad (16,17)$$

Ist ε_{ik} eine Komponente zweiter Art, etwa ε_{xy}, so erhält man aus (15)

$$\frac{\partial w}{\partial \varepsilon_{xy}} = 2\mu\varepsilon_{yx} = 2\mu\varepsilon_{xy}\,, \qquad (16,18)$$

und das ist nach (13,22)

$$\frac{\partial w}{\partial \varepsilon_{xy}} = \sigma_{xy}\,. \qquad (16,19)$$

Wegen der vorausgesetzten Isotropie erhält man durch zyklische Vertauschung der Indizes in (17) und (19) weitere gültige Gleichungen, die sich alle mit der in § 3 vereinbarten Schreibweise in

$$\boxed{\frac{\partial w(\varepsilon_{ik})}{\partial \varepsilon_{ik}} = \sigma_{ik}} \qquad (16,20)$$

zusammenfassen lassen. Diese Gleichung bringt zum Ausdruck, daß man bei Kenntnis von $w = w(\varepsilon_{ik})$ durch Differentiation nach einer Dehnungskomponente ε_{ik} die korrespondierende Spannungskomponente σ_{ik} erhält. Man bezeichnet deswegen in Anlehnung an den wohlbekannten Begriff des Potentials aus der Punktmechanik w auch als **elastisches Potential**.

Anstatt, wie es in (13) geschah, das elastische Potential als Funktion der ε_{ik} anzugeben, läßt sich natürlich (durch Verwendung der Dehnungs-Spannungs-Beziehungen) auch w als Funktion der Spannungskomponenten, also als $w = w(\sigma_{ik})$, ausdrücken. Wir unterlassen hier die Durchführung der Rechnung im einzelnen und bemerken lediglich, daß für $w = w(\sigma_{ik})$ die zu (20) analoge Beziehung

$$\frac{\partial w(\sigma_{ik})}{\partial \sigma_{ik}} = \varepsilon_{ik} \qquad (16,21)$$

gilt.

Schließlich sei noch auf eine „gemischte" Darstellungsmöglichkeit von w hingewiesen, die sich durch Umformung von (13) ergibt, wofür geschrieben werden kann:

$$\begin{aligned} w &= \mu\left(\varepsilon_{xx}\cdot\varepsilon_{xx} + \varepsilon_{yy}\cdot\varepsilon_{yy} + \varepsilon_{zz}\cdot\varepsilon_{zz}\right) + \frac{\lambda}{2}\Theta\left(\varepsilon_{xx} + \varepsilon_{yy} + \varepsilon_{zz}\right) \\ &\qquad + 2\mu\left(\varepsilon_{xy}\cdot\varepsilon_{xy} + \varepsilon_{xz}\cdot\varepsilon_{xz} + \varepsilon_{yz}\cdot\varepsilon_{yz}\right) \\ &= \frac{1}{2}\Big\{\varepsilon_{xx}\left(2\mu\,\varepsilon_{xx} + \lambda\Theta\right) + \cdots \\ &\qquad + \varepsilon_{xy}\cdot 2\mu\,\varepsilon_{xy} + \cdots \end{aligned} \qquad (16,22)$$

Dies ist wegen (13,24):

$$w = \frac{1}{2}\left\{\varepsilon_{xx}\sigma_{xx} + \varepsilon_{yy}\sigma_{yy} + \cdots \quad \varepsilon_{xy}\sigma_{xy}\right\} \qquad (16,23)$$

oder mit Benutzung der Summationsschreibweise (§ 3):

$$\boxed{w(\varepsilon_{ik}, \sigma_{ik}) = \frac{1}{2}\sum_i\sum_k \varepsilon_{ik}\sigma_{ik}} \qquad \begin{matrix} i, k = 1, 2, 3 \\ \to x, y, z \end{matrix} \qquad (16,24)$$

Diese Darstellung des elastischen Potentials bringt dessen Symmetrie hinsichtlich der Spannungs- und Dehnungskomponenten besonders deutlich zum Ausdruck.

§ 17. Extremalsätze

Bekanntlich lassen sich einige, den Ablauf eines Naturvorganges beschreibende Gesetzmäßigkeiten in die Form von Extremalaussagen bringen. Diese sind dadurch gekennzeichnet, daß sie den in der Natur tatsächlich sich abspielenden Vorgang, gegenüber allen anderen möglichen, dadurch auszeichnen, daß eine für das Ereignis charakteristische Größe einen Extremwert annimmt. In der Mechanik der Punktsysteme ist es bekanntlich die Lagrangesche Funktion L, deren Wert für die in der Natur tatsächlich ablaufenden mechanischen Vorgänge, verglichen mit den Werten von L für alle anderen möglichen Vorgänge einen Extremwert annimmt (Hamiltonsches Prinzip).

Auch in der Elastomechanik sind einige derartige Extremalaussagen bekannt, von denen nachstehend ohne Beweis angegeben werden mögen:

1. Satz vom Minimum der potentiellen Energie. Ein deformierbarer fester Körper unterliege der Einwirkung von äußeren Volumenkräften $\mathfrak{F}$ und Oberflächenkräften $\mathfrak{t}^{(n)}$. Ist $w = w(\varepsilon_{ik})$ die spez. Verformungsarbeit und bedeutet $\mathfrak{s}$ den Verschiebungsvektor, so bezeichnet man

$$U = \int w d\tau - \int (\mathfrak{F}\mathfrak{s})\, d\tau - \int (\mathfrak{t}^{(n)}\mathfrak{s})\, df \tag{17,1}$$

als die potentielle Energie des elastischen Körpers schlechthin. Für den Fall einer eintretenden Verschiebung $\mathfrak{s}$, gilt

$$\delta U = 0\,, \tag{17,2}$$

in Worten: Unter allen möglichen Verschiebungen $\mathfrak{s}$, die mit ggf. vorliegenden „Auflagebedingungen“ (= vorgeschriebene Verschiebungen in gewissen kräftefreien Punkten der Körperoberfläche) verträglich sind, treten diejenigen tatsächlich ein, für die die potentielle Energie U des elastischen Körpers einen Extremwert (Minimum) annimmt. Für den Sonderfall, daß keine Verschiebung eintritt, $\mathfrak{s} = 0$, ist dies gleichwertig mit dem bekannten Satz aus der Mechanik starrer Systeme, daß deren Gleichgewicht durch ein Minimum der potentiellen Energie gekennzeichnet ist.

2. Castiglianosches Prinzip: Als Gegenstück zu dem oben angeführten Minimalprinzip der Verschiebungen kann der als Castiglianosches Prinzip bezeichnete Satz angesehen werden. Nach ihm wird

$$\delta \left\{ \int w(\sigma_{ik})\, d\tau - \int (\mathfrak{t}^{(n)}\mathfrak{s})\, df \right\} = 0\,, \tag{17,3}$$

d. h. der in ( ) stehende Ausdruck nimmt einen Extremwert (Minimum) an, für die wirklich auftretenden Spannungen, die mit vorgegebenen Massen- und Oberflächenkräften im Gleichgewicht sind. Das Oberflächenintegral in (3) ist dabei über alle jene Teile der Oberfläche des elastischen Körpers zu erstrecken, auf denen Verschiebungen vorgegeben sind.

III. Dynamik

§ 18. Die sog. „Bewegungsgleichungen"

Während die vorstehenden Betrachtungen sich allein auf Gleichgewichtszustände fester elastischer Körper bezogen (Elastostatik), soll im nachfolgenden dargelegt werden, welche Gesetzmäßigkeiten gelten, wenn es sich um Bewegungsvorgänge von elastischen Medien handelt (Elastodynamik). Der Übergang von der Statik zur Dynamik läßt sich bekanntlich sehr leicht mittels des d'Alembertschen Prinzips[1]) vollziehen, nach welchem ein dynamisches Problem auf ein Gleichgewichtsproblem zurückgeführt werden kann, indem zu den „eingeprägten" (Massen- und Oberflächen-) Kräften die negativen Trägheitskräfte $\mathfrak{K}_{tr}$ hinzugefügt werden. Im vorliegenden Fall sind diese

$$\mathfrak{K}_{tr} = \int \ddot{\mathfrak{s}}\, dm = \int \varrho \ddot{\mathfrak{s}}\, d\tau \tag{18,1}$$

($\mathfrak{s}$ = Verschiebungsvektor, ϱ = Dichte des Körpers). Dann gelten anstelle der früheren Gl. (11,2) und (11,3) nunmehr die Gleichungen

$$\int (\mathfrak{F} - \varrho \ddot{\mathfrak{s}})\, d\tau + \int \mathfrak{t}^{(n)} df = 0 \tag{18,2}$$

$$\int [\mathfrak{r}, \mathfrak{F} - \varrho \ddot{\mathfrak{s}}]\, d\tau + \int [\mathfrak{r}, \mathfrak{t}^{(n)}]\, df = 0\,. \tag{18,3}$$

Führt man nun (etwa mit der x-Komponente von (2)) die gleiche Umformung durch, wie im Anschluß an (11,2), so ergibt sich anstelle der früheren Gl. (11,6) nunmehr das Gleichungssystem

---

[1]) Vgl. jedes Lehrb. d. Theor. Physik.

$$\varrho \ddot{\xi} = F_x + \frac{\partial \sigma_{xx}}{\partial x} + \frac{\partial \sigma_{yx}}{\partial y} + \frac{\partial \sigma_{zx}}{\partial z} \tag{18,4a}$$

$$\varrho \ddot{\eta} = F_y + \frac{\partial \sigma_{xy}}{\partial x} + \frac{\partial \sigma_{yy}}{\partial y} + \frac{\partial \sigma_{zy}}{\partial z} \tag{18,4b}$$

$$\varrho \ddot{\zeta} = F_z + \frac{\partial \sigma_{xz}}{\partial x} + \frac{\partial \sigma_{yz}}{\partial y} + \frac{\partial \sigma_{zz}}{\partial z}\,. \tag{18,4c}$$

Im Fall des Nichtgleichgewichts gelten also — anstelle von (11,6) — die vorstehenden sog. Bewegungsgleichungen. In ihnen gehen — ebenso wie in (11,6) — nicht die Spannungskomponenten, sondern wiederum nur ihre räumlichen Ableitungen ein. Daraus folgt z. B., daß — bei Abwesenheit von Massenkräften — konstante, in einem Körper herrschende Spannungen, jenen nicht zu beschleunigen vermögen.

Während sich die aus dem Resultantensatz (2) folgenden Bedingungen für den Bewegungsfall gegenüber denen des Gleichgewichts durch das Eingehen der Komponenten der Trägheitskraft ändern, führt eine wie früher — im Anschluß an (11,7) — durchgeführte Umformung der Momentgleichung (3) wieder zu dem Ergebnis (11,12), d. h.: auch im Fall einer Bewegung ist der Spannungstensor symmetrisch. Er besitzt also nur 6 (voneinander unabhängige) Komponenten. Natürlich sind aber deren Beträge im Gleichgewichtsfall im allgemeinen andere als bei einer Bewegung.

§ 19. Die elastische Grundgleichung

Die bisher gefundenen Ergebnisse ermöglichen es, eine Beziehung zwischen dem Verschiebungsvektor $\mathfrak{s}$ und der Volumenkraft $\mathfrak{F}$ allein aufzustellen, die als *elastische Grundgleichung*, *Differentialgleichung der Elastizitätstheorie* o. ä. bezeichnet wird. Aus ihr kann bei Kenntnis der äußeren Kräfte $\mathfrak{F}(\mathfrak{r}, t)$ die Verschiebung $\mathfrak{s} = \mathfrak{s}(\mathfrak{r}, t)$ für jeden Punkt $P(\mathfrak{r})$ im elastischen Medium in Abhängigkeit von der Zeit t ermittelt werden, so daß eine Lösung der fraglichen Gleichung eine durch $\mathfrak{F}$ hervorgerufene mögliche Verschiebung $\mathfrak{s}$ beschreibt. Mit Kenntnis von $\mathfrak{s}$ erhält man vermöge der Definitionsgleichung (6,8—11) die Komponenten ε_{ik} des Verzerrungstensors und mittels der Spannungs-Dehnungs-Beziehungen (13,24) lassen sich die Komponenten σ_{ik} des Spannungstensors finden. Mit $\mathfrak{s}$ ist also der elasto-mechanische Zustand des betrachteten Kontinuums bestimmbar, woraus die Bezeichnung elastische Grundgleichung für eine Beziehung, die $\mathfrak{s} = \mathfrak{s}(\mathfrak{r}, t)$ zu ermitteln gestattet, verständlich wird.

Um zu ihr zu gelangen, geht man von den Gleichungen (18,4) aus und ersetzt in ihnen die Komponenten σ_{ik} durch ε_{ik} mittels der Spannungs-Dehnungsbeziehungen (13,24). Dies führt, etwa für die x-Komponente ausgeschrieben, zu

$$\varrho \frac{\partial^2 \xi}{\partial t^2} = F_x + 2\mu \left\{ \frac{\partial \varepsilon_{xx}}{\partial x} + \frac{\partial \varepsilon_{yx}}{\partial y} + \frac{\partial \varepsilon_{zx}}{\partial z} \right\} + \lambda \frac{\partial \Theta}{\partial x}. \qquad (19,1)$$

Ersetzt man hierin die ε_{ik} durch ihre Definitionsgleichungen (6,8—11), so erhält man

$$\begin{aligned} \varrho \frac{\partial^2 \xi}{\partial t^2} &= F_x + 2\mu \left\{ \frac{\partial}{\partial x} \frac{\partial \xi}{\partial x} + \frac{1}{2} \frac{\partial}{\partial y} \left(\frac{\partial \xi}{\partial y} + \frac{\partial \eta}{\partial x} \right) \right. \\ &\quad \left. + \frac{1}{2} \frac{\partial}{\partial z} \left(\frac{\partial \xi}{\partial z} + \frac{\partial \zeta}{\partial x} \right) \right\} + \lambda \frac{\partial \Theta}{\partial x} \end{aligned} \qquad (19,2)$$

$$\begin{aligned} &= F_x + \mu \left(\frac{\partial^2 \xi}{\partial x^2} + \frac{\partial^2 \xi}{\partial y^2} + \frac{\partial^2 \xi}{\partial z^2} \right) \\ &\quad + \mu \frac{\partial}{\partial x} \left(\frac{\partial \xi}{\partial x} + \frac{\partial \eta}{\partial y} + \frac{\partial \zeta}{\partial z} \right) + \lambda \frac{\partial \Theta}{\partial x} \end{aligned} \qquad (19,3)$$

oder nach Gl. (7,24):

$$\varrho \frac{\partial^2 \xi}{\partial t^2} = F_x + \mu \Delta \xi + (\mu + \lambda) \frac{\partial}{\partial x} \operatorname{div} \mathfrak{s}\,. \qquad (19,4)$$

Zwei entsprechende Gleichungen gelten für die y- und z-Komponente von $\mathfrak{s}$. Alle drei Gleichungen lassen sich unter Verwendung der üblichen Vektorsymbolik als

$$\boxed{\varrho \frac{\partial^2 \mathfrak{s}}{\partial t^2} = \mathfrak{F} + \mu \Delta \mathfrak{s} + (\mu + \lambda) \operatorname{grad} \operatorname{div} \mathfrak{s}\,.} \qquad (19,5)$$

schreiben.

Damit ist die elastische Grundgleichung gewonnen, denn (5) ist in der Tat eine (partielle) Differentialgleichung (zweiter Ordnung) für $\mathfrak{s} = \mathfrak{s}(\mathfrak{r}, t)$, wenn $\mathfrak{F} = \mathfrak{F}(\mathfrak{r}, t)$ in seiner Orts- und Zeitabhängigkeit bekannt ist.

Von den unendlich vielen Lösungen der Gl. (5) beschreibt jede eine mögliche Verschiebung $\mathfrak{s}$. Um eine konkrete physikalische Fragestellung mit Hilfe einer der Lösungen beantworten zu können, hat man jene aufzusuchen, die den bei dem zu behandelnden Problem vorliegenden Rand- und Anfangsbedingungen genügt. Von der Vielzahl der möglichen Randbedingungen, die bei elastischen Problemen vorliegen können und denen die Lösung von (5) anzupassen ist, seien hier insbesondere die folgenden aufgezählt:

1. Es ist die Verschiebung auf der Oberfläche vorgegeben, d. h. die Lösung von (5) muß derart gestaltet sein, daß sie für alle Punkte $P(\mathfrak{r}_0)$ der Oberfläche des betrachteten elastischen Mediums in die vorgeschriebene Ortsfunktion

$$\mathfrak{s} = \mathfrak{s}(\mathfrak{r}_0) = \mathfrak{s}_0 \tag{19,6}$$

übergeht.

2. Es sind die Spannungskomponenten auf der Oberfläche vorgegeben. Dann sind die „Oberflächenbedingungen" (10,9) zu erfüllen, in denen $\sigma_{nx}, \sigma_{ny}, \sigma_{nz}$ vorgegebene Ortsfunktionen sind. Im Sonderfall einer kräftefreien Oberfläche ist speziell

$$\sigma_{nx} = \sigma_{ny} = \sigma_{nz} = 0\,. \tag{19,7}$$

3. Schließlich kann es vorkommen, daß sowohl Verschiebungen als auch Spannungen auf der Oberfläche des elastischen Mediums vorgegeben sind. Dann liegen sog. „gemischte Randbedingungen" vor.

Gleichgültig, um welche Randwertaufgabe es sich auch handeln möge, läßt sich beweisen, daß das jeweilige Problem stets eine eindeutige Lösung besitzt. Den Beweis hierfür erbrachte G. Kirchhoff.

§ 20. Die elastischen Wellen

Die Aufgabe, eine Lösung der elastischen Grundgleichung (19,5) zu finden, die vorgegebene Rand- und Anfangsbedingungen erfüllt, ist äußerst schwierig und bisher nur in wenigen Fällen streng gelungen. Man erhält aber relativ einfache Verhältnisse, wenn man sich das elastische Medium als unendlich ausgedehnt vorstellt.

Obwohl dies nie der Wirklichkeit entspricht, kann der unendlich ausgedehnte Körper als Modell verwendet werden, wenn das betrachtete elastische Medium große Dimensionen hat und insbesondere, wenn seine Oberfläche sehr weit entfernt von dem Bereich ist, innerhalb dessen eine physikalische Aussage gemacht werden soll. In solchen Fällen brauchen Oberflächenbedingungen nicht berücksichtigt zu werden, so daß es sich dann lediglich darum handelt, Folgerungen aus der elastischen Grundgleichung (19,5) allein zu ziehen.

Wir betrachten also ein als unendlich ausgedehnt anzusehendes elastisches Kontinuum, das sich im Gleichgewicht befinde. Dieses werde durch Einwirkung einer äußeren Volumenkraft $\mathfrak{F}$ gestört, und wir fragen nach der raum-zeitlichen Abhängigkeit der verursachten Störung nach Einwirkung von $\mathfrak{F}$. Sie wird beschrieben durch die elastische Grundgleichung (19,5) mit $\mathfrak{F} = 0$, also durch

$$\varrho \frac{\partial^2 \mathfrak{s}}{\partial t^2} = \mu \Delta \mathfrak{s} + (\mu + \lambda) \operatorname{grad} \operatorname{div} \mathfrak{s} \,. \qquad (20,1)$$

Wendet man auf diese Gleichung den Operator div an, so erhält man mit (7,24) und wegen $\operatorname{div} \Delta \mathfrak{s} = \Delta \operatorname{div} \mathfrak{s}$ aus Gl. (1):

$$\frac{\partial^2 \Theta}{\partial t^2} = \frac{2\mu + \lambda}{\varrho} \Delta \Theta \,. \qquad (20,2)$$

Dies ist die Wellengleichung (vgl. § 4), die demnach die Möglichkeit einer wellenhaften Ausbreitung der Volumendilatation in einem elastischen Medium ausspricht. Man bezeichnet solche Wellen als Dilatations- oder Kompressionswellen. Da $\operatorname{rot} \Theta = \operatorname{rot} \operatorname{div} \mathfrak{s} = 0$ ist, sind diese Wellen — nach (4,41) — longitudinal. Ihre Phasengeschwindigkeit v_l ist

$$v_l = \sqrt{\frac{2\mu + \lambda}{\varrho}} \,. \qquad (20,3)$$

Sie hängt außer von der Dichte ϱ von beiden elastischen Konstanten λ und μ des Mediums ab.

Man gelangt zu weiteren Aussagen, wenn man auf die Ausgangsgleichung (1) den Operator rot anwendet. Dann wird, wegen rot $\Delta\mathfrak{s} = \Delta$ rot $\mathfrak{s}$ und mit der Abkürzung $\frac{1}{2}$ rot $\mathfrak{s} = \vec{\varphi}$ – vgl. (6,18) – aus (1):

$$\frac{\partial^2 \vec{\varphi}}{\partial t^2} = \frac{\mu}{\varrho} \Delta \vec{\varphi}, \tag{20,4}$$

also wiederum die Wellengleichung, diesmal für die Größe $\vec{\varphi}$. Da div $\vec{\varphi} = \frac{1}{2}$ div rot $\mathfrak{s} = 0$ ist, handelt es sich (vgl. (4,43)) um transversale Wellen, die Torsions- oder auch Scherwellen genannt werden. Ihre Phasengeschwindigkeit v_t ist

$$v_t = \sqrt{\frac{\mu}{\varrho}} = \sqrt{\frac{G}{\varrho}}, \tag{20,5}$$

hängt also außer von der Dichte ϱ des Mediums nur von einer seiner elastischen Konstanten ab. Benutzt man statt der Laméschen Konstanten λ, μ die Konstanten E, G $(= \mu)$, so erweist sich die Phasengeschwindigkeit v_t als vom Elastizitätsmodul E unabhängig. Ein Vergleich von (5) mit (3) zeigt, daß $v_l > v_t$ ist. Für den Quotienten v_l/v_t erhält man mit (13,10)

$$\frac{v_l}{v_t} = \sqrt{\frac{2(1-m)}{1-2m}}. \tag{20,6}$$

Er ist also nur von der Querkontraktionskonstanten m abhängig. Mit dem aus der Erfahrung gefundenen mittleren Wert von $m \approx 1/3$ liefert (6): $v_l = 2v_t$, d. h. die Phasengeschwindigkeit der elastischen Dilatationswellen ist (etwa) doppelt so groß wie die der Scherwellen.

Nach (5) sind Transversalwellen nur in solchen Medien möglich, deren Schubmodul $G = \mu \neq 0$ ist. Gäbe es Substanzen, deren Schubmodul gleich Null ist, so könnten sich in ihnen nur longitudinale, nicht aber transversale Wellen ausbilden. Es wird später (§ 22) gezeigt werden, daß (in guter Näherung) Flüssigkeiten und Gase in ihrem elastischen Verhalten durch $G = \mu = 0$ charakterisiert werden können. Daher sind in Flüssigkeiten und Gasen nur longitudinale

Wellen möglich. In festen elastischen Körpern dagegen können sowohl longitudinale als auch transversale Wellen existieren.

§ 21. Die schwingende Saite

Die im vorigen Abschnitt gewonnenen Aussagen wurden aus der elastischen Grundgleichung (19,5) geschlossen, ohne daß Randbedingungen beachtet zu werden brauchten, weil das elastische Medium als unendlich ausgedehnt angenommen wurde. In Wirklichkeit haben aber alle Objekte endliche Abmessungen. Dies bringt es mit sich, daß die Beschreibung der Bewegung eines elastischen Körpers das Aufsuchen einer solchen Lösung der Grundgleichung (19,5) verlangt, die gewisse, für das jeweils zu behandelnde Problem charakteristische Rand- und Anfangsbedingungen erfüllt. Das ist — wie schon erwähnt — eine im allgemeinen sehr schwierige Aufgabe. In manchen Fällen läßt sich diese Schwierigkeit umgehen oder zumindest verringern, indem man nicht von der Hauptgleichung (19,5) ausgeht, sondern (meistens unter vereinfachenden Annahmen) die das betrachtete Problem beschreibende Differentialgleichung unmittelbar herleitet und diese dann löst. Diese Methode, nach der man insbesondere die Schwingungsbewegungen von Saiten, Stäben, Membranen, Platten u. a. m. behandelt, möge anhand des Problems der angeregten Saite erörtert werden.

a) Herleitung der Differentialgleichung

Wir denken uns eine (homogene) Saite von der Länge l an ihren beiden Enden fest eingespannt, so daß sie in der Ruhelage eine Gerade bildet. Infolge einer Störung werde die Saite aus dem Gleichgewicht gebracht und dann sich selbst überlassen. Gefragt wird nach der jeweiligen Form, die die Saite zu irgendeiner Zeit t annimmt.

Setzen wir voraus, daß die Bewegung in einer Ebene abläuft und legen wir ein Koordinatensystem so, wie aus Abb. 20 ersichtlich, dann ist die jeweilige Saitenform bekannt, wenn die Auslenkung $\zeta = \zeta(x, t)$ in Richtung der z-Achse für jeden Punkt x $(0 \leqq x \leqq l)$ zu jedem Zeitpunkt t bekannt ist. Es gilt daher, zunächst eine Differentialgleichung für ζ aufzustellen.

Hierzu betrachten wir (Abb. 20 a) ein Saitenelement von der Länge dx, dessen Enden in der Ruhelage die Punkte $A(x, 0, 0)$ und $B(x + dx, 0, 0)$ sind. Nach Einwirkung der Störung seien A und B in $A'(x, 0, \zeta_1)$ bzw. $B'(x + dx, 0, \zeta_2)$ übergegangen. In dieser Lage denken wir uns das Element aus der Saite herausgeschnitten und ersetzten den Einfluß der Umgebung

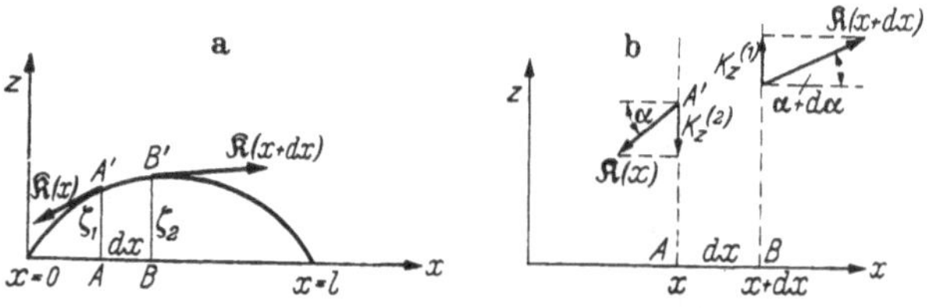

Abb. 20: Zur Herleitung von Gl. (21,12)

auf $A'B'$ durch geeignete Spannungen S, die auf dem das Saitenelement begrenzenden (konstanten) Querschnitt q senkrecht stehen. Das Element unterliegt also der Einwirkung der beiden Kräfte

$$\mathfrak{K}(x) = -qS\mathfrak{t}^0(x) \qquad (21,1)$$

$$\mathfrak{K}(x + dx) = +qS\mathfrak{t}^0(x + dx) \qquad (21,2)$$

unter $\mathfrak{t}^0(x)$ den Tangenteneinheitsvektor im Punkte $A'(x)$ der Kurve $\zeta(x, t)$ verstanden. In Richtung der Bewegung (z-Achse) sind also, wie aus Abb. 20 b abzulesen ist, die zur Beschleunigung beitragenden Kraftkomponenten

$$K_z^{(1)}(x + dx) = qS \sin(\alpha + d\alpha) \qquad (21,3)$$

$$K_z^{(2)}(x) \qquad = -qS \sin\alpha \qquad (21,4)$$

wirksam. Ihre Resultante

$$K_z = K_z^{(1)} + K_z^{(2)} \qquad (21,5)$$

ist also

$$K_z = qS\{\sin(\alpha + d\alpha) - \sin\alpha\} \qquad (21,6)$$

$$\approx qS\,\frac{\partial \sin\alpha}{\partial x}\,dx\,. \qquad (21,7)$$

Bei hinreichend kleiner Auslenkung aus der Ruhelage kann die bekannte Näherungsformel $\sin\alpha \approx \operatorname{tg}\alpha$ verwendet werden. Da aber

$$\operatorname{tg}\alpha = \frac{\partial\zeta}{\partial x} \tag{21,8}$$

ist, wird aus (7):

$$K_z = qS\,\frac{\partial \operatorname{tg}\alpha}{\partial x}\,dx = qS\,\frac{\partial}{\partial x}\left(\frac{\partial\zeta}{\partial x}\right)dx = qS\,\frac{\partial^2\zeta}{\partial x^2}\,dx\,. \tag{21,9}$$

Nach dem Newtonschen Grundgesetz ist dies gleich dem Produkt aus der Masse dm des Elementes und seiner Beschleunigungskomponente in z-Richtung. Ist ϱ die Dichte der Saite, so enthält das Saitenelement die Masse

$$dm = \varrho\,d\tau = \varrho\,q\,dx\,. \tag{21,10}$$

Demnach wird aus (9):

$$\varrho q\,\frac{\partial^2\zeta}{\partial t^2}\,dx = qS\,\frac{\partial^2\zeta}{\partial t^2}\,dx \tag{21,11}$$

oder

$$\frac{1}{v^2}\,\frac{\partial^2\zeta}{\partial t^2} = \frac{\partial^2\zeta}{\partial x^2} \qquad v = \sqrt{\frac{S}{\varrho}}\,. \tag{21,12}$$

Dies ist — wie vermutet werden konnte — die eindimensionale Wellengleichung, die deshalb auch Differentialgleichung der schwingenden (homogenen) Saite genannt wird.

b) Anpassung der Lösung an einen Anfangszustand

Über die Wellengleichung und ihre Lösung ist einiges zusammenfassend in § 4 gesagt, wo auch gezeigt wird, daß ihr allgemeines Integral durch die d'Alembertsche Lösung (4,12) gegeben ist. Diese liefert für den hier vorliegenden eindimensionalen Fall, als allgemeine Lösung von (12):

$$\zeta(x, t) = F(vt - x) + G(vt + x), \tag{21,13}$$

wobei F und G (bis auf wenige Stetigkeitseigenschaften) gänzlich willkürliche Funktionen sind.

Wenn (13) als allgemeine Lösung von (12) bezeichnet wird, so ist damit gemeint, daß sich (13) einem beliebig vorgebenen

Anfangszustand (Anfangsbedingungen) anpassen läßt. Dies soll jetzt nachgewiesen werden.

Als Anfangszustand bezeichnet man den Zustand eines Systems zu einem beliebigen Zeitpunkt $t = t_0$, der meistens als Nullpunkt ($t_0 = 0$) der Zeitzählung gewählt wird, woraus die Bezeichnung „Anfangs"zustand verständlich wird. In der Mechanik ist der Zustand eines Systems bekannt, wenn man die Lage seiner Punkte und deren Geschwindigkeiten kennt. Für das System: Saite bedeutet dies die Vorgabe ihrer anfänglichen Form, die oben als ebene Kurve vorausgesetzt wurde, deren Gleichung etwa

$$\zeta(x, 0) = \zeta_0(x) \tag{21,14}$$

sei. Die einzelnen Punkte der Saite mögen die Bewegung mit der Geschwindigkeit

$$\left(\frac{\partial \zeta}{\partial t}\right)_{t=0} = \dot{\zeta}(x, 0) = v_0(x) \tag{21,15}$$

beginnen. Wir bemerken, daß die beiden Funktionen ζ_0 und v_0 nur in dem beschränkten Intervall $0 \leqq x \leqq l$ definiert sind und daher Gleichungen, in denen ζ_0 und/oder v_0 auftreten, auch nur für ein beschränktes Intervall gelten können.

Mit den Anfangsbedingungen (15) und (14) folgt aus (13):

$$\zeta_0(x) = F(-x) + G(x) \tag{21,16}$$

$$v_0(x) = vF'(-x) + vG'(x)\,, \tag{21,17}$$

wobei F' und G' die Ableitungen von F und G nach ihren Argumenten bedeuten. Gl. (17) kann (nach x) integriert werden, was zu

$$-F(-x) + G(x) = \frac{1}{v}\int_a^x v_0(\xi)d\xi \tag{21,18}$$

führt, wobei a eine unbestimmte untere Grenze ist und der Deutlichkeit halber ξ als Bezeichnung für die Integrationsvariable gewählt wurde (die natürlich mit der in diesem Beispiel übrigens uninteressanten x-Komponente des Verschiebungsvektors $\mathfrak{s}$ nichts zu tun hat). Aus (16) und (18) erhält man für

$$F(-x) = \frac{1}{2}\left\{\zeta_0(x) - \frac{1}{v}\int\limits_a^x v_0(\xi)d\xi\right\} \qquad (21,19)$$

$$G(x) = \frac{1}{2}\left\{\zeta_0(x) + \frac{1}{v}\int\limits_a^x v_0(\xi)d\xi\right\}. \qquad (21,20)$$

Diese Gleichungen sind zwei spezielle Partikularlösungen von Gl. (12), die aus der Menge ihrer beliebig vielen Lösungen allein durch Erfüllung der Anfangsbedingungen herausgesondert wurden. Setzt man (19) und (20) in (13) ein, so ergibt sich

$$\zeta(x,t) = \frac{1}{2}\left\{\zeta_0(x-vt) - \frac{1}{v}\int\limits_a^{x-vt} v_0(\xi)\,d\xi\right\} \qquad (21,21)$$

$$+ \zeta_0(x+vt) + \frac{1}{v}\int\limits_a^{x+vt} v_0(\xi)d\xi\Big\}$$

$$= \frac{1}{2}\left\{\zeta_0(x-vt) + \zeta_0(x+vt) + \frac{1}{v}\int\limits_{x-vt}^{x+vt} v_0(\xi)d\xi\right\}. \qquad (21,22)$$

Hiermit ist die Anpassung von (13) an die Anfangsbedingung (14) und (15) vollzogen. Die gefundene Lösung (22) läßt deutlich erkennen, daß die jeweilige Auslenkung ζ ausschließlich vom Anfangszustand abhängt.

In dem häufig vorliegenden Fall, daß die aus ihrer Ruhelage gestörte Saite sich geschwindigkeitsfrei (d. h. $v_0 = 0$) überlassen wird, geht (22) in

$$\zeta(x,t) = \frac{1}{2}\left\{\zeta_0(x-vt) + \zeta_0(x+vt)\right\} \qquad (21,23)$$

über. Dies besagt, daß die Bewegung der Saite aus der Summe zweier Teilbewegungen besteht. Sie sind nach den Ausführungen in § 4 Ausbreitungsvorgänge in Richtung der positiven und negativen x-Achse, längs der sich die ursprüngliche Form der Saite, gegeben durch die anfängliche Auslenkung ζ_0 ihrer Punkte mit der Geschwindigkeit

$$v = \sqrt{\frac{S}{\varrho}} \tag{21,24}$$

— vgl. (12) — bewegt. Da die Auslenkung ζ stets senkrecht auf der Ausbreitungsrichtung steht, liegt also eine Transversalbewegung vor. Es ist bemerkenswert, daß ihre Geschwindigkeit, wie (25) zeigt, außer von der Spannung S nur von der Dichte, nicht aber von den elastischen Eigenschaften (E oder μ) des Saitenmaterials abhängt. Dagegen hängen — was hier ohne Beweis lediglich bemerkt werde[1]), Longitudinalbewegungen von Saiten ausschließlich von den Materialeigenschaften, insbesondere von ϱ und E, nicht aber von der Spannung S ab.

Wir haben oben hervorgehoben, daß die die Anfangslage und Geschwindigkeit der Saite festlegenden Funktionen ζ_0 und v_0 nur für das Intervall $0 \leq x \leq l$ definiert sind, wodurch der Gültigkeitsbereich von (22) auf das Intervall $vt \leq x \leq l - vt$ beschränkt wird. Um die Bewegung der Saite für irgendeinen Wert von t, der beliebig groß werden kann (d. h. $x - vt \to -\infty$ bzw. $x + vt \to +\infty$), angeben zu können, ergibt sich die Aufgabe, die beiden Partikularlösungen F und G, Gl. (19) und (20), über den Saitenbereich $0 \leq x \leq l$ hinaus „fortzusetzen". Dies gelingt mit Hilfe der Randbedingungen. Darunter versteht man Aussagen, durch die ein für eine zu behandelnde Aufgabe charakteristisches Verhalten einiger, vielleicht auch aller Punkte der Begrenzung („Rand") — aber manchmal auch im Innern des Systems — beschrieben wird. Bei einer Saite wird der „Rand" von ihren Endpunkten $x = 0$ und $x = l$ (Abb. 20) gebildet. Handelt es sich etwa um eine beidseitig fest eingespannte Saite, so sind zu jeder Zeit t die Auslenkungen ζ der Endpunkte gleich Null, d. h. die dann zu erfüllenden Randbedingungen lauten

$$\zeta(0, t) = \zeta(l, t) = 0 \,. \tag{21,25}$$

Auf Grund dieser Forderungen erweist sich, daß die Partikularlösungen F und G periodische Funktionen mit der

[1]) Vgl. diesbzgl. etwa Cl. Schaefer, s. Lit. Verz.

Periode $2l$, also der doppelten Saitenlänge sind, was man mit (25) aus (13) unmittelbar folgern kann[1]). Wir wollen dies hier nicht durchführen, sondern den Nachweis dafür auf einem anderen Wege erbringen.

c) Eigenschwingungen einer beidseitig eingespannten Saite

Um ein Integral von (12) zu finden, das den Randbedingungen (25) genügt, machen wir nach Bernoulli für ζ den „Produktansatz"

$$\zeta(x, t) = \varphi(x) \cdot \psi(t)\,, \tag{21,26}$$

worin $\varphi(x)$ bzw. $\psi(t)$ je eine nur von x bzw. t abhängige Funktion ist. Mit (26) geht die Wellengleichung (12) in

$$\frac{1}{v^2}\frac{\psi''(t)}{\psi(t)} = \frac{\varphi''(x)}{\varphi(x)} = -\gamma^2 \tag{21,27}$$

über, wobei die Striche bei φ und ψ die Ableitungen nach der jeweiligen Unabhängigen bedeuten. Von Gl. (27) ist eine Lösung zu suchen, die den Randbedingungen (25) genügt, welche mit (26) die Form

$$\varphi(0) = \varphi(l) = 0 \tag{21,28 a—b}$$

annehmen. Auf der linken Seite von (27) stehen nur von t abhängige und auf der rechten Seite nur von x abhängige Größen, die für jede möglichen Werte von x und t gleich sein sollen. Dies ist dann und nur dann möglich, wenn beide Seiten von (27) gleich einer Konstanten sind, die mit $-\gamma^2$ bezeichnet werde, wie bereits in (27) angedeutet. Damit zerfällt (27) in die beiden gewöhnlichen „Schwingungsgleichungen"

$$\varphi'' + \gamma^2 \varphi = 0 \tag{21,29}$$

$$\psi'' + \gamma^2 v^2 \psi = 0\,, \tag{21,30}$$

von denen wir wegen der formalen Gleichheit nur eine, etwa (29), zu behandeln brauchen. Ihre Lösung ist bekanntlich

$$\varphi(x) = c_1 \sin \gamma x + c_2 \cos \gamma x \tag{21,31}$$

---

[1]) Vgl. dazu etwa F. Sauter: Diffgl. d. Phys. Sammlung Göschen, Band 1070, wo noch Weiteres zum Problem der schwingenden Saite zu finden ist.

mit den Integrationskonstanten c_1 und c_2. Auf Grund der Randbedingungen (28a) ergibt sich sofort für $c_2 = 0$. Gl. (28b) verlangt, daß auch

$$c_1 \sin \gamma l = 0 \tag{21,32}$$

sein muß, was durch $c_1 = 0$ erfüllt werden kann. Damit wird $\varphi = 0$, womit sich nach (26) die triviale, nichtinteressierende Lösung $\zeta = 0$ (keine Auslenkung der Saite, Ruhelage) ergibt. Man erhält aber auch eine nicht durchweg verschwindende Lösung ζ, wenn man berücksichtigt, daß (32) auch durch

$$\gamma l = n\pi \qquad n = \pm 1, \pm 2, \ldots \tag{21,33}$$

erfüllt werden kann. Demnach existieren unendlich viel (abzählbare) Werte der Konstanten

$$\gamma_n = n \frac{\pi}{l}, \tag{21,34}$$

die als die *Eigenwerte* des behandelten Saitenproblems bezeichnet werden. Die dazu gehörenden *Eigenfunktionen* lauten nach (31)

$$\varphi_n(x) = C_n \sin n \frac{\pi x}{l}, \tag{21,35}$$

wenn die zu einem bestimmten n gehörige Integrationskonstante mit C_n bezeichnet wird.

Für die Zeitabhängigkeit ergibt sich aus (30):

$$\psi_n(t) = D_n \sin \frac{n\pi v t}{l} + E_n \cos \frac{n\pi v t}{l} \tag{21,36}$$

(D_n und E_n Integrationskonstanten) und demnach als Partikularlösung der Wellengleichung (12)

$$\begin{aligned} \zeta_n(x,t) &= \varphi_n(x)\,\psi_n(t) \\ &= C_n \sin \frac{n\pi x}{l}\left[D_n \sin \frac{n\pi v t}{l} + E_n \cos \frac{n\pi v t}{l}\right] \\ &= \sin \frac{n\pi x}{l}\left[A_n \sin \frac{n\pi v t}{l} + B_n \cos \frac{n\pi v t}{l}\right] \end{aligned} \tag{21,37}$$

mit den beiden Konstanten $A_n = C_n D_n$ und $B_n = C_n E_n$. Aus diesen unendlich vielen Partikularlösungen erhält man nach einem bekannten Satz als allgemeine Lösung von (12) den Ausdruck:

$$\zeta(x, t) = \sum_n \sin \frac{n\pi x}{l} \left[A_n \sin \frac{n\pi v t}{l} + B_n \cos \frac{n\pi v t}{l}\right], \quad (21{,}38)$$

der, wie der erste Faktor erkennen läßt, sicher die Randbedingungen (25) erfüllt. Die in (38) auftretenden Konstanten A_n und B_n sind so zu bestimmen, daß die Lösung auch den Anfangsbedingungen (14) und (15) genügt. Dies gelingt durch Ausnutzen der Orthogonalitätseigenschaft der in (38) auftretenden trigonometrischen Funktionen, worauf aber hier nicht eingegangen werden soll.

Vielmehr wollen wir an die Partikularlösung (37) anschließen, um aus ihr noch einige Folgerungen zu ziehen.

Zunächst könnte es scheinen, daß diese nach der Bernoullischen Methode des Produktansatzes gefundene Lösung der Form der d'Alembertschen Lösung widerspricht. Daß dies nicht der Fall ist, zeigt sich durch Anwendung bekannter trigonometrischer Formeln, mittels derer sich (37) leicht in

$$\zeta_n(x, t) = \frac{1}{2} A_n \left[\cos \frac{n\pi}{l}(x - vt) - \cos \frac{n\pi}{l}(x + vt)\right]$$
$$- \frac{1}{2} B_n \left[\sin \frac{n\pi}{l}(x - vt) - \sin \frac{n\pi}{l}(x + vt)\right] \quad (21{,}39)$$

überführen läßt. In diesem Ausdruck treten tatsächlich nur Funktionen der für die Lösung der Wellengleichung typischen Argumente $x \mp vt$ auf. Nach (39) setzt sich ζ aus vier gegeneinander phasenverschobenen Wellen mit der gleichen Wellenlänge (vgl. (4,31))

$$\lambda_n = \frac{2l}{n} \quad (21{,}40)$$

zusammen. Je zwei der Teilwellen breiten sich in Richtung der positiven bzw. negativen x-Achse aus. Indessen stellt ihre Summe keineswegs eine fortschreitende Welle dar. Geht man nämlich auf die mit (39) gleichwertige Darstellung (37) zurück, so liest man daraus ab, daß an den Stellen

$$x_n = \frac{l}{n} \quad (21{,}41)$$

die Auslenkung $\zeta_n = 0$ ist und für beliebige Zeiten t auch Null bleibt. Man spricht daher von einer stehenden Welle, deren „Nullstellen" x_n **Knotenpunkte** heißen. Für $n = 1 \ldots 4$ sind die sich auf einer angeregten beidseitig eingespannten Saite ausbildenden stehenden Wellen und ihre Knotenpunkte in Abb. 21 dargestellt.

Es ist möglich und sehr zweckmäßig, die aus Summen bestehenden Ausdrücke (37) und (39) für eine stehende Welle in eine summenfreie Form zu bringen. Dies gelingt, wenn man statt

$$A_n = a_n \sin \varphi\,, \qquad B_n = a_n \cos \varphi \tag{21,42}$$

setzt, was immer möglich ist. Dann wird aus (37)

$$\zeta_n(x, t) = a_n \sin \frac{n\pi x}{l} \cos(\omega_n t - \varphi) \tag{21,43}$$

mit

$$\omega_n = n \frac{\pi v}{l}\,. \tag{21,44}$$

In der durch Gl. (43) dargestellten Form nennt man den Bewegungsvorgang einer angeregten Saite ihre n-te **Eigenschwingung**, ω_n die zu ihr gehörige **Eigenfrequenz**, während der ortsabhängige Teil (Gl. (35)), durch den die Randbedingungen erfüllt werden, die — wie schon erwähnt — zu n gehörige Eigenfunktion heißt[1]).

Die Eigenschwingung für $n = 1$ nennt man **Grundschwingung**, ihre Frequenz ω_1 die **Grundfrequenz** und die sich auf der Saite ausbildende stehende Welle die **Grundwelle**. Für $n > 1$ heißen die entsprechenden Begriffe: n-te **Oberschwingung** bzw. **Oberfrequenz** bzw. **Oberwelle**.

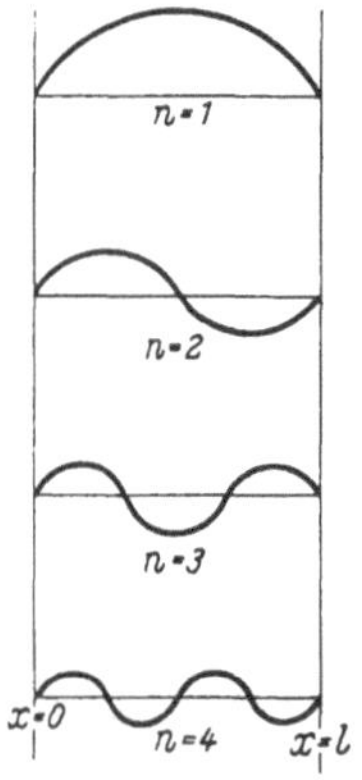

Abb. 21. Grund- und Oberschwingungen einer angeregten Seite

[1]) Diese im Zusammenhang mit der Behandlung der schwingenden Saite entstandenen Begriffe werden heute bei jedem Eigenwertproblem verwendet, obwohl ihnen durchaus nicht immer die anschauliche Bedeutung einer tatsächlichen Schwingung zuzukommen braucht (wie z. B. in der Quantenmechanik).

Wie aus (44) hervorgeht, sind die Oberfrequenzen ganzzahlige Vielfache der Grundfrequenz ω_1. Zwei beliebige Frequenzen stehen zueinander in einem rationalen Verhältnis

$$\omega_{n_1} : \omega_{n_2} = n_1 : n_2 \,. \tag{21,45}$$

Dies ist bei Schwingungen anderer elastischer Systeme (Membran, Platte o. dgl.) im allgemeinen nicht der Fall, sondern trifft dann nur noch in gewissen Sonderfällen zu.

Aus (40) ist abzulesen, daß die Wellenlänge der sich ausbildenden stehenden Wellen am größten für $n = 1$ wird:

$$\lambda_1 = 2l \,. \tag{21,46}$$

Die Wellenlänge ist dann gleich der doppelten Länge der Saite, deren Punkte sich, mit Ausnahme der festgehaltenen Endpunkte, alle bewegen. Für $n = 1$ gibt es also keine Knotenpunkte, wie in Abb. 21 angedeutet, die auch die Verhältnisse für die nächsten drei Oberschwingungen veranschaulicht.

C. Mechanik der Flüssigkeiten und Gase (Hydro- und Aerodynamik)

§ 22. Die ideale Flüssigkeit

Während bisher allein der feste deformierbare Körper Gegenstand der Betrachtung war, soll im zweiten Teil dieser Darstellung die Mechanik der flüssigen und gasförmigen Stoffe behandelt werden. Der auffälligste Unterschied zwischen ihnen und dem festen elastischen Körper ist, daß dieser eine bestimmte Form besitzt und bestrebt ist, sie zu behalten, was bei Flüssigkeiten und Gasen nicht der Fall ist. Während ferner ein fester Körper einer Formänderung einen sehr großen Widerstand entgegensetzt, ist ihm gegenüber jener von Flüssigkeiten und Gasen sehr gering. Man erhält ein besonders einfaches Modell für Flüssigkeiten und Gase, wenn man sie als solche Stoffe betrachtet, deren Widerstand gegen eine Formänderung (bei festen Volumen) gänzlich verschwindet. Nach den früheren Darlegungen würde eine solche Substanz den Schermodul $\mu = 0$ haben. Wie die Erfahrung lehrt, gibt es weder Flüssigkeiten noch Gase, die dieser Bedingung vollständig genügen, denn tatsächlich weisen diese Substanzen doch einen — wenn auch geringen — Widerstand gegenüber einer Formänderung auf. Immerhin kann man durch $\mu = 0$ eine *ideale Flüssigkeit* definieren, wodurch nicht nur eine Flüssigkeit im landläufigen Sinne, sondern auch die gasförmigen Stoffe erfaßt werden. Der augenfällige Unterschied zwischen flüssigen und gasförmigen Körpern besteht lediglich darin, daß eine Flüssigkeit (fast) inkompressibel ist, während dies bei Gasen nicht zutrifft. Äußerlich bringt man dies dadurch zum Ausdruck, daß man von inkompressiblen oder tropfbaren Flüssigkeiten (Flüssigkeiten im üblichen Sinn des Begriffes) bzw. kompressiblen Flüssigkeiten spricht, womit gasförmige Substanzen gemeint sind. Nachstehend wird der Begriff Flüssigkeiten als Sammelbezeichnung für flüssige und gasförmige Stoffe gemeinsam gebraucht. Sollten Unterscheidungen erforderlich sein, so wird ein entsprechendes Adjektiv verwendet.

Dadurch, daß ideale oder reibungslose Flüssigkeiten als Stoffe definiert sind, die nur eine nicht verschwindende Elastizitätskonstante (λ) haben, erweisen sich jene als ein Sonderfall des festen elastischen Körpers. Man kann daher für Flüssigkeiten gültige Gleichungen erhalten, indem man die früher für den festen Körper gefundenen Beziehungen übernimmt und in ihnen $\mu = 0$ setzt. Allerdings muß dabei beachtet werden, daß die somit erhaltenen Gleichungen nur insoweit gelten können, als sie auch den früher gemachten Voraussetzungen entsprechen. Die wesentlichste war die der „infinitesimalen“ Verrückung. Eine solche liegt nun bei Flüssigkeiten sicher nicht im Fall einer Bewegung vor. Hierin unterscheiden sich Flüssigkeiten von festen Körpern ein weiteres Mal, weil Flüssigkeitsteilchen bei Bewegungen endliche Verschiebungen erleiden können, was bei den als Strömungen bezeichneten Bewegungsvorgängen der Fall ist. Setzt man also in früher gefundenen Gleichungen $\mu = 0$, so werden die sich dann ergebenden Beziehungen für Flüssigkeiten nur dann gültig sein, wenn die Verrückungen „hinreichend“ klein sind. Diese Bedingung ist mit Sicherheit erfüllt, wenn die Verrückung gänzlich verschwindet, die Flüssigkeit also in Ruhe ist. Die für den dann vorliegenden Fall des Gleichgewichts von Flüssigkeiten (Hydrostatik) geltenden Gleichungen wird man also unschwer aus bereits bekannten Ergebnissen erhalten, während die Beschreibung von Bewegungsvorgängen von Flüssigkeiten (Hydrodynamik) neue Überlegungen erfordern wird.

I. Hydrostatik

§ 23. Die Gleichgewichtsbedingung

Nach dem eben Erörterten erhält man für Gleichgewichtszustände von idealen Flüssigkeiten gültige Aussagen, wenn man in den für den festen elastischen Körper geltenden Gleichungen $\mu = 0$ setzt. Dann reduzieren sich zunächst die Spannungs-Dehnungsbeziehungen (13,24) auf

$$\sigma_{xx} = \sigma_{yy} = \sigma_{zz} = \lambda\Theta = -p \qquad (23,1)$$

$$\sigma_{ik} = 0 \qquad (i \neq k)\,. \qquad (23,2)$$

Während (2) das p. def. bei idealen Flüssigkeiten verlangte Verschwinden der Scherspannungen ausdrückt, besagt (1), daß die drei Normalspannungen gleich groß sind. Sie stehen auf jedem beliebig orientierten Flächenelement, das man sich in der Flüssigkeit denken kann, stets senkrecht[1]). Sie wirken indessen bei Flüssigkeiten nicht im Sinne eines Zugs, sondern als Druck, der mit p bezeichnet werde und die Bezeichnung hydrostatischer Druck trägt. Da nach früher (§ 10) getroffener Festsetzung als Druck eine Normalspannung bezeichnet wird, die entgegengesetzt der Richtung einer Flächennormale wirkt (vgl. Abb. 11), muß das in (1) rechtsseitig stehende p mit einem Minuszeichen versehen werden.

Um zu einer Gleichgewichtsbedingung für Flüssigkeiten zu kommen, ziehen wir die Gleichgewichtsbedingung (11,6) für den festen Körper heran und setzen in ihnen $\mu = 0$. Dies führt zu

$$F_x = -\frac{\partial \sigma_{xx}}{\partial x}\,, \qquad F_y = -\frac{\partial \sigma_{yy}}{\partial y}\,, \qquad F_z = -\frac{\partial \sigma_{zz}}{\partial z}\,. \qquad (23,3)$$

[1]) Sog. „Gesetz des isotropen Drucks", das verschiedentlich als axiomatischer Ausgangspunkt der Hydrostatik dient.

Setzt man hierin für σ_{ii} seinen Wert (1) ein, so lassen sich die dann vorliegenden drei Gleichungen in die Vektorgleichung

$$\mathfrak{F} = \operatorname{grad} p \qquad (23,4)$$

zusammenfassen. Führt man schließlich noch in (4) anstelle der bisher ausschließlich benutzten Volumenkraft $\mathfrak{F}$ die auf die Masseneinheit bezogene Kraft $\mathfrak{P}$ ein, was wegen der bei kompressiblen Flüssigkeiten (Gasen) druckabhängigen Dichte $\varrho = \varrho(p)$ erforderlich ist, so geht (4) nach (9,4) in

$$\boxed{\varrho\,\mathfrak{P} = \operatorname{grad} p} \qquad (23,5)$$

über. Dies ist die ***hydrostatische Grundgleichung***, die erfüllt sein muß, damit sich eine Flüssigkeit in einem Massenkraftfeld $\mathfrak{P}(\mathfrak{r})$ im Gleichgewicht befindet. Dieses kann sich also keineswegs in beliebigen, sondern nur in bestimmten Kraftfeldern $\mathfrak{P}(\mathfrak{r})$ einstellen, über die man eine Aussage machen kann, wenn man die Gleichgewichtsbedingung wie folgt umformt:

Wendet man auf (5) die Operation rot an, wird

$$\operatorname{rot} \varrho\,\mathfrak{P} = \operatorname{rot} \operatorname{grad} p = 0. \qquad (23,6)$$

Die linke Seite von (6) ist nach (2,12):

$$\varrho \operatorname{rot} \mathfrak{P} - [\mathfrak{P}, \operatorname{grad} p] = 0. \qquad (23,7)$$

Skalare Multiplikation mit $\mathfrak{P}$ liefert

$$\varrho(\mathfrak{P} \operatorname{rot} \mathfrak{P}) - (\mathfrak{P}[\mathfrak{P}, \operatorname{grad} p]) = 0. \qquad (23,8)$$

Hierin ist das letzte Glied nach (2,7) gleich Null[1]), so daß nach Division durch $\varrho \neq 0$ verbleibt

$$(\mathfrak{P} \operatorname{rot} \mathfrak{P}) = 0. \qquad (23,9)$$

Dies ist die gesuchte Bedingung dafür, daß in einem vorgegebenen Massenkraftfeld $\mathfrak{P}$ eine Flüssigkeit eines Gleichgewichtszustandes fähig ist. Das Kraftfeld muß derartig gestaltet sein, daß entweder (vgl. (2,7)) seine Rotation senkrecht auf $\mathfrak{P}$ steht oder seine Rotation verschwindet. Dieses ist immer erfüllt, wenn sich $\mathfrak{P}$ aus einem Potential $W(\mathfrak{r})$ durch Gradientenbildung herleiten läßt, also

$$\mathfrak{P}(\mathfrak{r}) = -\operatorname{grad} W \qquad (23,10)$$

---

[1]) weil $\mathfrak{P} \perp [\mathfrak{P}, \operatorname{grad} p]$ ist.

ist. Sieht man daher von den wenig interessierenden — Feldern $\mathfrak{P}$ ab, für die rot $\mathfrak{P} \perp \mathfrak{P}$ ist, so besagt (9), daß Gleichgewichtszustände von Flüssigkeiten nur in solchen Kraftfeldern möglich sind, die sich aus einem Potential W ableiten lassen. Da (9) die Dichte ϱ der Flüssigkeit nicht enthält, gilt die eben gemachte Aussage sowohl für kompressible als auch für inkompressible Flüssigkeiten.

Bei vorgegebenem Kraftfeld $\mathfrak{P}(\mathfrak{r})$, das die Bedingung (10) erfüllt, d. h. bei bekanntem Potential W, kann aus (5) die Ortsabhängigkeit des hydrostatischen Druckes $p = p(\mathfrak{r})$ berechnet werden. Zunächst ergeben (5) und (10):

$$- \operatorname{grad} W = \frac{1}{\varrho} \operatorname{grad} p. \qquad (23,11)$$

Nimmt man nun an, wie es in dieser Darstellung ausnahmslos geschieht, daß die Dichte ϱ einer kompressiblen Flüssigkeit nur vom Druck p abhängt, also $\varrho = \varrho(p)$ ist (barotrope Flüssigkeit), dann wird mit der Hilfsgröße

$$P = \int \frac{dp}{\varrho(p)} \qquad (23,12)$$

aus (11):

$$\operatorname{grad} (W + P) = 0. \qquad (23,13)$$

Hieraus folgt durch Integration

$$W + P = c = \text{const}. \qquad (23,14)$$

Diese — ihrem Inhalt nach mit (5) gleichwertige — Beziehung kann als hydrostatische Gleichgewichtsbedingung in „integraler Form“ bezeichnet werden und ist als Ausgangspunkt zur Behandlung konkreter hydrostatischer Probleme besonders geeignet, wofür im folgenden Paragraphen Beispiele gegeben werden.

§ 24. Anwendungen

a) Inkompressible Flüssigkeiten

Für inkompressible Flüssigkeiten ist ϱ = const, womit aus (23,14)

$$W + \frac{p}{\varrho} = c \qquad (24,1)$$

wird oder — mit $\varrho W = V$ (d. i. das Potential der Volumenkraft $\mathfrak{F}$) — in

$$\varrho W + p = V + p = c \tag{24,2}$$

übergeht. Die Integrationskonstante c kann bei Kenntnis der Werte p_0 und V_0 für einen gewissen „Nullzustand" bestimmt werden.

Wir behandeln mit Hilfe von Gl. (2) folgende Beispiele:

1. *Flüssigkeit im Erdfeld*: Wir fragen nach dem Gleichgewicht einer, sich in einem irgendwie gestalteten, oben offenen Gefäß befindenden inkompressiblen Flüssigkeit von der Dichte ϱ (= const) im Schwerefeld der Erde. Legt man die xy-Ebene eines üblichen rechtwinkligen Koordinatensystems in den Boden des Gefäßes (Abb. 22) und läßt die Richtung der positiven z-Achse in die Flüssigkeit hinein weisen (z-Achse nach „oben" gerichtet), so wird $\mathfrak{F}\{0, 0, -\varrho g\}$ also $V = +\varrho g z$ und damit nach (2):

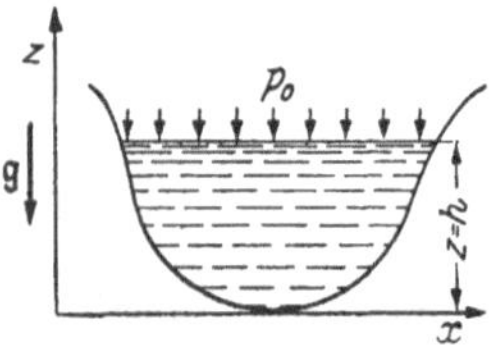

Abb. 22. Inkompressible Flüssigkeit im Erdfeld.

$$p(z) = -\varrho g z + c. \tag{24,3}$$

Zur Bestimmung der Konstanten c werde angenommen, daß die Flüssigkeit das Gefäß bis zur Höhe $z = h$ ausfülle. Der dort herrschende Druck sei p_0 (u. N. U. der übliche Atmosphärendruck). Dann liefert (3) für

$$c = p_0 + \varrho g h, \tag{24,4}$$

womit (3) in

$$p(z) = p_0 + \varrho g(h - z) \tag{24,5}$$

übergeht. Diese einfache, vielfach **hydrostatische Druckgleichung** genannte Beziehung besagt, daß der Druck p von der Oberfläche der Flüssigkeit ($z = h$) nach dem Boden ($z = 0$) hin linear zunimmt und für alle Punkte im Innern der Flüssigkeit, die in einer Horizontalebene $z = z_0$ liegen, der gleiche ist.

2. *Kommunizierende Röhren*: Mit Hilfe der eben gefundenen Gl. (5) läßt sich sofort die wohlbekannte Erscheinung an

kommunizierenden Röhren erklären, daß in ihnen im Gleichgewicht der Flüssigkeitsspiegel überall gleich hoch ist, unabhängig davon, wie die Röhren geformt sind. Betrachten wir

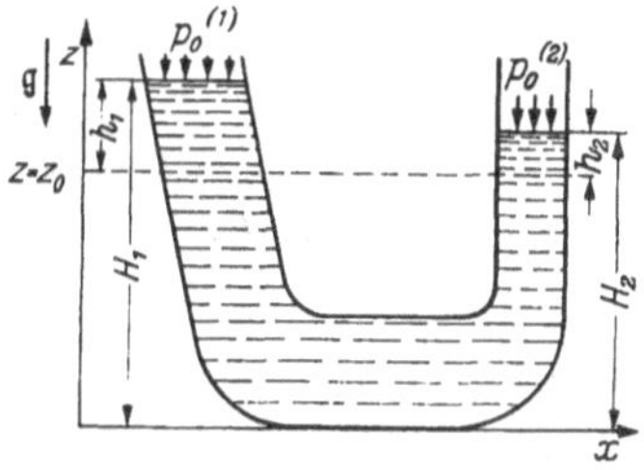

Abb. 23. Kommunizierende Röhren.

etwa die in Abb. 23 dargestellten beiden (oben offenen) miteinander verbundenen, verschieden gestalteten Röhren, so gilt nach (5) für den Druck in der Horizontalebene $z = z_0$ (Bedeutung der Bezeichnungen vgl. Abb. 23)

$$p(z_0) = p_0^{(1)} + \varrho g(H_1 - z_0) = p_0^{(1)} + \varrho g h_1 \qquad (24,6)$$

$$p(z_0) = p_0^{(2)} + \varrho g(H_2 - z_0) = p_0^{(2)} + \varrho g h_2 . \qquad (24,7)$$

Differenzbildung liefert

$$p_0^{(1)} - p_0^{(2)} = \varrho g(h_2 - h_1). \qquad (24,8)$$

Grenzen die beiden Flüssigkeitsspiegel an die Atmosphäre, so wird $p_0^{(1)} = p_0^{(2)} = p_0$, und aus (8) folgt, daß $h_1 = h_2$ ist und d. h.: die Höhen der beiden Flüssigkeitssäulen sind gleich.

Handelt es sich um zwei verschiedene Flüssigkeiten, die die beiden kommunizierenden Röhren ausfüllen und deren Dichten ϱ_1 und ϱ_2 sind, so gilt statt (8) nunmehr

$$p_0^{(1)} - p_0^{(2)} = \varrho_2 g h_2 - \varrho_1 g h_1 . \qquad (24,9)$$

Dies liefert, wenn wiederum die beiden Flüssigkeitsspiegel an die Atmosphäre grenzen, im Fall des Gleichgewichts

$$\varrho_1 h_1 = \varrho_2 h_2 \qquad (24,10)$$

oder

$$h_1 : h_2 = \varrho_2 : \varrho_1 , \qquad (24,11)$$

d. h. die Höhen der beiden sich im Gleichgewicht befindenden verschiedenen Flüssigkeiten verhalten sich umgekehrt wie deren Dichten. Dieses Ergebnis wird zur experimentellen Ermittlung von Flüssigkeitsdichten verwendet.

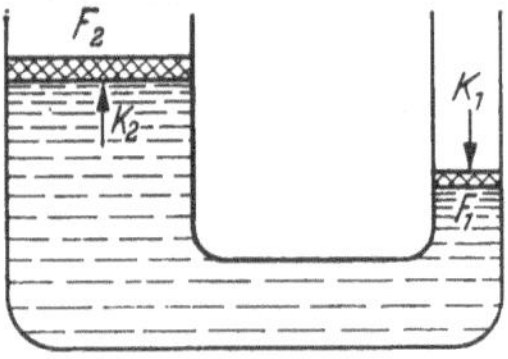

Abb. 24. Hydraulische Presse.

3. *Die hydraulische Presse*: Wir betrachten wiederum zwei kommunizierende, mit (homogener) Flüssigkeit gefüllte Gefäße, die nun aber oben durch zwei Stempel abgeschlossen seien (vgl. Abb. 24). Wirkt auf einen der beiden Stempel eine Kraft K_1, so ergibt sich an der Berührungsfläche F_1 zwischen Stempel und Flüssigkeit für den Druck

$$p = K_1 : F_1 . \qquad (24{,}12)$$

Dieser Druck pflanzt sich durch die gesamte Flüssigkeit fort und herrscht ebenfalls an der anderen Berührungsfläche F_2, auf die nun die Kraft

$$K_2 = pF_2 \qquad (24{,}13)$$

ausgeübt wird. Mit (12) erhält man daraus (Elimination von p):

$$K_2 = \frac{F_2}{F_1} K_1 . \qquad (24{,}14)$$

Diese Beziehung läßt erkennen, daß man bei Wahl des Verhältnisses $F_2 : F_1 = f \gg 1$ trotz Aufwendung einer relativ kleinen Kraft (K_1) auf eine andere Fläche eine relativ große Kraft (K_2) zur Wirkung kommen lassen kann. (Prinzip der hydraulischen Presse, hydraulische Bremse.)

4. *Das hydrostatische Paradoxon*: Nach der Druckgleichung (5) lastet auf der Flächeneinheit des Bodens eines mit Flüssigkeit gefüllten Gefäßes (Abb. 25) der Druck $p = p_0 + \varrho g h$. Hat die Bodenfläche den Betrag F, so herrscht ein „Bodendruck"

$$D = pF = (p_0 + \varrho g h) F . \qquad (24{,}15)$$

Diese Beziehung sagt aus, daß der auf die Fläche F ausgeübte Druck D zwar von der Höhe h der sich über F befindlichen

Flüssigkeitssäule, jedoch nicht von ihrer Gestalt oberhalb F abhängig ist („Hydrostatisches Paradoxon“).

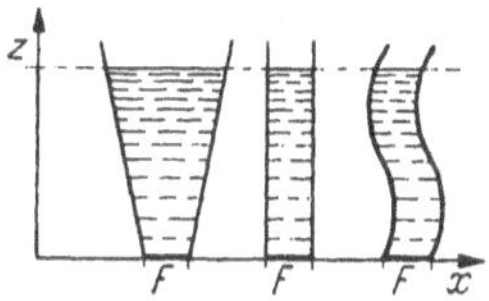

Abb. 25. Hydrostatisches Paradoxon.

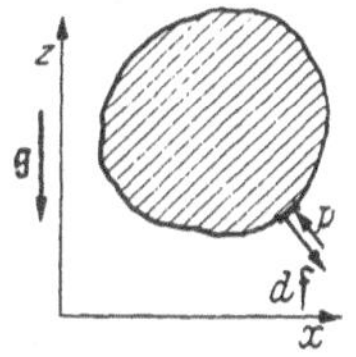

Abb. 26. Zum Archimedischen Prinzip.

5. *Das Archimedische Prinzip*: In einer homogenen Flüssigkeit befinde sich ein fester Körper (Abb. 26). Dann erfährt ein willkürlich herausgegriffenes Element $d\mathfrak{f}$ seiner Oberfläche die Einwirkung einer Kraft

$$d\mathfrak{K} = - p\, d\mathfrak{f}\,, \tag{24,16}$$

wobei p durch (5) gegeben ist. Die gesamte auf die Oberfläche F wirkende Kraft ist daher

$$\mathfrak{K} = - \iint p\, d\mathfrak{f}\,. \tag{24,17}$$

Durch Anwendung von (2,19) wird daraus das über das Volumen V des eingetauchten Körpers zu erstreckende Integral

$$\mathfrak{K} = - \iiint \operatorname{grad} p\, d\tau\,. \tag{24,18}$$

Nach (5) ist $\operatorname{grad} p = -\varrho g \mathfrak{k}$ (der Gradient hat nur eine z-Komponente), womit (18) in

$$\mathfrak{K} = \varrho g \mathfrak{k} \iiint_V d\tau = \varrho g V \mathfrak{k} = G_F \cdot \mathfrak{k} \tag{24,19}$$

übergeht. Hierin bedeutet $G_F = g \varrho V$ das Gewicht der durch das Einbringen des Körpers verdrängten Flüssigkeitsmenge. Gl. (19) sagt demnach aus: ein in eine Flüssigkeit eingetauchter Körper erfährt eine Kraftwirkung, deren Betrag gleich dem Gewicht der verdrängten Flüssigkeitsmenge und deren Richtung „nach oben“ orientiert ist (Auftrieb). Dies ist das Archimedische Prinzip[1]).

[1]) Angeblich Archimedes: „ηυρηκα“

6. *Eine im Erdfeld rotierende Flüssigkeit*: Als letztes Beispiel einer Anwendung von (2) möge die Gleichgewichtsfigur einer Flüssigkeit bestimmt werden, die in einem zylindrischen Gefäß eingeschlossen ist, welches im Erdfeld mit konstanter Winkelgeschwindigkeit ω rotiert. Wir setzen voraus, daß die Rotationsbewegung bereits so lange stattfinde, daß sich eine Gleichgewichtsfigur der Flüssigkeit ausgebildet hat. Diese unterliegt dann außer der Schwerkraft noch der Einwirkung der Zentrifugalkraft. In bezug auf ein Koordinatensystem, das in das betrachtete System so gelegt werde, wie in Abb. 27 gezeigt, sind die beiden Kräfte: $\mathfrak{F}_1$ $\{0, 0 - \varrho g\}$ und $\mathfrak{F}_2 \{\varrho\omega^2 x, \varrho\omega^2 y, 0\}$, also die gesamte wirkende Kraft:

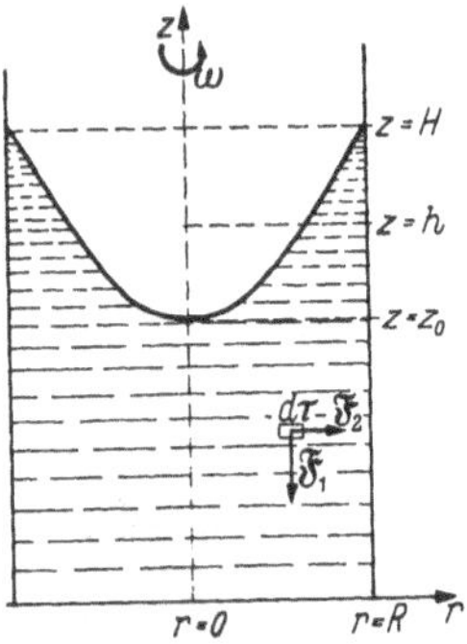

Abb. 27. Rotierende Flüssigkeit im Erdfeld.

$$\mathfrak{F}_1 + \mathfrak{F}_2 = \mathfrak{F}\{\varrho\omega^2 x, \varrho\omega^2 y, -\varrho g\}. \qquad (24,20)$$

Das zu $\mathfrak{F}$ gehörige Potential ist

$$V = -\frac{1}{2}\varrho\omega^2(x^2 + y^2) + \varrho g z \qquad (24,21)$$

oder mit Einführung des Abstandes $r = \sqrt{x^2 + y^2}$ eines Punktes von der Drehachse

$$V = -\frac{\varrho\omega^2}{2} r^2 + \varrho g z. \qquad (24,22)$$

Damit liefert die Grundgleichung (2)

$$p + \varrho g z - \frac{\varrho\omega^2}{2} r^2 = c. \qquad (24,23)$$

Zur Bestimmung von c werde die Höhe der Flüssigkeit in der Drehachse ($r = 0$) mit z_0 bezeichnet. Der auf der freien Oberfläche herrschende Druck sei der normale Atmosphärendruck p_0. Dann ergibt sich aus (22) für

$$c = p_0 + \varrho g z_0, \qquad (24,24)$$

und (22) geht in

$$\bar{p} = p - p_0 = \frac{\varrho}{2}\,\omega^2 r^2 - \varrho g\,(z - z_0) \qquad (24,25)$$

über, wobei $\bar{p}$ der Überdruck über den Atmosphärendruck p_0 ist. Auf der freien Oberfläche herrscht natürlich kein Überdruck, also wird jene gegeben durch $\bar{p} = 0$ oder durch

$$z - z_0 = \frac{\omega^2}{2g}\,r^2. \qquad (24,26)$$

Dies ist die Gleichung eines Rotationsparaboloids, in welches eine ursprünglich ruhende, ebene Oberfläche infolge der Rotation verformt wird. Ebenfalls wie die freie Oberfläche sind auch die anderen Flächen gleichen Drucks Rotationsparaboloide, die gegen die Oberfläche nach unten hin verschoben sind.

Wir fragen, um welche Höhe der höchste Punkt des Paraboloids gegenüber dem ursprünglichen horizontalen Niveau ($z = h$) gestiegen bzw. der in der Drehachse liegende tiefste Punkt gesunken ist. Die Antwort hierauf erhält man aus der Tatsache, daß die Flüssigkeitsmenge M — und damit wegen der vorausgesetzten Inkompressibilität auch das von ihr eingenommene Volumen V — sowohl im Ruhezustand als auch während der Rotation die gleiche ist. In Ruhe ist (Bedeutung der Buchstaben s. Abb. 27)

$$M = \varrho V = \varrho\pi R^2 h\,. \qquad (24,27)$$

Im stationären Zustand während der Rotation dagegen

$$M = \varrho\left\{R^2\pi H - \pi\int_{z_0}^{H} r^2\,dz\right\} \qquad (24,28)$$

Gleichsetzen von (27) und (28) und Einsetzen von r^2 aus (26) führt zu

$$R^2\pi h = R^2\pi H - \frac{2\pi g}{\omega^2}\int_{z_0}^{H}(z - z_0)\,dz\,, \qquad (24,29)$$

woraus man durch elementare Umformung

$$H - h = h - z_0 \qquad (24,30)$$

erhält. Dies besagt, daß der Wasserspiegel sich am Rande des Gefäßes um denselben Betrag über das ursprüngliche h-Niveau hebt, wie er in der Drehachse unter ihn sinkt.

b) Kompressible Flüssigkeiten (aerostatik)

1. *Die polytrope Atmosphäre*: Um ein Beispiel zur Anwendung der Grundgleichung (23,14) auf kompressible Flüssigkeiten (Gase) zu geben, werde als Objekt die atmosphärische Hülle um die Erde betrachtet, die der Einwirkung der von jener ausgehenden Schwerkraft unterliegt. Es handelt sich also um ein ähnliches Beispiel, wie es oben betrachtet wurde, lediglich mit dem Unterschied, daß nun die Flüssigkeit kompressibel ist. Daher ist außer der Grundgleichung (23,14) noch die Angabe erforderlich, wie die Dichte $\varrho = \varrho(p)$ der Flüssigkeit von dem jeweiligen Druck p abhängt. Eine Aussage darüber macht die Thermodynamik der (idealen) Gase, wonach zwischen ϱ und p die Beziehung

$$p = c\varrho^n \tag{24,31}$$

besteht. Dabei sind c und n Konstanten. c ergibt sich — wieder wie früher — durch Vorgabe der Werte p_0 und ϱ_0 für einen Normalzustand. Für ihn gilt daher

$$p_0 = c\varrho_0^n, \tag{24,32}$$

woraus

$$c = p\ \varrho_0^{-n} \tag{24,33}$$

und damit aus (31) für

$$p = p_0 \left(\frac{\varrho}{\varrho_0}\right)^n \quad \text{bzw.} \quad \varrho = \varrho_0 \left(\frac{p}{p_0}\right)^{\frac{1}{n}} \tag{24,34a—b}$$

folgt.

Diese Gesetzmäßigkeit zwischen der Dichte ϱ eines Gases und dem Druck p, unter dem es steht, nennt man die Gaspolytrope mit dem Polytropenexponenten (oder von der Ordnung) n. Je nach dem Wert von n ergeben sich gewisse Sonderfälle, von denen einige sogleich behandelt werden.

Vorerst läßt sich mit Kenntnis von $\varrho = \varrho(p)$ die durch (23,12) eingeführte Hilfsgröße P berechnen, wofür man (sofern $n \neq 1$ ist)[1]) erhält:

[1]) Vgl. dazu S. 103.

$$P = \int \frac{dp}{\varrho(p)} = \frac{p_0^{1/n}}{\varrho_0} \int p^{-\frac{1}{n}} dp$$
$$= \frac{p_0^{1/n}}{\varrho_0} \cdot \frac{n}{n-1} p^{1-\frac{1}{n}}. \tag{24,35}$$

Weiterhin ist, da das Gas allein der Einwirkung des Erdschwerefeldes unterliegen soll, $\mathfrak{P} = \mathfrak{g} = -g\,\mathfrak{k}$, also

$$W = gz, \tag{24,36}$$

sofern die positive z-Achse des verwendeten Koordinatensystems wie üblich entgegen dem Vektor $\mathfrak{g}$ gerichtet angenommen wird. Damit folgt nach Gl. (23,14) für den Gleichgewichtszustand

$$gz + \frac{p_0^{1/n}}{\varrho_0} \frac{n}{n-1} p^{1-1/n} = c. \tag{24,37}$$

Legt man die xy-Ebene des Bezugssystems in die Erdoberfläche, so ist für diese $z = 0$. Bezeichnet man ferner den auf ihr herrschenden Atmosphärendruck mit p_0, so folgt mit diesen Werten aus (37) für

$$c = \frac{n}{n-1} \frac{p_0}{\varrho_0}. \tag{24,38}$$

Damit ergibt sich schließlich aus (37) nach einfacher Umformung für die Abhängigkeit des Druckes $p(z)$ von der Höhe z die Formel

$$p(z) = p_0 \left(1 - \frac{n-1}{n} \frac{\varrho_0}{p_0} g z\right)^{\frac{n}{n-1}}. \tag{24,39}$$

Führt man den Begriff der Atmosphärenhöhe h ein, definiert durch jenen Wert von $z = h$, für den $p(z)_{z=h} = 0$ wird, so folgt aus (39) für

$$h = \frac{n}{n-1} \frac{p_0}{\varrho_0 g}, \tag{24,40}$$

und damit geht die Druckformel (39) in

$$p(z) = p_0 \left(1 - \frac{z}{h}\right)^{\frac{n}{n-1}} \tag{24,41}$$

über. Ferner ergibt sich für die in der Höhe z herrschende Dichte ϱ der Atmosphäre unschwer nach (34b):

$$\varrho(z) = \varrho_0 \left(1 - \frac{z}{h}\right)^{\frac{1}{n-1}}. \tag{24,42}$$

Durch die beiden zuletzt angegebenen Gesetzmäßigkeiten sind Druck und Dichte einer sich im Erdfeld im Gleichgewicht befindenden polytropischen Atmosphäre eindeutig beschrieben. Wir betrachten einige Sonderfälle.

2. *Die gleichförmige Atmosphäre* ($n = \infty$): Bei Wahl dieses Wertes von n folgt aus der Zustandsgleichung (34b) für $\varrho = \varrho_0$, d. h. es liegt keine Abhängigkeit der Dichte ϱ vom Druck p vor. Die uns umgebende Atmosphäre wird ein solches Verhalten (in guter Näherung) nur in Schichten geringer Dicke, also nur innerhalb kleiner Höhendifferenzen aufweisen. Nimmt man jedoch eine derartige inkompressible (auch als gleichförmig bezeichnete) Atmosphäre an, so folgt für sie aus (39)

$$p(z) = p_0 - \varrho_0 g z. \tag{24,43}$$

Dies ist in Übereinstimmung mit Gl. (5), wie es auch sein muß, da Druckunabhängigkeit der Dichte gleichbedeutend mit Inkompressibilität ist[1]). Nach der letzten Gleichung nimmt der Druck der homogenen Atmosphäre mit zunehmender Höhe linear ab. Diese Tatsache findet praktische Verwendung zur Bestimmung von (nicht zu großen) Höhenunterschieden aus gemessenen Druckdifferenzen.

Als Höhe einer gleichförmigen Atmosphäre ergibt sich aus (40)

$$h = \frac{p_0}{\varrho_0 g}. \tag{24,44}$$

Existierte eine derartige gleichförmige Atmosphäre, so würde sie — wie sich aus (44) mit den Werten $p_0 = 1\,at = 1033 \cdot 981$ gr cm^{-1} sec^{-2}, $\varrho_0 = 0{,}0013$ gr cm^{-3} und $g = 981$ cm sec^{-2} ergibt — die Oberfläche bis zu der Höhe $h \approx 8$ km umgeben.

[1]) Der formale Unterschied zwischen (43) und (5) durch Auftreten der Größen $h - z$ bzw. z ist bedingt durch die verschiedene Festlegung der Nullpunkte der jeweils verwendeten Koordinatensysteme.

2. *Die isotherme Atmosphäre* ($n = 1$): **Mit diesem Wert des** Polytropenexponenten wird aus (34a):

$$\frac{p}{\varrho} = \frac{p_0}{\varrho_0} = \text{const} \tag{24,45}$$

oder, da $\varrho = M/V$ ist (M Gesamtmasse des betrachteten Gases, V das von ihm eingenommene Volumen),

$$pV = p_0 V_0 = \text{const.} \tag{24,46}$$

Dies ist das bekannte, für Gase geltende Boyle-Mariottesche Gesetz, das sich aus der Zustandsgleichung für ideale Gase (R Gaskonstante)

$$pV = \frac{M}{\mu} RT \quad (\mu \text{ Molekulargewicht des Gases}) \tag{24,47}$$

für konstante Temperatur $T = \text{const}$ ergibt. Der Polytropenexponent $n = 1$ charakterisiert also den isothermen Zustand eines Gases. Ein solcher Zustand herrscht in der gesamten Lufthülle erfahrungsgemäß nicht, vielmehr nimmt deren Temperatur von der Erdoberfläche aus nach oben hin gemessen ab. Näherungsweise kann man wohl aber innerhalb nicht allzu großer Höhendifferenzen eine isotherme Atmosphäre annehmen. Die für eine solche geltende Druckabhängigkeit $p(z)$ ist nun nicht mehr durch (41) gegeben, da dieser Ausdruck für $n = 1$ unbestimmt ist (vgl. S. 100 unten). Um zu einer Druckformel zu gelangen, hat man den Grenzwert von (39) für $n \to 1$ zu bilden und erhält dann

$$p(z) = p_0 e^{-\frac{\varrho_0 g z}{p_0}}, \tag{24,48}$$

die sog. barometrische Höhenformel. Danach nimmt der Druck $p(z)$ in einer isothermen Atmosphäre exponentiell mit der Höhe z ab und hat erst für $z = \infty$ den Wert Null. Eine isotherme Atmosphäre hätte demnach die Höhe $h = \infty$, wie auch aus (40) folgt. Dieser Widerspruch mit der Wirklichkeit ist durch die Annahme einer durchweg gleich temperierten Lufthülle bedingt, die natürlich nicht existiert. Wir untersuchen daher als letzten Sonderfall, um vielleicht den tatsächlichen Verhältnissen näher zu kommen,

4. *Die adiabatische Atmosphäre* ($n = c_p/c_v = \gamma$): Mit diesem Polytropenexponenten, in dem c_p bzw. c_v die spez. Wärmen bei konstantem Druck (c_p) bzw. konstantem Volumen (c_v) bedeuten, wird aus (34a):

$$\frac{p}{\varrho^\gamma} \approx p V^\gamma = \text{const}, \qquad (24,49)$$

d. i. die Zustandsgleichung von Gasen bei adiabatischen Zustandsänderungen (d. s. solche, die ohne Wärmeaustausch mit der Umgebung verlaufen). Für zweiatomige Gase ist $\gamma = 1,41$, mit welchem Wert (49) als Atmosphärenhöhe $h \approx 28$ km liefert. Mit dem aus Beobachtungen gefundenen Wert $\gamma = 1,2$ erhält man eine Höhe von etwa 48 km.

II. Hydrodynamik

Allgemeines

§ 25. Problemstellung und Lösungsmethoden

Während sich die vorstehenden Betrachtungen allein auf Gleichgewichtszustände von Flüssigkeiten bezogen, gehen wir nunmehr zu der Behandlung von Flüssigkeitsbewegungen über. Derjenige Teil der Hydromechanik, der sich mit den Eigenschaften von Flüssigkeitsbewegungen — den Strömungen — beschäftigt und die Gesetzmäßigkeiten untersucht, nach denen jene ablaufen, heißt *Hydrodynamik*. Ihr obliegt insbesondere die Lösung folgender Aufgabe: Gegeben ist eine ein gewisses Raumgebiet kontinuierlich ausfüllende Flüssigkeit, auf die bekannte äußere Kräfte einwirken. Gesucht sind Ausdrücke, durch die sowohl die Bewegung eines jeden Flüssigkeitselementes, der jeweils herrschende (hydrodynamische) Druck p und bei kompressiblen Flüssigkeiten auch die Dichte ϱ in jedem Punkt $\mathfrak{r}\{x, y, z\}$ des Flüssigkeitskontinuums zu jedem Augenblick t beschrieben wird.

Um diese Aufgabe zu lösen, kann man zwei verschiedene Wege gehen. Der eine, von Lagrange angegeben, ist dadurch gekennzeichnet, daß man sich die betrachtete Flüssigkeit aus einer Vielzahl von Flüssigkeitsteilchen zusammengesetzt denkt und deren Gesamtheit als ein „Punktsystem“ im Sinne der klassischen Punktmechanik ansieht. Gefragt wird nach dem zeitlichen Verlauf der Bewegung dieses „Systems“. Dieser ist dann bekannt, wenn man den Ortsvektor $\mathfrak{r}\{x, y, z\}$ eines jeden Teilchens der Flüssigkeit in Abhängigkeit von der Zeit t kennt. Versteht man unter $\mathfrak{a}$ eine ein bestimmtes Flüssigkeitsteilchen individuell kennzeichnende Größe, so ist die gesuchte Bewegung des Kontinuums bekannt, wenn man

$$\mathfrak{r} = \mathfrak{r}(\mathfrak{a}, t) \tag{25,1}$$

für jedes Teilchen kennt. Zur Charakterisierung eines Flüssigkeitsteilchens kann etwa dessen auf ein raumfestes Koordinatensystem bezogener Ortsvektor $\mathfrak{r}_0\{x_0, y_0, z_0\}$ zu einer bestimmten Zeit $t = t_0$ dienen, so daß bei der speziellen Wahl $\mathfrak{a} = \mathfrak{r}_0$ die Bewegung durch

$$\mathfrak{r} = \mathfrak{r}(\mathfrak{r}_0, t) \tag{25,2}$$

beschrieben wird. Dabei sind $\mathfrak{r}_0$ (allg. $\mathfrak{a}$) und t *un*abhängige („Lagrangesche“) Variablen, von denen $\mathfrak{r}$ und ebenfalls der Druck p und die Dichte ϱ abhängig sind.

Neben dieser Lagrangeschen Darstellung gibt es eine andere Möglichkeit zur Beschreibung eines Strömungsfeldes, die von Euler (1755) stammt und daher die Eulersche Darstellung heißt[1]). Diese hat sich gegenüber der von Lagrange insbesondere hinsichtlich ihrer praktischen Anwendungen als überlegen erwiesen, weswegen heute vorzugsweise die „Eulersche Darstellung“ Verwendung findet. Sie geht in ihrer Beschreibung einer Flüssigkeitsströmung so vor, daß sie für jeden Punkt $\mathfrak{r}\{x, y, z\}$ des Strömungsfeldes zu jedem Zeitpunkt t die Geschwindigkeit $\mathfrak{v}$, den Druck p und bei kompressiblen Flüssigkeiten auch die Dichte ϱ in Abhängigkeit von $\mathfrak{r}$ und t angibt, also die Bewegung durch

$$\mathfrak{v} = \mathfrak{v}(\mathfrak{r}, t), \qquad p = p(\mathfrak{r}, t), \qquad \varrho = \varrho(\mathfrak{r}, t) \tag{25,3}$$

[1]) Historisch sei bemerkt, daß Euler die vorerst genannte Darstellung bereits kannte. Wenn sie dennoch heute nach Lagrange benannt wird, so hat dies seinen Grund darin, daß Lagrange die math. Methoden der fraglichen Darstellung überwiegend ausgearbeitet hat.

beschreibt. In der „Eulerschen Darstellung" sind also die drei Ortskoordinaten und die Zeit *un*abhängige Variable und $\mathfrak{v}$, p und ϱ von ihnen abhängige Funktionen.

Welche von den beiden oben besprochenen Darstellungen zur Beschreibung einer Flüssigkeitsbewegung verwendet wird, ist grundsätzlich gleichgültig, da man — wenigstens prinzipiell — von der Eulerschen Darstellung zur Lagrangeschen Darstellung übergehen kann und umgekehrt.

§ 26. Bahnlinien, Stromlinien, Stromröhre und Stromfäden

Die die Lagrangesche Darstellung einer Flüssigkeitsbewegung kennzeichnende Gleichung (25,1)

$$\mathfrak{r} = \mathfrak{r}(\mathfrak{a}, t) \tag{26,1}$$

ist der analytische Ausdruck einer (im allgemeinen räumlichen) Kurve, die ein durch die Größe $\mathfrak{a}$ gekennzeichnetes Teilchen des strömenden Flüssigkeitskontinuums tatsächlich durchläuft. Die durch (1) gegebene Kurve nennt man deswegen *Bahnlinie*. Insbesondere ist die durch (25,2) gegebene Kurve, die tatsächlich von jenem Flüssigkeitsteilchen (für $t > t_0$) durchlaufene Bahn, das sich zur Zeit $t = t_0$ an der Stelle $\mathfrak{r} = \mathfrak{r}_0$ befand.

Die die Bahnlinien beschreibende Gleichung (1) ist die Lösung der Differentialgleichung

$$d\mathfrak{r} = \mathfrak{v}(\mathfrak{r}, t)\, dt, \tag{26,2}$$

die sich durch Anwendung bekannter mathematischer Regeln — Elimination von $\mathfrak{a}$ — aus (1) ergibt. Wegen ihres Vektorcharakters stellt Gl. (2) ein simultanes System von drei Differentialgleichungen dar.

Der Begriff der Bahnlinien ist wohl zu unterscheiden von dem der *Stromlinien*. Diese sind definiert als diejenige innerhalb eines von Flüssigkeit durchströmten Raumgebietes $\mathfrak{G}$ verlaufenden Kurven, deren Tangenten in jedem Punkte $P(\mathfrak{r})$ stets dieselbe Richtung haben, wie sie auch die jeweils in $P(\mathfrak{r})$ herrschende Geschwindigkeit $\mathfrak{v}$ besitzt. Durch die Einführung des Begriffes Stromlinien läßt sich das Geschwindigkeitsfeld einer bewegten Flüssigkeit in ähnlicher

Weise veranschaulichen wie es vom magnetischen Feld durch Verwendung des Begriffes „Kraftlinien“ her wohlbekannt ist. Da nach der Eulerschen Darstellung $\mathfrak{v} = \mathfrak{v}(\mathfrak{r}, t)$ ist, wird sich an einem festen Ort $\mathfrak{r}$ im Strömungsfeld insbesondere die Richtung der Geschwindigkeit $\mathfrak{v}$ im allgemeinen mit der Zeit t ändern. Denkt man sich etwa zur Zeit $t = t_1$ das Stromlinienfeld gezeichnet, so stellt es eine „Momentaufnahme“ des Strömungsvorganges im Zeitpunkt t_1 dar. Während einer darauf folgenden kleinen Zeitspanne dt wird sich aber die Gesamtheit der Stromlinien im allgemeinen anders ändern, als die der Bahnlinien, d. h.: Bahnlinien und Stromlinien fallen im allgemeinen *nicht* zusammen. Diese Tatsache kommt auch formal dadurch zum Ausdruck, daß sich die für die Bahnlinien geltende Differentialgleichung (2) von der der Stromlinien unterscheidet. Diese ergibt sich sofort auf Grund der Definition der Stromlinien. Bezeichnet man nämlich mit $d\mathfrak{r}\,\{dx, dy, dz\}$ ein Linienelement einer Stromlinie, so ist dieses p. def. zu $\mathfrak{v}$ parallel. Es muß also gelten

$$[\mathfrak{v}\,d\mathfrak{r}] = 0 \qquad (26,3)$$

oder ausführlich geschrieben

$$\frac{dx}{v_x(x, y, z, t)} = \frac{dy}{v_y(x, y, z, t)} = \frac{dz}{v_z(x, y, z, t)} = d\tau\,. \qquad (26,4)$$

Bezeichnet man den gemeinsamen Wert der vorstehenden drei Ausdrücke mit $d\tau$, so läßt sich (4) vektoriell in der Form

$$d\mathfrak{r} = \mathfrak{v}(\mathfrak{r}, t)\,d\tau \qquad (26,5)$$

schreiben. Bei der Integration dieser Gleichung, deren Lösungen eben die Stromlinien sind, ist die Zeit t als Konstante zu behandeln, im Gegensatz zu der Differentialgleichung der Bahnlinien (2), in der t unabhängige Variable ist.

Man erkennt aus (2) und (5), daß Strom- und Bahnlinien identisch werden, sofern das Geschwindigkeitsfeld sich zeitlich nicht ändert. Dieser wichtige Sonderfall einer Flüssigkeitsbewegung, deren Geschwindigkeit $\mathfrak{v}$ nicht von der Zeit t abhängt, für den also $\mathfrak{v} = \mathfrak{v}(\mathfrak{r})$ ist, wird als stationäre Strömung bezeichnet.

Denkt man sich im Innern einer strömenden Flüssigkeit eine kleine geschlossene Kurve $\mathfrak{C}$ (etwa einen Kreis) und durch jeden Punkt von $\mathfrak{C}$ die dazugehörige Stromlinie gezogen, so nennt man das von allen Stromlinien eingeschlossene Gebiet eine *Stromröhre* (Abb. 28). Für den Fall einer stationären Bewegung ändert sich eine einmalig gewählte Form einer Stromröhre zeitlich nicht und die durch sie fließende Flüssigkeit, die in ihrer Gesamtheit als *Stromfaden* bezeichnet wird, bewegt sich so, als wäre die Stromröhre von einer festen Wand umgeben.

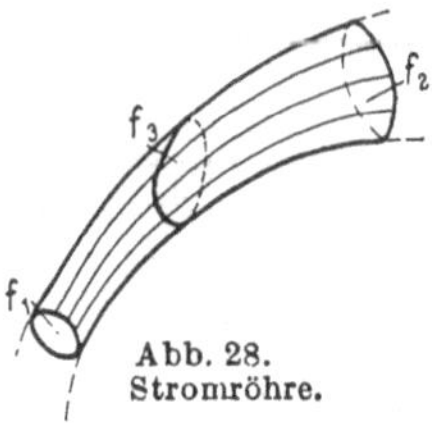

Abb. 28. Stromröhre.

§ 27. Die Eulersche Gleichung der Hydrodynamik

Nach den in § 25 erwähnten beiden Darstellungsmöglichkeiten einer Flüssigkeitsbewegung wird diese in jedem Fall durch je eine vektorielle ($\mathfrak{r}$ bzw. $\mathfrak{v}$) Größe und zwei Skalare (p und ϱ) beschrieben. Diese Größen sind als Funktion der gewählten Unabhängigen ($\mathfrak{a}, t$ bzw. $\mathfrak{r}, t$) zu ermitteln. Dazu benötigt man eine vektorielle und zwei skalare Gleichungen. Diese sollen nachstehend aufgestellt werden.

Zu der vektoriellen Gleichung gelangt man mit Hilfe des schon einmal verwendeten d'Alembertschen Prinzips, mittels dessen man formal aus der Gleichgewichtsbedingung (23,5) eine „Bewegungsgleichung" erhält, indem man zu der „eingeprägten" Kraft $\mathfrak{F} = \varrho\,\mathfrak{P}$ die negative Trägheitskraft $\mathfrak{F}^*$ hinzufügt. Ist ϱ die Dichte der Flüssigkeit, so enthält ein Volumenelement $d\tau$ die Masse $dm = \varrho\, d\tau$. Daher ist der Trägheitswiderstand von dm:

$$d\mathfrak{F}^* = dm\,\frac{d\mathfrak{v}}{dt} = \varrho\,\frac{d\mathfrak{v}}{dt}\cdot d\tau\,, \tag{27,1}$$

also der auf die Volumeneinheit bezogene Trägheitswiderstand

$$\mathfrak{F}^* = \varrho\,\mathfrak{P}^* = \varrho\,\frac{d\mathfrak{v}}{dt}\,. \tag{27,2}$$

Führt man diesen in (26,5) ein, so ergibt sich

$$\varrho \mathfrak{P} - \mathfrak{F}^* - \operatorname{grad} p = \varrho \mathfrak{P} - \varrho \frac{d\mathfrak{v}}{dt} - \operatorname{grad} p = 0 \qquad (27,3)$$

oder

$$\frac{d\mathfrak{v}}{dt} = \mathfrak{P} - \frac{1}{\varrho} \operatorname{grad} p\,. \qquad (27,4)$$

An dieser Stelle hat man sich, um die eben gefundene „Bewegungsgleichung" anwenden zu können, zu entscheiden, welche von den oben (§ 25) genannten beiden möglichen Darstellungen der Beschreibung einer Flüssigkeitsbewegung man wählen will, womit die unabhängigen Variablen ($\mathfrak{a}$, t oder $\mathfrak{r}$, t) festgelegt werden. Wir wählen die **Eulersche** Darstellung mit den Unabhängigen $\mathfrak{r}$ und t. Dann ist (4) eine Differentialgleichung für $\mathfrak{v}$, deren linke Seite jedoch nicht mit der Bedeutung des $d\mathfrak{v}/dt$ aus der Punktmechanik verwechselt werden darf. Dort ist $\mathfrak{v}$ **nur** zeitabhängig: $\mathfrak{v} = \mathfrak{v}(t)$, **hier** aber, in der **Euler**schen Darstellung, ist $\mathfrak{v}$ sowohl zeit- als auch ortsabhängig:

$$\mathfrak{v} = \mathfrak{v}(\mathfrak{r}, t) \qquad (27,5)$$

oder für die x-Komponente

$$v_x = v_x(\mathfrak{r}, t) = v_x(x, y, z, t)\,, \qquad (27,6)$$

wobei die Ortskoordinaten $\mathfrak{r}\{x, y, z\}$ ebenfalls Funktionen der Zeit sind. Daher wird

$$\frac{dv_x}{dt} = \frac{\partial v_x}{\partial t} + \frac{\partial v_x}{\partial x}\frac{dx}{dt} + \frac{\partial v_x}{\partial y}\frac{dy}{dt} + \frac{\partial v_x}{\partial z}\frac{dz}{dt}\,. \qquad (27,7)$$

Da nun der in dem Zeitelement dt zurückgelegte Weg $d\mathfrak{r}\{dx, dy, dz\}$ gleich

$$dx = v_x \cdot dt, \qquad dy = v_y \cdot dt, \qquad dz = v_z \cdot dt \qquad (27,8)$$

ist, kann statt (7) auch geschrieben werden:

$$\frac{dv_x}{dt} = \frac{\partial v_x}{\partial t} + v_x \frac{\partial v_x}{\partial x} + v_y \frac{\partial v_x}{\partial y} + v_z \frac{\partial v_x}{\partial z} \qquad (27,9)$$

$$= \frac{\partial v_x}{\partial t} + \left(v_x \frac{\partial}{\partial x} + v_y \frac{\partial}{\partial y} + v_z \frac{\partial}{\partial z}\right) v_x\,. \qquad (27,10)$$

Der rechtsseitig stehende Klammerausdruck ist nach (2,17) formal ein skalares Produkt:

$$\left(v_x \frac{\partial}{\partial x} + v_y \frac{\partial}{\partial y} + v_z \frac{\partial}{\partial z}\right) = (\mathfrak{v}\,\mathrm{grad}). \qquad (27,11)$$

Mit (11) geht (7) in

$$\frac{dv_x}{dt} = \frac{\partial v_x}{\partial t} + (\mathfrak{v}\,\mathrm{grad})\,v_x \qquad (27,12)$$

über. Zwei weitere analoge Gleichungen gelten, wenn in (12) v_x durch v_y bzw. v_z ersetzt wird. Alle drei Gleichungen lassen sich vektoriell in (vgl. (2,16))

$$\frac{d\mathfrak{v}}{dt} = \frac{\partial \mathfrak{v}}{\partial t} + (\mathfrak{v}\,\mathrm{grad})\,\mathfrak{v} \qquad (27,13)$$

zusammenfassen, und *dieser* Ausdruck ist es, der in (4) mit $d\mathfrak{v}/dt$ gemeint ist. Gl. (13) zeigt, daß sich im Fall der „endlichen" Verschiebungen die Beschleunigung $d\mathfrak{v}/dt$ aus zwei Anteilen zusammensetzt. Der eine ist die *lokale* Beschleunigung $\partial\mathfrak{v}/\partial t$, die die Geschwindigkeitsänderung an einem festen Ortspunkt im Strömungsfeld angibt. Der zweite Anteil $(\mathfrak{v}\,\mathrm{grad})\,\mathfrak{v}$ kann als Kennzeichen der bei Flüssigkeitsbewegungen auftretenden „endlichen" Verschiebungen angesehen werden und wird als *konvektive* Beschleunigung bezeichnet, weil er diejenige Änderung der Geschwindigkeit angibt, die durch die („endliche") Ortsveränderung (Konvektion) eines Teilchens bedingt wird, das sich zur Zeit t an der Stelle $\mathfrak{r}$ befand. Beide Beschleunigungsteile zusammen heißen die *substantielle* Beschleunigung.

Setzt man diese in (4) ein, so erhält man als Bewegungsgleichung

$$\boxed{\frac{\partial \mathfrak{v}}{\partial t} + (\mathfrak{v}\,\mathrm{grad})\,\mathfrak{v} = \mathfrak{P} - \frac{1}{\varrho}\,\mathrm{grad}\,p} \qquad (27,14)$$

eine Beziehung, die *Eulersche Gleichung der idealen Flüssigkeit* heißt. Sie ist eine, wegen des Auftretens des konvektiven Gliedes $(\mathfrak{v}\,\mathrm{grad})\,\mathfrak{v}$, nichtlineare partielle Differentialgleichung für $\mathfrak{v}(\mathfrak{r}, t)$.

Ohne auf die grundsätzlichen Schwierigkeiten, die die Integration nichtlinearer Differentialgleichungen mit sich bringt, hier einzugehen, bemerken wir, daß sich $\mathfrak{v} = \mathfrak{v}(\mathfrak{r}, t)$ allein aus Gl. (14) gar nicht bestimmen läßt. Dazu muß deren rechte Seite vollständig bekannt sein, was aber nicht der Fall ist. Es ist zwar die auf die Flüssigkeit einwirkende Massenkraft $\mathfrak{P} = \mathfrak{P}(\mathfrak{r}, t)$ in ihrer Orts- und vielleicht auch Zeitabhängigkeit als vorgegeben anzusehen, jedoch ist der veränderliche Druck p im Strömungsfeld und bei kompressiblen Flüssigkeiten auch deren Dichte $\varrho = \varrho(p)$ noch unbekannt. Man benötigt also zunächst eine Gesetzmäßigkeit

$$\varrho = \varrho(p) \tag{27,15}$$

wie etwa die schon früher verwendete Polytropengleichung (24,34). Weiterhin ist aber noch eine skalare Gleichung erforderlich. Zu einer solchen gelangt man, indem man die Tatsache der Unzerstörbarkeit der Masse verwendet. Dies wird nachstehend ausgeführt.

§ 28. Die Kontinuitätsgleichung

Um zu einer quantitativen Formulierung des Satzes von der Erhaltung der Masse zu gelangen, betrachten wir ein von einer geschlossenen Fläche $\mathfrak{N}$ begrenztes Raumgebiet $\mathfrak{B}$, in dem sich eine (tropfbare oder nichttropfbare) Flüssigkeit befinde (Abb. 29). Ihre orts- und vielleicht auch zeitabhängige[1]) Dichte sei $\varrho = \varrho(\mathfrak{r}, t)$. Zu einem bestimmten Zeitpunkt t enthält dann $\mathfrak{B}$ die Masse

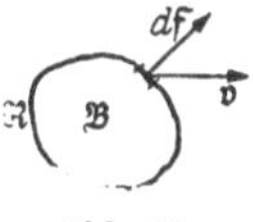

Abb. 29 Zur Herleitung der Kontinuitätsgleichung.

$$M = \iiint\limits_{\mathfrak{B}} \varrho(\mathfrak{r}, t)\, d\tau \tag{28,1}$$

Diese Menge der Masse ändert sich, wenn ein Teil von ihr durch die Oberfläche $\mathfrak{N}$ austritt oder/und von außerhalb neue Masse durch $\mathfrak{N}$ in das Raumgebiet $\mathfrak{B}$ hineinströmt. Ist $d\mathfrak{f} = \mathfrak{n}^0\, df$ ein Element von $\mathfrak{N}$ (Abb. 29), so tritt durch $\mathfrak{N}$ in dem Zeitelement dt die Masse

[1]) z. B. bei akustischen Vorgängen.

$$\Delta M = \mp dt \iint_{\mathfrak{R}} \varrho \mathfrak{v} d\mathfrak{f} = \mp dt \iint_{\mathfrak{R}} \varrho (\mathfrak{v}\mathfrak{n}^0)\, df \qquad (28,2)$$

in das Gebiet $\mathfrak{B}$ ein bzw. aus ihm heraus. Diese während dt erfolgte Massenänderung bedingt in $\mathfrak{B}$ eine Dichteänderung $d\varrho = \pm \frac{\partial \varrho}{\partial t} dt$, so daß die während dt in $\mathfrak{B}$ erfolgte Massenänderung sich auch durch

$$\Delta M = \pm \iiint_{\mathfrak{B}} \frac{\partial \varrho}{\partial t} dt \cdot d\tau = \pm\, dt \iiint_{\mathfrak{B}} \frac{\partial \varrho}{\partial t} d\tau \qquad (28,3)$$

darstellen läßt. Aus der Gleichheit von (2) und (3) folgt

$$\mp \iint_{\mathfrak{R}} \varrho \mathfrak{v}\, d\mathfrak{f} = \pm \iiint_{\mathfrak{B}} \frac{\partial \varrho}{\partial t} d\tau \qquad (28,4)$$

oder nach Anwendung des Gaussschen Satzes auf die linke Seite von (4) und Zusammenfassung

$$\int_{\mathfrak{B}} \left\{\operatorname{div} \varrho \mathfrak{v} + \frac{\partial \varrho}{\partial t}\right) d\tau = 0. \qquad (28,5)$$

Da der betrachtete Bereich $\mathfrak{B}$ beliebig gewählt werden kann, folgt nach einer bekannten Schlußweise, daß die Gleichung

$$\boxed{\operatorname{div} \varrho \mathfrak{v} + \frac{\partial \varrho}{\partial t} = 0} \qquad (28,6)$$

bestehen muß. Dies ist die *Kontinuitätsgleichung*, durch welche die Erhaltung der Masse zum Ausdruck gebracht wird.

Handelt es sich insbesondere um die Strömung einer inkompressiblen Flüssigkeit (Wasser o. ä.), so ist $\varrho = \text{const}$, womit Gl. (6) in

$$\boxed{\operatorname{div} \mathfrak{v} = 0} \qquad (28,7)$$

übergeht. Da diese Beziehung speziell für inkompressible (volumenbeständige) Flüssigkeiten gilt, wird sie als Inkompressibilitätsbedingung bezeichnet.

Man kann sie in eine für die Anwendungen besonders geeignete Form bringen, indem man Gl. (7) über einen beliebigen

Bereich $\mathfrak{V}$ innerhalb des von Flüssigkeit durchströmten Raumes integriert. Wendet man gleichzeitig den Gaussschen Integralsatz an, so ergibt dies

$$\int_{\mathfrak{V}} \operatorname{div} \mathfrak{v}\, d\tau = \int_{\mathfrak{N}} \mathfrak{v}\, d\mathfrak{f} = 0\,, \tag{28,8}$$

wenn $\mathfrak{N}$ die $\mathfrak{V}$ begrenzende Oberfläche ist. Gl. (8) sagt aus, daß durch eine in ein Strömungsfeld einer inkompressiblen Flüssigkeit gelegte beliebige (aber unbewegliche) Oberfläche stets gleichviel Flüssigkeit ein- wie austritt. Ist das Teilgebiet $\mathfrak{V}$ insbesondere eine Stromröhre, so tritt nur durch die die Röhre senkrecht begrenzenden Flächen f_1 und f_2 (vgl. Abb. 28) Flüssigkeit ein bzw. aus, weswegen sich das Oberflächenintegral (8) auf

$$\int_{f_1} \mathfrak{v}_1\, d\mathfrak{f}_1 + \int_{f_2} \mathfrak{v}_2\, d\mathfrak{f}_2 = \int_{f_1} \mathfrak{v}_1 \mathfrak{n}_1^0\, df_1 + \int_{f_2} \mathfrak{v}_2 \mathfrak{n}_2^0\, df_2 \tag{28,9}$$

reduziert. Da nun immer

$$\mathfrak{v}_1 \,||\, \pm \mathfrak{n}_1^0\,, \qquad \mathfrak{v}_2 \,||\, \mp \mathfrak{n}_2^0 \tag{28,10}$$

ist, geht (9) über in

$$\int_{f_1} v_1\, df_1 - \int_{f_2} v_2\, df_2 = 0, \tag{28,11}$$

woraus bei konstanten Geschwindigkeiten in allen Punkten der Ein- und Austrittsfläche der Stromröhre

$$v_1 f_1 = v_2 f_2 = \cdots = \text{const} \tag{28,12}$$

folgt. Dieses Produkt gibt an, welches Flüssigkeitsvolumen durch die Stromröhre ein- bzw. austritt.

§ 29. Randbedingungen

Um aus der Eulerschen Gleichung (27,14), der Kontinuitätsgleichung (28,6) und der Dichte-Druckbeziehung $\varrho = \varrho(p)$ die das Strömungsfeld beschreibenden Größen $\mathfrak{v}$, p und ϱ für einen konkreten Einzelfall zu bestimmen, hat man ein solches Integral dieser Gleichung zu suchen, das die für das zu behandelnde Problem charakteristischen (Anfangs- und) Randbedingungen erfüllt. Diese werden je nach der vorliegenden Fragestellung sehr verschieden sein.

Aus der Vielzahl von häufig auftretenden Randbedingungen nennen wir als Beispiel folgende:

1. Es handle sich um eine strömende Flüssigkeit, die von einer für sie undurchdringlichen festen Berandung $\mathfrak{R}$ umgeben ist. Die Undurchdringlichkeit verlangt dann, daß die Geschwindigkeit $\mathfrak{v}$ senkrecht zu $\mathfrak{R}$ keine Komponente besitzt, also

$$v_n = 0 \text{ auf } \mathfrak{R}\,. \tag{29,1}$$

Ist $F(\mathfrak{r}) = 0$ die Gleichung der Berandung $\mathfrak{R}$, so wird das „Verschwinden der Normalkomponente von $\mathfrak{v}$ auf $\mathfrak{R}$" analytisch durch die Randbedingung

$$(\mathfrak{v}, \operatorname{grad} F) = \left\{ v_x \frac{\partial F}{\partial x} + v_y \frac{\partial F}{\partial y} + v_z \frac{\partial F}{\partial z} \right\}_{\mathfrak{R}} = 0 \tag{29,2}$$

zum Ausdruck gebracht.

2. Ist die eine strömende Flüssigkeit berandende Fläche selbst zeitlich veränderlich, so hat ihre Gleichung die Form

$$F(\mathfrak{r}, t) = 0\,. \tag{29,3}$$

Dann muß für einen späteren Zeitpunkt $t + dt$ auch $F(\mathfrak{r} + d\mathfrak{r}, t + dt) = 0$ gelten. Hieraus ergibt sich durch Reihenentwicklung und unter Beachtung von (3), daß gleichfalls

$$(d\mathfrak{r}, \operatorname{grad} F) + \frac{\partial F}{\partial t}\, dt = 0 \tag{29,4}$$

sein muß. Division durch dt liefert aus (4) als eine andere mögliche Randbedingung

$$(\mathfrak{v}, \operatorname{grad} F) + \frac{\partial F}{\partial t} = 0\,, \tag{29,5}$$

die sich von (2) durch das Auftreten des Zusatzgliedes $\partial F/\partial t$ unterscheidet.

3. Wiederum andere zu erfüllende Randbedingungen liegen etwa bei der Untersuchung der Bewegung von Flüssigkeiten vor, wenn diese an eine andere Flüssigkeit grenzen. Als Beispiel hierfür seien die „Oberflächenwellen" (§ 39) genannt. Grenzen diese etwa an die Luftatmosphäre an, so herrscht in allen Punkten der Trennfläche Luft/Flüssigkeit der Atmosphärendruck p_0, d. h. es muß dann für alle Punkte der Oberfläche die Bedingung

$$p(\mathfrak{r}, t) = p_0 = \text{const} \tag{29,6}$$

oder

$$dp(\mathfrak{r}, t) = 0 \tag{29,7}$$

gelten.

§ 30. Einteilung der Flüssigkeitsbewegungen

Die Eulersche Gleichung (27,14) läßt sich in eine andere Form überführen, die es gestattet, die so außerordentlich große Mannigfaltigkeit der möglichen Bewegung einer Flüssigkeit in gewisse typische Klassen einzuteilen. Hierzu ist das zunächst nur für cartesische Koordinaten definierte Symbol ($\mathfrak{v}$ grad) in eine „legitim-vektorielle" Form (Sommerfeld) zu bringen. Zu diesem Zweck gehen wir von der x-Komponente von ($\mathfrak{v}$ grad) aus:

$$\{(\mathfrak{v}\,\mathrm{grad})\,\mathfrak{v}\}_x = v_x \frac{\partial v_x}{\partial x} + v_y \frac{\partial v_x}{\partial y} + v_z \frac{\partial v_x}{\partial z}. \qquad (30,1)$$

Für das erste Glied rechts kann $\frac{1}{2}\frac{\partial v_x^2}{\partial x}$ geschrieben werden. Es liegt nahe, zu versuchen, diesen Term durch $\frac{1}{2}\frac{\partial}{\partial x}(v_y^2 + v_z^2)$ zu ergänzen, damit die invariante Größe $\mathfrak{v}^2 = v_x^2 + v_y^2 + v_z^2$ auf der rechten Seite steht. Dann wird aus (1):

$$\{(\mathfrak{v}\,\mathrm{grad})\,\mathfrak{v}\}_x = \frac{1}{2}\frac{\partial \mathfrak{v}^2}{\partial x} + v_y \frac{\partial v_x}{\partial y} + v_z \frac{\partial v_x}{\partial z} - v_y \frac{\partial v_y}{\partial x} - v_z \frac{\partial v_z}{\partial x} \qquad (30,2)$$

$$= \frac{1}{2}\frac{\partial \mathfrak{v}^2}{\partial x} + v_y \left(\frac{\partial v_x}{\partial y} - \frac{\partial v_y}{\partial x}\right) + v_z \left(\frac{\partial v_x}{\partial z} - \frac{\partial v_z}{\partial x}\right) \qquad (30,3)$$

$$= \frac{1}{2}\frac{\partial \mathfrak{v}^2}{\partial x} - v_y\,\mathrm{rot}_z\,\mathfrak{v} + v_z\,\mathrm{rot}_y\,\mathfrak{v} \qquad (30,4)$$

$$= \frac{1}{2}(\mathrm{grad}\,\mathfrak{v}^2)_x - [\mathfrak{v}\,\mathrm{rot}\,\mathfrak{v}]_x \qquad (30,5)$$

oder vektoriell geschrieben

$$(\mathfrak{v}\,\mathrm{grad})\,\mathfrak{v} = \frac{1}{2}\mathrm{grad}\,\mathfrak{v}^2 - [\mathfrak{v}\,\mathrm{rot}\,\mathfrak{v}]. \qquad (30,6)$$

Geht man damit in die Eulersche Gleichung (27,14) ein, so wird aus ihr

$$\boxed{\frac{\partial \mathfrak{v}}{\partial t} + \frac{1}{2}\mathrm{grad}\,\mathfrak{v}^2 - [\mathfrak{v}\,\mathrm{rot}\,\mathfrak{v}] = \mathfrak{P} - \frac{1}{\varrho}\mathrm{grad}\,p} \qquad (30,7)$$

Diese neue Form der hydrodynamischen Bewegungsgleichung legt es nahe, die Vielzahl der möglichen Flüssigkeitsbewegungen in folgenden Klassen einzuteilen. Sie sind gekennzeichnet durch

1. $\partial/\partial t = 0$ und rot $\mathfrak{v} = 0$. Dies sind stationäre, wirbelfreie Flüssigkeitsströmungen (Potentialströmungen) (vgl. § 32–36);
2. $\partial/\partial t \neq 0$ und rot $\mathfrak{v} = 0$. Dies sind nichtstationäre wirbelfreie Bewegungen (Wasserwellen, vgl. § 37–43);
3. $\partial/\partial t = 0$ und rot $\mathfrak{v} \neq 0$. Dies sind stationäre, wirbelbehaftete Strömungen (vgl. § 44–49);
4. $\partial/\partial t \neq 0$ und rot $\mathfrak{v} \neq 0$. Dies ist der allgemeinste Typ einer Flüssigkeitsbewegung.

Einige für die unter 1—3 genannten speziellen Bewegungsvorgänge gültigen Gesetzmäßigkeiten und Eigenschaften werden in den folgenden Abschnitten besprochen.

Vorerst soll aber noch auf die Formulierung des Energieprinzips in der Hydrodynamik eingegangen werden, das bekanntlich in jedem Fall, also unabhängig von dem jeweiligen Typ der Strömung gültig ist.

§ 31. Energetische Betrachtung

Aus der Eulerschen Gleichung und der Kontinuitätsgleichung läßt sich eine Beziehung herleiten, die als Energiegleichung der Hydrodynamik bezeichnet wird, da durch sie das Energieprinzip bei Strömungsvorgängen von idealen (kompressiblen oder inkompressiblen) Flüssigkeiten zum Ausdruck gebracht wird. Um zu der Energiegleichung zu gelangen, multiplizieren wir (30,7) skalar mit $\varrho\mathfrak{v}$, was zu

$$\varrho\left(\mathfrak{v}, \frac{\partial\mathfrak{v}}{\partial t}\right) + \frac{1}{2}\varrho\,(\mathfrak{v}, \operatorname{grad}\mathfrak{v}^2) = \varrho(\mathfrak{v}\,\mathfrak{P}) - (\mathfrak{v}, \operatorname{grad} p)$$
$$= -\varrho(\mathfrak{v}\operatorname{grad} W) - (\mathfrak{v}, \operatorname{grad} p) \quad (31,1)$$

führt, wenn — was vorausgesetzt werde — die Massenkraft $\mathfrak{P}$ ein Potential W besitzt. Durch Anwendung von (2,11) auf alle Glieder von (Gl. 1) außer ihrem ersten geht (1) in

$$\varrho\left(\mathfrak{v},\frac{\partial\mathfrak{v}}{\partial t}\right)+\frac{1}{2}\operatorname{div}\varrho v^2\mathfrak{v}-\frac{1}{2}\mathfrak{v}^2\operatorname{div}\varrho\mathfrak{v}$$
$$=-\operatorname{div}\varrho W\mathfrak{v}+W\operatorname{div}\varrho\mathfrak{v} \qquad (31,2)$$
$$-\operatorname{div}p\mathfrak{v}+p\operatorname{div}\mathfrak{v}$$

über. Drückt man hierin die Faktoren div $\varrho\mathfrak{v}$ nach der Kontinuitätsgl. (28,6) aus, so erhält man nach geeigneter Zusammenfassung

$$\frac{\varrho}{2}\frac{\partial\mathfrak{v}^2}{\partial t}+\frac{1}{2}\mathfrak{v}^2\frac{\partial\varrho}{\partial t}+W\frac{\partial\varrho}{\partial t}-p\operatorname{div}\mathfrak{v}$$
$$+\operatorname{div}\left(\frac{\varrho}{2}v^2+\varrho W+p\right)\mathfrak{v}=0. \qquad (31,3)$$

Um die Aussage dieser Gleichung zu erkennen, beachten wir zunächst, daß ihre beiden ersten Glieder

$$\frac{\varrho}{2}\frac{\partial\mathfrak{v}^2}{\partial t}+\frac{\mathfrak{v}^2}{2}\frac{\partial\varrho}{\partial t}=\frac{\partial}{\partial t}\left(\frac{\varrho}{2}\mathfrak{v}^2\right)=\frac{\partial\varepsilon_k}{\partial t} \qquad (31,4)$$

sind, also die zeitliche Änderung der Dichte, d. i. die auf die Volumeneinheit bezogene kinetische Energie,

$$\varepsilon_k=\frac{\varrho}{2}\mathfrak{v}^2 \qquad (31,5)$$

angeben. Ebenso stellen das 3. und 4. Glied in (3) die zeitliche Änderung der wiederum auf die Volumeneinheit bezogenen potentiellen Energie ε_p dar, was sich wie folgt einsehen läßt. Offensichtlich ist

$$\varepsilon_p=\varrho W+w, \qquad (31,6)$$

wenn W das Potential der Massenkraft $\mathfrak{P}$ und w das elastische Potential (§ 16) bedeuten. Um w für Flüssigkeitsströmungen zu bestimmen, gehen wir von (16,24) aus und ersetzen darin nach (23,1) und (23,2). Dies führt unter Beachtung von (7,24) zu

$$w=\frac{1}{2}\lambda\Theta(\varepsilon_{xx}+\varepsilon_{yy}+\varepsilon_{zz})$$
$$=\frac{1}{2}\lambda\Theta\operatorname{div}\mathfrak{s}=\frac{1}{2}\lambda\Theta^2. \qquad (31,7)$$

Damit ergibt sich für die potentielle Energiedichte nach (6):

$$\varepsilon_p=\varrho W+\frac{1}{2}\lambda\Theta^2 \qquad (31,8)$$

und für ihre zeitliche Änderung bei Voraussetzung eines zeitunabhängigen äußeren Kraftfeldes $\mathfrak{P}$, $\left(\text{also } \frac{\partial W}{\partial t} = 0\right)$

$$\frac{\partial \varepsilon_p}{\partial t} = \frac{\partial}{\partial t}\left\{\varrho W + \frac{1}{2}\lambda\Theta^2\right\} = W\frac{\partial \varrho}{\partial t} + \lambda\Theta\frac{\partial \Theta}{\partial t}$$

$$= W\frac{\partial \varrho}{\partial t} + \lambda\Theta\frac{\partial}{\partial t}\operatorname{div}\mathfrak{s}$$

$$= W\frac{\partial \varrho}{\partial t} - p\operatorname{div}\mathfrak{v}\,. \tag{31,9}$$

Führt man noch die Abkürzungen

$$\varepsilon = \varepsilon_k + \varepsilon_p \tag{31,10}$$

$$\mathfrak{S} = \left(\frac{\varrho}{2}\mathfrak{v}^2 + \varrho W + p\right)\mathfrak{v} \tag{31,11}$$

ein, so nimmt schließlich (3) die Form

$$\boxed{\frac{\partial \varepsilon}{\partial t} + \operatorname{div}\mathfrak{S} = 0} \tag{31,12}$$

an. Das ist die Kontinuitätsgleichung (vgl. (28,6)), dieses Mal für energetische Größen, deren Erhaltung durch (12) in differenzieller Form zum Ausdruck kommt. Integriert man (12) über einen raumfesten Bereich $\mathfrak{V}$, mit der ihn begrenzenden Oberfläche $\mathfrak{R}$ und wendet den Gaussschen Satz (2,20) an, so erhält man

$$-\frac{\partial}{\partial t}\iiint\limits_{\mathfrak{V}} \varepsilon\, d\tau = \boxed{-\frac{\partial E}{\partial t} = \iint\limits_{\mathfrak{R}} \mathfrak{S}\, d\mathfrak{f}} \tag{31,13}$$

in Worten: Die Gesamtenergie E in einem raumfesten Volumen eines Strömungsfeldes kann nur dadurch ab- oder zunehmen, daß durch die Berandung $\mathfrak{R}$ von $\mathfrak{V}$ Energie aus- oder einströmt. Diese „Energieströmung" wird durch den Vektor $\mathfrak{S}$ beschrieben, der deswegen **Energieströmungsvektor** heißt. Er gibt die durch die zu $\mathfrak{v}$ senkrecht stehende Flächeneinheit von $\mathfrak{R}$ hindurchtretende Energiemenge pro

Zeiteinheit an. Für Kenner der Elektrodynamik bemerken wir, daß $\mathfrak{S}$ das „hydrodynamische“ Analogon zum Poyntingschen Vektor aus der Maxwellschen Theorie ist.

Stationäre wirbelfreie Bewegungen von Flüssigkeiten

§ 32. Die Bernoullische Gleichung

Die stationäre, wirbelfreie Bewegung von Flüssigkeiten ist dadurch gekennzeichnet, daß sich $\mathfrak{v}$ zeitlich nicht ändert ($\partial\mathfrak{v}/\partial t = 0$) und keine Wirbel vorliegen (rot $\mathfrak{v} = 0$). Demnach reduziert sich die Eulersche Bewegungsgleichung in der Form (30,7) für solche Flüssigkeitsbewegungen auf

$$\operatorname{grad} \frac{\mathfrak{v}^2}{2} = \mathfrak{P} - \frac{1}{\varrho} \operatorname{grad} p. \tag{32,1}$$

Aus dieser Gleichung läßt sich, wenn man sich auf den Fall beschränkt, daß die Massenkraft $\mathfrak{P}$ ein Potential W besitzt, also

$$\mathfrak{P} = -\operatorname{grad} W \tag{32,2}$$

ist, ein Integral gewinnen. Mit (2) wird nämlich aus (1)

$$\operatorname{grad}\left(\frac{\mathfrak{v}^2}{2} + W\right) + \frac{1}{\varrho} \operatorname{grad} p = 0 \tag{32,3}$$

oder mit der durch (23,12) eingeführten Hilfsgröße P:

$$\operatorname{grad}\left(\frac{\mathfrak{v}^2}{2} + W + P\right) = 0. \tag{32,4}$$

Hieraus folgt durch Integration

$$\boxed{\frac{\mathfrak{v}^2}{2} + W + P = \frac{\mathfrak{v}^2}{2} + W + \int \frac{dp}{\varrho(p)} = C} \tag{32,5}$$

Darin ist C eine, wegen der vorausgesetzten Stationarität, von der Zeit t unabhängige Konstante, die im gesamten Strömungsfeld den gleichen Betrag hat. Gl. (5) stellt ein Integral der hydrodynamischen Bewegungsgleichungen dar und nimmt für inkompressible Flüssigkeiten ($\varrho = \text{const}$) die einfache Form

$$\frac{\mathfrak{v}^2}{2} + W + \frac{p}{\varrho} = C \tag{32,6}$$

an. Für den Fall, daß als äußere Kraft nur die Erdschwere wirksam ist, wird $W = gz$ und aus (6) wird insbesondere

$$\boxed{\frac{\mathfrak{v}^2}{2} + gz + \frac{p}{\varrho} = C} \tag{32,7}$$

Diese Beziehung wurde schon 1738, also vor Aufstellung der Eulerschen Gleichung (1755) von Bernoulli durch energetische Betrachtungen gefunden, weswegen (7) als *Bernoullische Gleichung* bezeichnet wird. Die gleiche Bezeichnung wird heute auch der Gl. (6) beigelegt. Häufig nennt man sie — so wie ihren Sonderfall Gl. (6) — auch Energiegleichung, weil die auf ihrer linken Seite stehenden Glieder den kinetischen, den potentiellen und den Druckenergieanteil p/ϱ der Masseneinheit einer strömenden Flüssigkeit darstellen. Ihre Gesamtenergie ist die Summe dieser drei Anteile und nach (6) konstant.

Multipliziert man (6) mit ϱ (= const), so erhält man

$$p + \varrho \frac{\mathfrak{v}^2}{2} + \varrho W = \varrho C, \tag{32,8}$$

welche Beziehung man als Druckgleichung bezeichnet, da die einzelnen in (8) auftretenden Glieder den Charakter eines Drucks haben. Für den überwiegend vorliegenden Fall einer Flüssigkeitsbewegung im Schwerefeld der Erde („schwere Flüssigkeit") heißt die Druckgleichung

$$p + \varrho \frac{\mathfrak{v}^2}{2} + \varrho g z = \varrho C. \tag{32,9}$$

Dividiert man diese Gleichung durch ϱg, so geht sie in

$$z + \frac{\mathfrak{v}^2}{2g} + \frac{p}{\varrho g} = \frac{C}{g} = \overline{C} \tag{32,10}$$

über, in welcher Form die Bernoullische Gleichung für eine schwere Flüssigkeit wohl überwiegend in der Praxis („Hydraulik") angewandt wird. Die in (10) auftretenden Glieder haben die Dimension einer Länge und werden wie folgt bezeichnet: z als die (auf ein bestimmtes Nullniveau, etwa Erdoberfläche, bezogene) geometrische Höhe oder

Ortshöhe, $\mathfrak{v}^2/2g$ heißt Geschwindigkeitshöhe, da sie jener Höhe entspricht, die ein bei Abwesenheit von Reibungskräften mit der Anfangsgeschwindigkeit $\mathfrak{v}$ im Erdfeld senkrecht nach oben geworfener Massenpunkt erreicht; der dritte Term in (10) wird als Druckhöhe bezeichnet. Die Summe dieser drei Höhen ist nach (10) für jedes Flüssigkeitsteilchen im Strömungsfeld konstant.

§ 33. Anwendungen

1. *Die kritische Geschwindigkeit*: Als erste Anwendung der Bernoullischen Gleichung ziehen wir aus ihrer Form (32,8) eine interessante Folgerung für den Fall, daß es sich um eine kräftefreie Strömung handelt. Dann ist $W = W_0 = \text{const}$, wie etwa im Erdfeld für alle Punkte einer Horizontalebene. Für eine derartige horizontal verlaufende Strömung gilt nach (32,8)

$$p + \varrho \frac{\mathfrak{v}^2}{2} = \varrho C - \varrho W = \text{const}. \qquad (33,1)$$

Kürzt man die konstante rechte Seite mit p_0 ab, so wird

$$p = p_0 - \varrho \frac{\mathfrak{v}^2}{2}. \qquad (33,2)$$

Hieraus ist zu erkennen, daß p_0 der größte überhaupt mögliche Druck ist. Er tritt für $\mathfrak{v} = 0$ auf.

p_0 herrscht also an jenen Stellen, wo die Flüssigkeit ruht, und wird als Staudruck bezeichnet. Der hydrodynamische Druck p ist (bei $\mathfrak{v} \neq 0$) immer kleiner als der Staudruck p_0, und zwar um so geringer, je größer die Geschwindigkeit ist. Nähert sich v der kritischen Geschwindigkeit

$$v_k = \sqrt{2 p_0/\varrho}, \qquad (33,3)$$

so geht der Druck $p \to 0$ und nimmt negative Werte an, wenn $v > v_k$ wird.

Ist dies der Fall, so ändern sich die Strömungsverhältnisse gänzlich: Die ursprünglich zusammenhängende Flüssigkeit zerreißt, und es können Hohlräume entstehen, die sich mit dem Dampf der strömenden Flüssigkeit füllen. Brechen derartige dampferfüllte Raumgebiete durch Kondensation des

Dampfes plötzlich zusammen, so entstehen beträchtliche mechanische Kräfte, welche die die strömende Flüssigkeit begrenzenden Wände u. U. beschädigen können. Dieses „Anfressen" von Materialien, die sich in einer mit überkritischer Geschwindigkeit strömenden Flüssigkeit befinden, wird als Kavitation bezeichnet. Für sich unter Atmosphärendruck ($p_0 = 1\,\mathrm{At} \approx 10^6\,\mathrm{gr}\cdot\mathrm{sec}^{-2}\cdot\mathrm{cm}^{-1}$) befindendes strömendes Wasser ($\varrho = 1\,\mathrm{gr}\,\mathrm{cm}^{-3}$) findet man aus (3) unschwer als kritische Geschwindigkeit

$$v_k = \sqrt{2\cdot 10^6\,\mathrm{cm}^2\cdot\mathrm{sec}^{-2}} \approx 14\,\mathrm{m\,sec}^{-1}.$$

2. *Das Torricellische Ausflußgesetz*: Es werde ein mit (tropfbarer) Flüssigkeit gefülltes Gefäß betrachtet, in dessen Boden eine Öffnung (von der Größe f_1) sei, aus dem die „schwere" Flüssigkeit auszuströmen vermag (Abb. 30). Legt man in Richtung des ausströmenden Strahles die z-Achse eines rechtwinkligen Koordinatensystems, so ist $\mathfrak{v}\,\{0, 0, v_z = v\}$, und es gilt die Bernoullische Gleichung (32,7):

$$\frac{v^2}{2} + \frac{p}{\varrho} - gz = c. \tag{33,4}$$

Zur Bestimmung der Integrationskonstanten c werde angenommen, daß die xy-Ebene des Koordinatensystems mit der Oberfläche der das Gefäß füllenden Flüssigkeit anfänglich zusammenfalle. Auf ihr laste der übliche Atmosphärendruck p_0. Bezeichnet man ferner mit v_0 die Geschwindigkeit, mit der sich die Oberfläche der Flüssigkeit senkt, während diese durch f_1 ausfließt, so gehören zu $z = 0$ (Oberfläche) die Werte $p = p_0$ und $v = v_0$. Daher ergibt (4):

$$\frac{v^2}{2} + \frac{p}{\varrho} - gz = \frac{v_0^2}{2} + \frac{p_0}{\varrho} = c. \tag{33,5}$$

Füllt die Flüssigkeit das Gefäß bis zu einer Höhe h aus, so ist $z = h$ die z-Koordinate der Ausflußöffnung f_1. Herrscht dort der Druck p_1 und bezeichnet v_1 die Ausflußgeschwindigkeit, so ist nach (5):

$$\frac{v_1^2}{2} + \frac{p_1}{\varrho} - gh = \frac{v_0^2}{2} + \frac{p_0}{\varrho}. \tag{33,6}$$

Neben dieser Beziehung gilt noch die Kontinuitätsgleichung, die wir in der Form (28,12) verwenden, also

$$v_0 f_0 = v_1 f_1, \tag{33,7}$$

wenn f_0 der Betrag der Flüssigkeitsoberfläche ist. Eliminiert man aus (6) und (7) v_0 und löst nach v_1 auf, so erhält man nach einfacher Rechnung für die Ausflußgeschwindigkeit durch f_1:

$$v_1 = \sqrt{\frac{2gh - 2\,\frac{p_0 - p_1}{\varrho}}{1 - (f_1/f_0)^2}}\,. \tag{33,8}$$

In diesem Ausdruck kann die Druckdifferenz $\Delta p = p_0 - p_1$ gleich Null gesetzt werden, wenn sowohl Oberfläche f_0 als auch Ausflußöffnung f_1 an die Atmosphäre grenzen, da dann $p_1 = p_0$ ist. Ist ferner die Ausflußöffnung sehr klein gegen die freie Oberfläche, also $f_1 \ll f_0$, also erst recht $(f_1/f_0)^2 \ll 1$, so erhält man aus (8) das bekannte Torricellische Ausflußgesetz:

$$v_1 = \sqrt{2gh}. \tag{33,9}$$

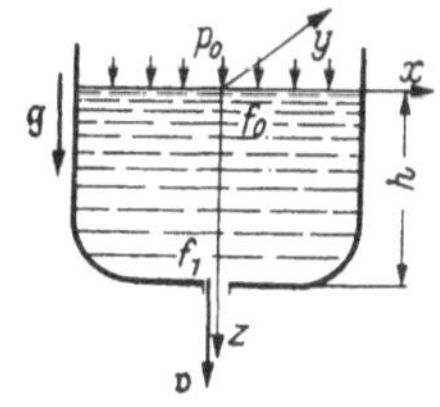

Abb. 30. Zur Torricellischen Formel (33,9).

Die Erfahrung zeigt, daß Gl. (8) durch

$$v = \alpha \sqrt{2gh} \tag{33,10}$$

zu ersetzen ist, wenn Übereinstimmung mit den tatsächlichen Verhältnissen erzielt werden soll. In (10) ist α ein (von der Höhe h abhängiger) Faktor, der für Wasser zwischen 0,96 und 1 liegt.

3. *Das Venturirohr*: Als weiteres Beispiel einer Anwendung der Bernoullischen Gleichung mögen die Strömungsverhältnisse in einem an einen Flüssigkeitsbehälter angeschlossenen Rohr untersucht werden, dessen Querschnitt veränderlich ist, etwa wie in Abb. 31 skizziert. Wir fragen insbesondere nach der Druckdifferenz $p_0 - p_1$, die zwischen der Stelle mit dem kleinsten Querschnitt f_0 und dem Ausflußquerschnitt f_1 herrscht. Denkt man sich das Rohr horizontal angeordnet,

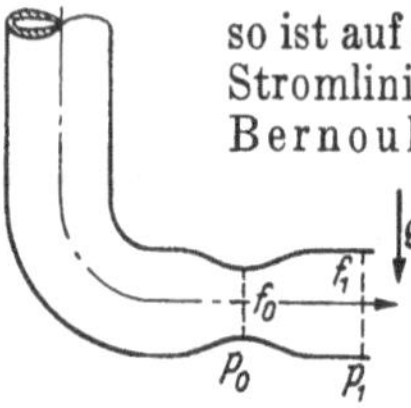

Abb. 31. Venturirohr.

so ist auf der mit seiner Achse zusammenfallenden Stromlinie das Potential = const, womit aus der Bernoullischen Gleichung (32,6) wird:

$$\frac{v_1^2}{2} + \frac{p_1}{\varrho} = \frac{v_0^2}{2} + \frac{p_0}{\varrho}. \qquad (33,11)$$

Ersetzt man hierin v_0 aus der Inkompressibilitätsbedingung (7), so erhält man

$$p_0 - p_1 = \frac{\varrho}{2} v_1^2 \left(1 - \frac{f_1^2}{f_2^2}\right). \qquad (33,12)$$

Da voraussetzungsgemäß $f_1 > f_2$ ist, sagt also diese Gleichung aus, daß $p_0 < p_1$ ist. An der Stelle mit dem kleinsten Querschnitt f_0 herrscht also gegenüber der Austrittsstelle ein Unterdruck. Diese Tatsache findet verschiedene praktische Anwendungen, wie etwa bei der Wasserstrahlpumpe, dem Venturischen Wassermesser u. a. m.

4. *Das Grahamsche Gesetz für Gase*: Um schließlich auch ein Beispiel für die Anwendung der Bernoullischen Gleichung auf kompressible Flüssigkeiten zu geben, möge die Geschwindigkeit berechnet werden, mit der ein in einem großen Gefäß eingeschlossenes Gas aus einer sehr kleinen Öffnung in der Gefäßwandung nach außen strömt. Innerhalb des Gefäßes herrsche der Druck p_i, außerhalb der kleinere Druck $p_a < p_i$. Ist der Ausströmungsvorgang stationär, so gilt nun die Bernoullische Gleichung in der Form (32,5), d. h. mit P nach (23,12):

$$\frac{v^2}{2} + W + \int \frac{dp}{\varrho(p)} = \text{const}. \qquad (33,13)$$

Darin kann, weil es sich um ein Gas handelt, das Potential W der allein wirkenden Schwere vernachläßigt, also $W = 0$ gesetzt werden. Um das in (13) stehende Integral ausrechnen zu können, bedarf es einer Druck-Dichtebeziehung, als welche wir die ideale Gasgleichung (24,47):

$$p = \frac{\varrho}{\mu} R T \qquad (33,14)$$

($\varrho = M/V$ Dichte des Gases) heranziehen. Dann wird

$$\int \frac{dp}{\varrho(p)} = \frac{RT}{\mu} \int \frac{dp}{p} = \frac{RT}{\mu} \ln p + \text{const}, \tag{33,15}$$

womit (13) in

$$\frac{v^2}{2} + \frac{RT}{\mu} \ln p = \text{const.} \tag{33,16}$$

übergeht.

Da diese Gleichung sowohl für das Innere des Gasbehälters als auch an der Ausströmstelle gilt, folgt

$$\frac{v_i^2}{2} + \frac{RT}{\mu} \ln p_i = \frac{v_a^2}{2} + \frac{RT}{\mu} \ln p_a, \tag{33,17}$$

wobei v_i die im Innern des Behälters herrschende Geschwindigkeit und v_a die Ausströmgeschwindigkeit bedeutet. Bei hinreichend kleiner Ausströmöffnung kann v_i näherungsweise gegenüber v_a vernachlässigt werden, und man erhält dann aus (17) für die Ausströmgeschwindigkeit

$$v_a = \sqrt{\frac{2RT}{\mu} \ln \frac{p_i}{p_a}}. \tag{33,18}$$

Aus dieser Formel folgt, daß unter sonst gleichen Umständen für zwei verschiedene Gase mit den Molekulargewichten μ_1 und μ_2 sich deren Ausströmgeschwindigkeiten $v_a^{(1)}$ und $v_a^{(2)}$ verhalten wie

$$\frac{v_a^{(1)}}{v_a^{(2)}} = \sqrt{\frac{\mu_2}{\mu_1}}. \tag{33,19}$$

Dieses ist das Grahamsche Gesetz, das der bekannten Bunsenschen Methode zur experimentellen Bestimmung von Molekulargewichten zugrunde liegt.

§ 34. Das Geschwindigkeitspotential

Da für wirbelfreie Flüssigkeitsströmungen

$$\text{rot}\, \mathfrak{v} = 0 \tag{34,1}$$

ist, läßt sich das Geschwindigkeitsfeld $\mathfrak{v}$ einer solchen Strömung als Gradient eines Skalars φ darstellen:

$$\mathfrak{v} = \text{grad}\, \varphi, \tag{34,2}$$

weil rot grad $\varphi \equiv 0$ ist. Die Funktion φ heißt *Geschwindigkeitspotential*, das im allgemeinen orts- und zeitabhängig ist: $\varphi = \varphi(\mathfrak{r}, t)$. Für den Fall stationärer wirbelfreier Bewegungen ist φ eine reine Ortsfunktion: $\varphi = \varphi(\mathfrak{r})$. Eine Flüssigkeitsströmung, deren Geschwindigkeitsfeld sich als Gradient von φ darstellen läßt, wird *Potentialströmung* genannt.

Für derartige Potentialströmungen gilt ein als Lagrangesches Theorem bezeichneter Erhaltungssatz, nach dem sich die Eigenschaft einer Flüssigkeitsbewegung, Potentialströmung zu sein, zeitlich nicht ändert (vgl. § 47). Es läßt sich nämlich, unter der Voraussetzung, daß es sich um eine nur unter Einfluß von konservativen Kräften verlaufende Bewegung einer idealen, barotropen Flüssigkeit handelt, der Satz beweisen: Besitzt eine Flüssigkeitsbewegung zu irgendeinem Zeitpunkt ein Geschwindigkeitspotential φ, so existierte φ bereits seit Beginn der Bewegung und bleibt während der gesamten Zeitdauer der Bewegung erhalten.

Da ein Geschwindigkeitspotential nur bei Wirbelfreiheit (rot $\mathfrak{v} = 0$) vorhanden sein kann, läßt sich das Lagrangesche Theorem auch folgendermaßen formulieren: Ist eine Flüssigkeitsbewegung zu irgendeinem Zeitpunkt wirbelfrei, so war sie es auch von Beginn der Bewegung an und bleibt es auch weiterhin.

Handelt es sich insbesondere um die stationäre Potentialströmung einer inkompressiblen Flüssigkeit, so gilt neben (2) noch die Inkompressibilitätsbedingung (28,7). Setzt man in diese Gl. (2) ein, so folgt, daß φ der Laplaceschen Differentialgleichung (Potentialgleichung)

$$\Delta \varphi = 0 \tag{34,3}$$

genügen muß.

Durch Ausnutzung allein dieser Tatsache, lassen sich einige speziell für Potentialströmungen inkompressibler Flüssigkeiten gültige Aussagen machen, von denen wir nachstehend nur zwei angeben.

1. Innerhalb eines (einfach zusammenhängenden) Bereichs $\mathfrak{B}$, der durch starre Wände begrenzt wird, ist eine

Potentialströmung einer inkompressiblen Flüssigkeit nicht möglich.

Zum Beweis dieses von Helmholtz gefundenen Satzes schließen wir an den Ausdruck für die kinetische Energie T der Potentialströmung an, die

$$T = \iiint_{\mathfrak{V}} \frac{\varrho}{2} \mathfrak{v}^2 d\tau = \frac{\varrho}{2} \iiint_{\mathfrak{V}} (\operatorname{grad} \varphi)^2 d\tau \qquad (34,4)$$

ist. Das rechtsstehende Integral in (4) läßt sich mit Hilfe des Greenschen Satzes (2,22) in

$$T = \frac{\varrho}{2} \left\{ \iint_{\mathfrak{R}} \varphi (\operatorname{grad} \varphi, d\mathfrak{f}) - \iiint_{\mathfrak{V}} \varphi \Delta \varphi \, d\tau \right\} \qquad (34,5)$$

umformen, wobei das erste Integral über die den Bereich begrenzende Berandung $\mathfrak{R}$ zu erstrecken ist. In (5) wird wegen der vorausgesetzten Gültigkeit von (3) im gesamten Integrationsbereich das 2. Integral gleich Null. Es verbleibt

$$T = \frac{\varrho}{2} \iint_{\mathfrak{R}} \varphi (\operatorname{grad} \varphi, d\mathfrak{f}) = \frac{\varrho}{2} \iint_{\mathfrak{R}} \varphi \frac{\partial \varphi}{\partial n} df$$

$$= \frac{\varrho}{2} \iint_{\mathfrak{R}} \varphi v_n \, df . \qquad (34,6)$$

Für eine ideale Flüssigkeit verschwindet aber nach (29,1) die Normalkomponente v_n auf $\mathfrak{R}$, so daß

$$T = \frac{\varrho}{2} \iiint_{\mathfrak{V}} (\operatorname{grad} \varphi)^2 d\tau$$

$$= \frac{\varrho}{2} \iiint \left\{ \left(\frac{\partial \varphi}{\partial x} \right)^2 + \left(\frac{\partial \varphi}{\partial y} \right)^2 + \left(\frac{\partial \varphi}{\partial z} \right)^2 \right\} d\tau = 0 \qquad (34,7)$$

wird. Hieraus folgt nach einer wohlbekannten Schlußmethode, daß im gesamten Strömungsbereich

$$\operatorname{grad} \varphi = \mathfrak{v} = 0 \qquad (34,8)$$

sein muß, womit die Aussage des Helmholtzschen Satzes bewiesen ist.

2. Hat das Geschwindigkeitspotential φ der Strömung einer inkompressiblen Flüssigkeit auf dem Rand $\mathfrak{R}$ eines

einfach zusammenhängenden Bereiches $\mathfrak{B}$ den konstanten Wert $\varphi = \varphi_0$, so ist auch innerhalb des gesamten Bereiches $\mathfrak{B}$: $\varphi = \varphi_0$.

Um diese Behauptung zu beweisen, gehen wir von (4) und (5) aus, wonach

$$\iiint_{\mathfrak{B}} (\operatorname{grad} \varphi)^2 d\tau = \iint_{\mathfrak{R}} \varphi (\operatorname{grad} \varphi, d\mathfrak{f}) - \iiint_{\mathfrak{B}} \varphi \Delta \varphi \, d\tau \tag{34,9}$$

gilt, oder wegen (2) und (3)

$$\iiint_{\mathfrak{B}} (\operatorname{grad} \varphi)^2 d\tau = \iint_{\mathfrak{R}} \varphi (\mathfrak{v} \, d\mathfrak{f}) = \varphi_0 \iint_{\mathfrak{R}} (\mathfrak{v} \, d\mathfrak{f}). \tag{34,10}$$

Dieses Integral ist aber nach (28,8) gleich Null, womit man aus dem ersten Integral von (10) auf

$$\varphi = \text{const} = \varphi_0 \tag{34,11}$$

schließt. Daß const $= \varphi_0$ ist, folgt daraus, daß von dem (überall) in $\mathfrak{B}$ konstanten Potential bekannt ist, daß sein Wert auf der Berandung $\mathfrak{R}$ den Wert $\varphi = \varphi_0$ hat.

Weitere Aussagen über Eigenschaften von Potentialströmungen inkompressibler Flüssigkeiten lassen sich durch Anwendung geeigneter Sätze der Potentialtheorie finden.

Da das Geschwindigkeitspotential einer stationären wirbelfreien Strömung einer inkompressiblen Flüssigkeit die Laplacesche Gl. (3) erfüllen muß, stellt jede ihrer Lösungen ein mögliches Geschwindigkeitspotential dar, das eine mögliche Potentialströmung einer inkompressiblen Flüssigkeit beschreibt.

Um ein Beispiel hierfür zu geben, untersuchen wir die Verhältnisse, die sich ergeben, wenn man als Integral von (3) deren bekannte Elementarlösung

$$\varphi(\mathfrak{r}) = \frac{A}{|\mathfrak{r} - \mathfrak{r}_0|} = \frac{A}{|\bar{\mathfrak{r}}|} \tag{34,12}$$

zugrunde legt, in der A eine Konstante, $\mathfrak{r}_0$ der Ortsvektor eines festen Punktes P_0 und $\mathfrak{r}$ der Ortsvektor eines beliebigen, nicht mit P_0 zusammenfallenden Aufpunktes P bedeutet (vgl. Abb. 32). Für die Geschwindigkeit $\mathfrak{v}$ der Strömung, deren Geschwindigkeitspotential (12) ist, ergibt sich daraus

$$\mathfrak{v} = \operatorname{grad} \frac{A}{|\bar{\mathfrak{r}}|} = -\frac{A}{|\bar{\mathfrak{r}}|^2} \bar{\mathfrak{r}}^0 = -A \frac{\mathfrak{r} - \mathfrak{r}_0}{|\mathfrak{r} - \mathfrak{r}_0|^3}. \tag{34,13}$$

Diese Formel bringt zum Ausdruck, daß die Geschwindigkeit $\mathfrak{v}$, je nachdem, ob $A \lessgtr 0$ ist, stets parallel bzw. antiparallel zu $\bar{\mathfrak{r}}$ gerichtet ist. Da es sich bei der betrachteten Flüssigkeitsbewegung um eine stationäre Strömung handelt, kann sie durch ein Stromlinienbild veranschaulicht werden, das, wenn $A < 0$, aus von P_0 radial ausgehenden bzw. wenn $A > 0$, in P_0 radial einmündenden Geraden besteht (vgl. Abb. 32). Man nennt daher auch P_0 eine Quelle bzw. eine Senke.

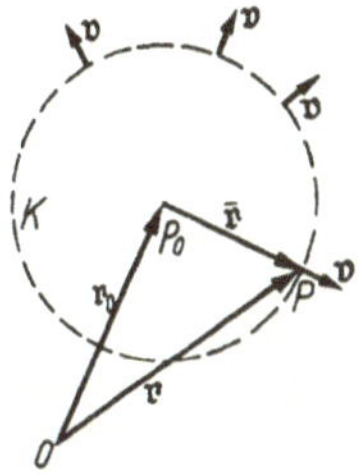

Abb. 32. Punktförmige Quelle und ihr Stromlinienbild.

Als ihre Intensität, Stärke oder Ergiebigkeit wird der durch eine die Quelle P_0 umgebende beliebig gestaltete Fläche $\mathfrak{R}$ hindurchgehende Fluß

$$Q = \iint_{\mathfrak{R}} (\mathfrak{v}\, d\mathfrak{f}) = \iint_{\mathfrak{R}} |\,\mathfrak{v}\,| \cos(\mathfrak{v}, d\mathfrak{f})\, df \tag{34,14}$$

definiert. Anschaulich ist Q jenes Volumen, das die in der Zeiteinheit durch $\mathfrak{R}$ hindurchtretende Flüssigkeitsmenge $M = \varrho Q$ einnimmt. Wählt man, was wegen der hier vorliegenden Kugelsymmetrie am einfachsten ist, als Fläche eine Kugel K mit dem Radius $\bar{r}$ und P_0 als Mittelpunkt, so ergibt sich, weil stets

$$\mathfrak{v} \,||\, d\mathfrak{f} = \bar{r}^2 \sin \vartheta\, d\vartheta\, d\varphi\, \bar{\mathfrak{r}}^0, \tag{34,15}$$

also $\cos(\mathfrak{v}, d\mathfrak{f}) = 1$ ist, für

$$Q = \iint_K \mathfrak{v}\, d\mathfrak{f} = -A \iint_K \frac{\bar{\mathfrak{r}}^0 d\mathfrak{f}}{\bar{\mathfrak{r}}^2}$$

$$= -A \int_0^{\pi}\int_0^{2\pi} \frac{\bar{r}^2 \cdot \sin\vartheta \cdot d\vartheta \cdot d\varphi}{\bar{r}^2}$$

$$= -A \cdot 2 \cdot 2\pi = -4\pi A. \tag{34,16}$$

Damit läßt sich die Konstante A durch die Ergiebigkeit Q ausdrücken

$$A = -\frac{Q}{4\pi}. \qquad (34,17)$$

Setzt man dies in (12) bzw. (13) ein, so kann zusammenfassend gesagt werden, daß durch

$$\varphi(\mathfrak{r}) = -\frac{Q}{4\pi}\frac{1}{|\mathfrak{r}-\mathfrak{r}_0|} \quad \text{bzw.} \quad \mathfrak{v}(\mathfrak{r}) = \frac{Q}{4\pi}\frac{\mathfrak{r}-\mathfrak{r}_0}{|\mathfrak{r}-\mathfrak{r}_0|^3} \qquad (34,18)$$

die Potentialströmung einer sich in $P_0(\mathfrak{r}_0)$ befindlichen punktförmigen Quelle (Senke) von der Ergiebigkeit $Q(\gtrless 0)$ beschrieben wird.

Wählt man andere Partikularlösungen von (3) als Geschwindigkeitspotentiale, so gelangt man dadurch zu anderen Potentialströmungen, denen jedoch keineswegs immer physikalische Realität zuzukommen braucht.

Zur Beschreibung eines konkreten Beispieles einer Potentialströmung benötigt man eine solche Lösung von (3), die den jeweils vorliegenden Randbedingungen genügt. Hat man eine solche Lösung φ gefunden, so ergibt sich das Geschwindigkeitsfeld $\mathfrak{v}$ aus φ nach (2) durch Gradientenbildung. Das Druckfeld $p(\mathfrak{r})$ erhält man aus der Bernoullischen Gleichung (32,6), indem man in dieser die Geschwindigkeit $\mathfrak{v}$ mittels (2) ausdrückt:

$$\frac{1}{2}(\text{grad}\,\varphi)^2 + W + \frac{p}{\varrho} = \text{const}. \qquad (34,19)$$

Diese Gleichung liefert bei bekanntem φ den Druck p, wenn, was erfüllt sein möge, die äußere Massenkraft ein Potential W besitzt.

§ 35. Die Zirkulation

Sind A und B zwei einem Strömungsfeld angehörende Punkte und ist $\mathfrak{C}$ ein ganz in der Flüssigkeit liegendes, A mit B verbindendes Kurvenstück (vgl. Abb. 33), so bezeichnet man das Integral

$$S = \int_A^B \mathfrak{v}\,d\mathfrak{r} \qquad (35,1)$$

($d\mathfrak{r}$ = Linienelement von $\mathfrak{C}$) als die *Strömung* S längs $\mathfrak{C}$. Fallen insbesondere Anfangs- und Endpunkte des Integrationsweges zusammen, d. h. ist (1) über geschlossene im Strömungsbereich $\mathfrak{B}$ liegende Kurven (wie etwa über $\mathfrak{C}_1$ oder $\mathfrak{C}_2$ in Abb. 33) zu erstrecken, so heißt die spezielle Strömung längs der geschlossenen Linie $\mathfrak{C}_1$:

$$\Gamma = \oint_{\mathfrak{C}_1} \mathfrak{v}\, d\mathfrak{r} \qquad (35,2)$$

die *Zirkulation* Γ längs $\mathfrak{C}_1$.

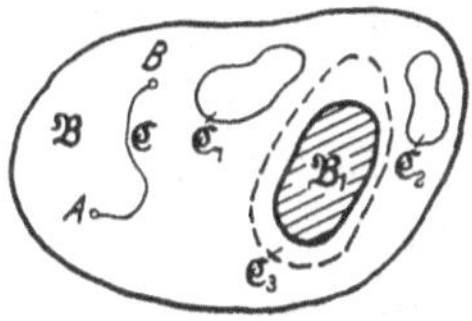

Abb. 33. Zum Begriff der Zirkulation und des einfach und mehrfach zusammenhängenden Bereiches.

Für die in diesem Abschnitt behandelten wirbelfreien Flüssigkeitsbewegungen, für die

$$\text{rot}\, \mathfrak{v} = 0 \qquad (35,3)$$

gilt, kann nun wie folgt geschlossen werden. Wegen (3) ist auf Grund des Stokesschen Satzes (2,23) auch:

$$\iint_{\mathfrak{B}} \text{rot}\, \mathfrak{v}\, d\mathfrak{f} = \oint_{\mathfrak{C}_1} \mathfrak{v}\, d\mathfrak{r} = \Gamma = 0, \qquad (35,4)$$

in Worten: Die Zirkulation einer Potentialströmung ist Null. Diese Aussage ist sicher richtig, jedoch beginge man einen Fehler, wenn man behauptete, der eben ausgesprochene Satz gelte uneingeschränkt, d. h. für beliebige Potentialströmung. Denn offensichtlich kann das aus (2,23) gefolgerte Ergebnis (4) nur insoweit zutreffen, als die Voraussetzungen, die zu (4) führen, ebenfalls erfüllt sind. Wesentlich ist nun, daß die Anwendung des Stokesschen Satzes (2,23) voraussetzt, daß der Bereich $\mathfrak{B}$, über den integriert wird, einfach zusammenhängend ist. Ein solcher ist dadurch gekennzeichnet, daß jede ihm angehörende geschlossene Kurve sich stetig auf einen Punkt zusammenziehen läßt, ohne daß dabei der Bereich $\mathfrak{B}$ verlassen werden muß, wie z. B. in Abb. 33 die Kurven $\mathfrak{C}_1$ und $\mathfrak{C}_2$. Man sagt dafür kurz: $\mathfrak{C}$ ist in $\mathfrak{B}$ reduzierbar. Als Beispiel eines einfach zusammenhängenden Bereiches nennen wir etwa einen See, innerhalb dessen sich keine Inseln befinden. Enthält jedoch ein See mindestens eine (wie in Abb. 33) Insel (oder sogar mehrere), so kann offensichtlich nicht jeder beliebige Kurvenzug (in Abb. 33 z. B. $\mathfrak{C}_3$) stetig auf einen Punkt zusammengezogen werden, ohne den Bereich zu verlassen. Ein solcher Bereich heißt zweifach zusammenhängend. Enthält ein Bereich n Teilgebiete $\mathfrak{B}_n$, die nicht zu $\mathfrak{B}$ gehören, so spricht man von einem $(n + 1)$-fach zusammenhängenden Bereich (Abb. 34).

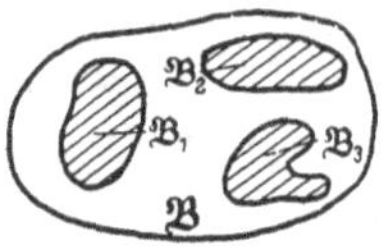

Abb. 34. Vierfach zusammenhängender Bereich. (Beispiel: See mit drei Inseln.)

Wenn also oben gefunden wurde, daß die Zirkulation einer wirbelfreien Flüssigkeitsbewegung verschwindet, so gilt dieser Satz nur, wenn die Strömung in einfach zusammenhängenden Bereichen stattfindet. Für Flüssigkeitsbewegung in mehrfach zusammenhängenden Bereichen kann zwar (in Sonderfällen) die Zirkulation längs nichtreduzierbaren Kurven auch verschwinden, im allgemeinen wird jedoch $\Gamma \neq 0$ sein. Anders, und zwar anschaulich, formuliert, kann man dafür auch sagen: Während in Potentialströmungen in einfach zusammenhängenden Bereichen geschlossene Stromlinien nie möglich sind, kann es solche geben, wenn die wirbelfreie Flüssigkeitsbewegung in einem mehrfach zusammenhängenden Bereich stattfindet. Ein Beispiel hierfür wird am Ende des folgenden Paragraphen gegeben.

§ 36. Ebene Potentialströmungen

Ein wichtiger Sonderfall von Potentialströmungen liegt dann vor, wenn der Bewegungszustand einer Flüssigkeit in allen Ebenen, die zu einer raumfesten Ebene parallel sind, stets der gleiche ist. Derartige Strömungen hängen daher nur von zwei Raumkoordinaten ab und werden deswegen als zweidimensionale oder ebene Potentialströmungen bezeichnet. Wenngleich auch solche (in Strenge) weder vorkommen noch sich realisieren lassen, können in manchen Fällen Strömungen näherungsweise als eben angesehen werden. Beispiele hierfür werden weiter unten angegeben.

Legt man in die raumfeste Ebene die xy-Ebene eines Koordinatensystems, so ist der stationäre Bewegungszustand einer ebenen Potentialströmung nur von x und y abhängig.

Handelt es sich fernerhin um eine Potentialströmung einer inkompressiblen Flüssigkeit, so ist deren Geschwindigkeitspotential $\varphi = \varphi(x, y)$ nach (34,3) aus der nunmehr zweidimensionalen Laplaceschen Gleichung

$$\frac{\partial^2 \varphi}{\partial x^2} + \frac{\partial^2 \varphi}{\partial y^2} = 0 \tag{36,1}$$

zu bestimmen. Ihre allgemeine Lösung wurde am Ende von § 4 besprochen und dort gezeigt, daß insbesondere jede reguläre Funktion

$$w = f(\zeta) = f(x + jy) \qquad (j = \sqrt{-1}) \tag{36,2}$$

der komplexen Variablen $\zeta = x + jy$ Partikularlösung von (1) ist.

Von den Eigenschaften der analytischen Funktionen, die die Funktionentheorie untersucht und deren Methoden daher zur Beschreibung ebener Potentialströmungen benutzt werden können, benötigen wir folgende.

Zerlegt man die Funktion w in ihren Real- und Imaginärteil

$$w = f(x + jy) = R(x, y) + jI(x, y), \tag{36,3}$$

so genügen — wie die Funktionentheorie lehrt — R und I den Cauchy-Riemannschen Gleichungen

$$\frac{\partial R}{\partial x} = \frac{\partial I}{\partial y}, \qquad \frac{\partial I}{\partial x} = -\frac{\partial R}{\partial y}. \tag{36,4}$$

Aus ihnen ergibt sich unmittelbar, daß sowohl R als auch I die zweidimensionale Laplace-Gleichung erfüllen:

$$\frac{\partial^2 R}{\partial x^2} + \frac{\partial^2 R}{\partial y^2} = 0, \qquad \frac{\partial^2 I}{\partial x^2} + \frac{\partial^2 I}{\partial y^2} = 0. \tag{36,5}$$

Hieraus folgt, daß sowohl der Real- als auch der Imaginärteil einer jeden analytischen Funktion $w = f(\zeta)$ ein mögliches Geschwindigkeitspotential einer ebenen Potentialströmung darstellt.

Weiterhin schließt man aus (4) unschwer auf die Gültigkeit der Gleichung

$$\frac{\partial R}{\partial x}\frac{\partial I}{\partial x} + \frac{\partial R}{\partial y}\frac{\partial I}{\partial y} = (\operatorname{grad} R, \operatorname{grad} I) = 0. \tag{36,6}$$

Aus ihr geht hervor, daß die Vektoren grad R und grad I und daher auch die Kurvenscharen $R(x, y) = \text{const}$ und $I(x, y) = \text{const}$ in jedem Punkte aufeinander senkrecht stehen.

Diese und die vorstehend genannte Eigenschaft des Real- und Imaginärteiles einer analytischen Funktion $f(\zeta)$ führen also zu folgenden Ergebnissen: Wählt man etwa den Realteil R von w als Geschwindigkeitspotential einer ebenen wirbelfreien Strömung, so stellen die Kurven $R(x, y) = \text{const}$ Linien gleichen Geschwindigkeitspotentials (Potential- oder Niveaulinien) dar, auf denen die Geschwindigkeit $\mathfrak{v} = \text{grad}\, R$ der Strömung senkrecht steht. Die Richtung von $\mathfrak{v}$ fällt in jedem Punkt des Strömungsfeldes mit den Tangenten der Kurven $I(x, y) = \text{const}$ zusammen, so daß diese gleichzeitig das Stromlinienbild der betrachteten Strömung angeben. Man nennt daher auch I Stromfunktion, die mit ψ bezeichnet werde. Wählt man statt R den Imaginärteil I von w als Geschwindigkeitspotential, so liefert $R(x, y) = \text{const}$ das Stromlinienbild. Durch Real- und Imaginärteil einer analytischen Funktion werden also zwei (im allgemeinen) verschiedene mögliche ebene Potentialströmungen dargestellt.

Wird der Realteil R einer analytischen Funktion als Geschwindigkeitspotential gewählt, so ergibt sich für die Komponenten der Geschwindigkeit unter Beachtung von (4):

$$v_x = \frac{\partial R}{\partial x} = \frac{\partial I}{\partial y} \qquad v_y = \frac{\partial R}{\partial y} = -\frac{\partial I}{\partial x}. \tag{36,7a—b}$$

Andererseits liefert Differentiation von (3):

$$\frac{\partial w}{\partial x} = \frac{df}{d\zeta}\frac{\partial \zeta}{\partial x} = f'(\zeta) = \frac{\partial R}{\partial x} + j\frac{\partial I}{\partial x}, \tag{36,8}$$

woraus in Verbindung mit (7)

$$\frac{df}{d\zeta} = f'(\zeta) = v_x - jv_y \tag{36,9}$$

folgt. Während das komplexe Potential f Potential- und Stromfunktion liefert, ergibt die Ableitung f' bis auf ein Vorzeichen die Geschwindigkeitskomponenten.

Um die bisher allgemein gehaltenen Erörterungen durch Beispiele zu erläutern, betrachten wir nachstehend einige spezielle analytische Funktionen $w = f(\zeta)$ und untersuchen, welche ebenen Potentialströmungen durch sie dargestellt werden.

1. Der einfachste Fall liegt vor, wenn

$$w = a\zeta = ax + jay \tag{36,10}$$

ist, wobei a eine reelle Konstante ist. Wählt man den Realteil als Geschwindigkeitspotential:

$$R = \varphi = ax, \tag{36,11}$$

dann wird

$$v_x = \frac{\partial\varphi}{\partial x} = a \qquad v_y = \frac{\partial\varphi}{\partial y} = 0. \tag{36,12a—b}$$

Demnach stellt (10) eine Potentialströmung dar, die parallel zur x-Achse mit der konstanten Geschwindigkeit $v_x = a$ verläuft (Translationsströmung).

2. Als nächstes Beispiel untersuchen wir die Funktion

$$\begin{aligned} w = \zeta^2 &= (x + jy)^2 \\ &= x^2 - y^2 + 2jxy. \end{aligned} \tag{36,13}$$

Wird wiederum der Realteil als Geschwindigkeitspotential gewählt, so ist die Gleichung der Niveaulinien

$$\varphi(x, y) = x^2 - y^2 = \text{const}, \tag{36,14}$$

d. i. eine Schar von Hyperbeln. Als Gleichung der Stromlinien erhält man aus (13)

$$\psi(x, y) = xy = \text{const}, \tag{36,15}$$

d. i. wiederum eine Hyperbelschar, die — wie aus der analytischen Geometrie bekannt ist — die erste Kurvenschar überall senkrecht schneidet. Die Stromlinien enthalten als Sonderfall für const = 0 auch die

$$x\text{-Achse } (y = 0)$$

und die

$$y\text{-Achse } (x = 0), \tag{36,16}$$

durch die — gemäß der Definition der Stromlinie — keine Flüssigkeit hindurchtreten kann. Demnach beschreibt die komplexe Funktion (13) eine Flüssigkeitsströmung in einem Raum, der durch zwei sich senkrecht schneidende Halbebenen begrenzt wird (rechtwinkliges Knie), wobei man sich auf jeder der beiden Begrenzungsflächen in unendlich weiter Entfernung je eine Quelle bzw. Senke angebracht zu denken hat (Abb. 35).

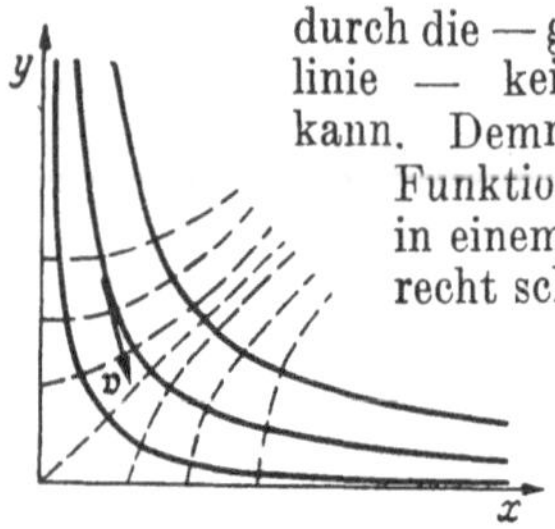

Abb. 35: Strömung in einem rechtwinkligen Knie.

3. Als weiteres Beispiel untersuchen wir, welche Strömung durch die Funktion

$$w = \zeta^{2/3} = (x + jy)^{2/3} \tag{36,17}$$

oder bei Verwendung von Polarkoordinaten

$$w = [r(\cos\vartheta + j\sin\vartheta)]^{2/3} \tag{36,18}$$
$$= r^{2/3}\left(\cos\frac{2}{3}\vartheta + j\sin\frac{2}{3}\vartheta\right)$$

dargestellt wird. Wird wiederum als Geschwindigkeitspotential der Realteil von (18) gewählt, so ist die Gleichung der Stromlinien

$$I = \psi(r, \vartheta) = r^{2/3}\sin\frac{2}{3}\vartheta = c = \text{const.} \tag{36,19}$$

Um Aufschluß über deren Verlauf zu erhalten, nehmen wir für c verschiedene Werte an und untersuchen die sich jeweils ergebenden Verhältnisse. So folgt etwa für $c = 0$ (aber $r \neq 0$), daß dann Gl. (19) nur für

$\vartheta = 0^0$, d. i. die positive x-Achse, und

$\vartheta = \frac{3\pi}{2} = 270^0 \ldots$, d. i. die negative y-Achse,

erfüllt ist. Diese beiden Achsen sind demnach Stromlinien. Setzt man $c = 1$, so ist die Gleichung

$$r^{2/3}\sin\frac{2}{3}\vartheta = 1 \tag{36,20}$$

erfüllen. Setzt man

$r = 1$, so muß sein: $\sin \frac{2}{3} \vartheta = 1$. Daraus: $\vartheta = 135^0$

$r = 2$, so muß sein: $\sin \frac{2}{3} \vartheta = \frac{1}{\sqrt[3]{4}}$. Daraus: $\vartheta \approx 58{,}5^0$

w.

it den vorstehenden Werten sind zwei Punkte $P_1(1;135^0)$ ıd $P_2(2;58{,}5^0)$ der Stromlinie $c = 1$ ermittelt worden (Abb. a), und es lassen sich weitere ihrer Punkte finden, in-

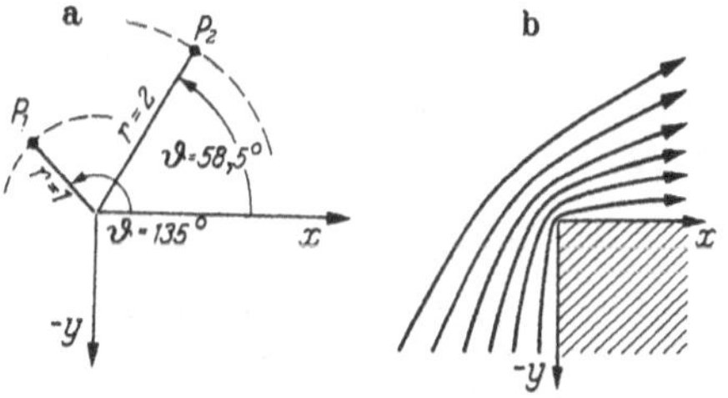

Abb. 36: Strömung um eine rechtwinklige Ecke.

m man die Werte von r variiert und das jeweils dazu hörige ϑ bestimmt. Legt man schließlich der Konstanten noch andere Werte bei, so lassen sich in gleicher Weise eitere Stromlinien bestimmen, deren (qualitativer) Verlauf ıs Abb. 36b zu ersehen ist. Diese läßt erkennen, daß die ınktion (17) eine Strömung um eine rechtwinklige Ecke schreibt.

Die bisher behandelten 3 Beispiele sind offenbar Sonderlle der Funktion

$$w = \zeta^n \tag{36,21}$$

1, 2 und 2/3. Wählt man für den Exponenten andere e) Werte, so lasssen sich durch (21) Strömungen in Winkelräume darstellen, deren Öffnung durch n

4. Zu einer höchst anschaulichen ebenen Potentialströmung gelangt man durch Diskussion der Funktion

$$w = a\zeta + \frac{b}{\zeta} = a(x + jy) + \frac{b}{x + jy}, \qquad (36{,}22)$$

in der a und b reelle Konstanten sind. Zerlegung in Real- und Imaginärteil liefert

$$w = ax + \frac{bx}{x^2 + y^2} + j\left\{ay - \frac{by}{x^2 + y^2}\right\}. \qquad (36{,}23)$$

Wählt man abermals R als Geschwindigkeitspotential

$$R = \varphi(x, y) = ax + \frac{bx}{x^2 + y^2}, \qquad (36{,}24)$$

so ergibt sich für die Komponenten der Geschwindigkeit

$$v_x = \frac{\partial\varphi}{\partial x} = a + \frac{b(y^2 - x^2)}{(x^2 + y^2)^2} = a + \frac{b(y^2 - x^2)}{r^4} \qquad (36{,}25)$$

$$v_y = \frac{\partial\varphi}{\partial y} = -\frac{2bxy}{(x^2 + y^2)^2} = -\frac{2bxy}{r^4}, \qquad (36{,}26)$$

unter $r = \sqrt{x^2 + y^2}$ den Abstand zwischen einem Aufpunkt $P(x, y)$ im Strömungsfeld und dem Koordinatenanfangspunkt $P(0, 0)$ verstanden (Abb. 37). Aus den beiden letzten Gleichungen folgt, daß für sehr weit $(r \to \infty)$ von $P(0, 0)$ liegende Aufpunkte $P(x, y)$ die Geschwindigkeitskomponenten

$$v_x(\infty) \to a \qquad (36{,}27)$$
$$v_y(\infty) \to 0$$

werden. Dies besagt, daß die Geschwindigkeit der Strömung in sehr weiter Entfernung von $P(0, 0)$ parallel zur x-Achse gerichtet und konstant ist. Die Stromlinien müssen also dort parallel zur x-Achse verlaufen, was sich auch sofort aus deren Gleichung

$$I = \psi(x, y) = ay - \frac{by}{x^2 + y^2} = ay - \frac{by}{r^2} = \text{const} \qquad (36$$

für $r \to \infty$ ergibt: $ay = \text{const}$. Weiterhin erhält man für const $= 0$:

$$y\left(a - \frac{b}{r^2}\right) = 0,$$

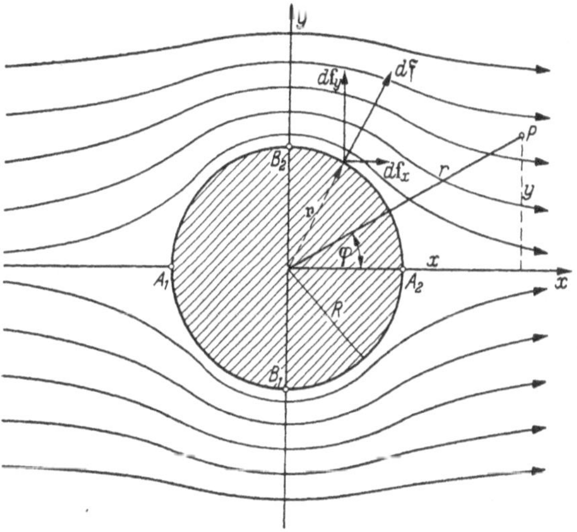

Abb. 37: Stromlinienbild einer homogenen Strömung, in die ein Zylinder als Hindernis eingebracht wurde. (Der Winkel φ ist im Text mit ϑ bezeichnet.)

welche Gleichung (für $y \neq 0$) durch

$$r^2 = x^2 + y^2 = \frac{b}{a} = R^2 \tag{36,30}$$

gelöst wird. Gl. (30) besagt, daß eine Stromlinie ein Kreis mit dem Radius $R = \sqrt{b/a}$ und $P(0, 0)$ als Mittelpunkt ist. Weitere Stromlinien erhält man aus (28) für andere Werte von c, was zu dem in Abb. 37 dargestellten Strömungsbild ührt. Dieses zeigt, daß durch (22) eine gleichförmige Trans- nsströmung um einen Kreiszylinder beschrieben wird, Hindernis in die strömende Flüssigkeit derart ein- für $n =$ ist, daß seine Achse senkrecht zur Geschwindigkeit (geeignetfolge des Hindernisses wird die ursprüngliche oder um ǀmung in eine solche abgeändert, wie sie in Abb. 37 festgelegt wst. Verläuft die Strömung kräftefrei (Beispiel:

Strömung parallel zu Horizontalebenen im Erdfeld), so ist $\mathfrak{P} = 0$, also $W = \text{const}$. Dann folgt aus der Bernoullischen Gl. (32,8) für die Druckverteilung im Strömungsfeld

$$p + \varrho \frac{\mathfrak{v}^2}{2} = \text{const} \tag{36,31}$$

mit

$$\mathfrak{v}^2 = v_x^2 + v_y = \left(\frac{\partial \varphi}{\partial x}\right)^2 + \left(\frac{\partial \varphi}{\partial y}\right)^2, \tag{36,32}$$

wobei die Geschwindigkeitskomponenten v_x und v_y durch (25) und (26) gegeben sind. Durch Einführung von Polarkoordinaten r und ϑ (vgl. Abb. 37), also

$$x = r \cos \vartheta, \qquad y = r \sin \vartheta, \tag{36,33}$$

wird

$$\begin{aligned} v_x &= a + \quad b \frac{\sin^2 \vartheta - \cos^2 \vartheta}{r^2} \\ v_y &= \quad - 2b \frac{\cos \vartheta \sin \vartheta}{r^2}, \end{aligned} \tag{36,34 a—b}$$

woraus sich

$$\mathfrak{v}^2 = a^2 + \frac{2ab}{r^2} (\sin^2 \vartheta - \cos^2 \vartheta) + \frac{b^2}{r^4} \tag{36,35}$$

ergibt. Hieraus findet man insbesondere für Punkte der Berandung des Hindernisses, d. h. für $r = R = \sqrt{b/a}$:

$$\begin{aligned} v_x(R) &= a(1 + \sin^2 \vartheta - \cos^2 \vartheta) && (36,36) \\ &= 2a \sin^2 \vartheta \\ v_y(R) &= -2a \cos \vartheta \sin \vartheta && (36,37) \\ \mathfrak{v}^2(R) &= 4a^2 \sin^2 \vartheta. && (36,38) \end{aligned}$$

Diese Gleichungen zeigen, daß die Flüssigkeit den Zylinder völlig symmetrisch umströmt. Insbesondere ist die Geschwindigkeit für $\vartheta = 0^0$ und $\vartheta = \pi$ (in Abb. 37 die Punkte A_1 und A_2) gleich Null, weshalb diese Stellen Staupunkte genannt werden. In den Punkten B_1 und B_2 hat die Geschwindigkeit ihren größten Betrag.

Aus (34) ist zu ersehen, daß für sehr weit vom Hindernis entfernte Punkte ($r \to \infty$) die Geschwindigkeit

$$|\mathfrak{v}|_\infty \to a \tag{36,39}$$

geht. Herrscht in diesen Punkten der (fast) ungestörten Parallelströmung der Druck p_0, so ergibt sich aus (31) für die Verteilung des Überdrucks $\bar{p}$ auf dem Rand des Zylinders

$$\bar{p}(\vartheta) = p(R, \vartheta) - p_0 = \frac{\varrho}{2} a^2 (1 - 4 \sin^2 \vartheta). \quad (36{,}40)$$

Diese Gleichung sagt aus, daß auch das Druckfeld, ähnlich wie die Geschwindigkeit, um den Zylinder symmetrisch verläuft und in den Staupunkten A_1 und A_2 am größten, dagegen in B_1 und B_2 am kleinsten ist.

Mit Kenntnis der Druckverteilung (40) kann die infolge der Umströmung auf die Zylinderfläche ausgeübte Kraft berechnet werden. Hierzu betrachten wir einen Teil des umströmten Zylinders von der Länge l. Da gemäß der Definition des Druckes Gl. (40) die auf die Einheit der Zylinderoberfläche wirkende Kraft angibt, wirkt auf den Mantel M des Teilzylinders die Kraft

$$\mathfrak{K} = -\iint_M \bar{p}(\vartheta)\, d\mathfrak{f} \quad (36{,}41)$$

mit

$$d\mathfrak{f} = l R\, d\vartheta\, \mathfrak{r}^0, \quad (36{,}42)$$

also (vgl. Abb. 37)

$$d\mathfrak{f}\{l R \cos\vartheta\, d\vartheta,\ l R \sin\vartheta\, d\vartheta\}. \quad (36{,}43)$$

Setzt man dies in (41) ein, so ergeben sich für die Komponenten der Kraft

$$K_x = -l R \int_0^{2\pi} \bar{p}(R, \vartheta) \cos\vartheta\, d\vartheta \quad (36{,}44)$$

$$K_y = -l R \int_0^{2\pi} \bar{p}(R, \vartheta) \sin\vartheta\, d\vartheta. \quad (36{,}45)$$

Rechnet man diese beiden Integrale, in denen $\bar{p}$ durch (40) zu ersetzen ist, aus, so erhält man nach elementarer Rechnung das überraschende Ergebnis

$$\mathfrak{K} = 0, \quad (36{,}46)$$

in Worten: Die in diesem Beispiel betrachtete Strömung übt auf den Zylinder k e i n e Kraft aus. Unter Verwendung des klassischen Relativitätsprinzips kann man dieses Ergebnis auch dahingehend formulieren, daß bei einer gleichförmigen Bewegung eines (unendlich langen) Zylinders in einer (unendlich ausgedehnten und) im Unendlichen ruhenden idealen Flüssigkeit der Zylinder keinen Widerstand erfährt. Wir bemerken, daß dieses Ergebnis keineswegs — wie man vielleicht zunächst vermuten könnte — mit der Symmetrie des Kreiszylinders zusammenhängt. Vielmehr läßt sich zeigen, daß man zu genau dem gleichen Resultat gelangt, wenn man den Kreiszylinder durch einen anderen beliebig (aber „vernünftig") gestalteten Körper ersetzt. Auch er würde bei gleichförmiger Bewegung durch eine ruhende Flüssigkeit keinen Widerstand erfahren. Diese jeglicher Erfahrung widersprechende (und daher als hydrodynamisches oder d'Alembertsches Paradoxon bezeichnet) falsche Aussage der Theorie erklärt sich dadurch, daß sie eine Folgerung ist, die aus nur für ideale Flüssigkeiten geltenden Gleichungen gezogen wurde. Wenn man mit diesen zwar das Verhalten der realen (zähen) Flüssigkeiten in einer Vielzahl von Fällen auch einigermaßen zutreffend beschreiben kann — wofür vorstehend schon eine Reihe von Beispielen gegeben wurde (etwa in § 33) —, so darf es doch nicht verwundern, wenn man aus den für ideale Flüssigkeiten geltenden Gleichungen in manchen Fällen zu wenig mit der Erfahrung übereinstimmenden oder gar — wie im vorliegenden Beispiel — auch offensichtlich unsinnigen Ergebnissen gelangt. In solchen Fällen ist die Eulersche Gleichung durch eine andere zu ersetzen, die in § 50 behandelt werden wird.

5. Wir beschließen die Beispiele mit der Diskussion der Funktion

$$w = a \ln \zeta = a \ln r e^{j\vartheta} \tag{36,47}$$

$$= a \ln r + j a\vartheta, \tag{36,48}$$

wobei a eine reelle Konstante ist. Mit

$$R = \varphi = a \ln r, \quad \text{also} \quad \mathfrak{v} = \frac{a}{r}\mathfrak{r}^0 \tag{36,49}$$

und

$$I = \psi = a\vartheta \tag{36,50}$$

erkennt man, daß die Stromlinien ϑ = const durch die vom Ursprung ausgehenden Radien dargestellt werden, so daß (47) das zweidimensionale Analogon zu der auf S. 129 behandelten räumlichen Quellströmung ist.

Man erhält jedoch gänzlich andere Verhältnisse, wenn man φ und ψ miteinander vertauscht, oder — was auf das Gleiche hinausläuft — in (48) die Konstante a als rein imaginär, etwa $a = jb$, annimmt. Dann wird

$$w = jb \ln \zeta = jb \ln r e^{j\vartheta}$$
$$= -b\vartheta + jb \ln r. \qquad (36{,}51)$$

Setzt man wieder

$$R = \varphi = -b\vartheta = -b \operatorname{arc\,tg} \frac{y}{x} \qquad (36{,}52)$$
$$I = \psi = b \ln r, \qquad (36{,}53)$$

so folgt zunächst aus (52) für die Geschwindigkeit

$$\mathfrak{v} = \operatorname{grad} \varphi \left\{ \frac{\partial \varphi}{\partial r}, \ \frac{1}{r} \frac{\partial \varphi}{\partial \vartheta} \right\} \qquad (36{,}54)$$

$$v_r = 0, \qquad v_\vartheta = -\frac{b}{r}. \qquad (36{,}55)$$

Sie hat also k e i n e radiale, sondern nur eine a z i m u t a l e Komponente. Die Richtung von $\mathfrak{v}$ steht senkrecht auf der des Ortsvektors $\mathfrak{r}$ irgendeines Aufpunktes P: $\mathfrak{v} \perp \mathfrak{r}$ (Abb. 38).

Des weiteren folgt aus (53), daß die Stromlinien Kreise sind: $b \ln r = \text{const}$. Dies erscheint widerspruchsvoll, da in einer Potentialströmung — und um eine solche handelt es sich ja — keine geschlossenen Stromlinien möglich erscheinen. Es ist aber zu beachten, daß die zur Beschreibung einer Strömung gewählte Funktion (51) für $r = 0$ log. unendlich wird. Der Punkt $r = 0$ ist also eine Singularitätsstelle und daher — etwa durch einen beliebig kleinen Kreis — aus der xy-Ebene auszuschließen. Damit wird diese ein zweifach zusammenhängender Bereich, und in einem solchen können, wie in § 35 dargelegt wurde, trotz der Wirbelfreiheit einer Strömung ihre Stromlinien geschlossene Kurven sein.

Im vorliegenden Fall handelt es sich um Kreise, so daß die durch (51) beschriebene Potentialströmung einen Verlauf hat, wie in Abb. 38 angegeben. Man bezeichnet diese spezielle wirbelfreie Strömung als Strudel.

Während bei Potentialströmungen in einfach zusammenhängenden Bereichen die Zirkulation $\Gamma = 0$ sein muß, braucht dies nicht zu sein, wenn die Strömung in einem mehrfach zusammenhängenden Bereich verläuft. Im hier betrachteten Beispiel verschwindet sicher wegen $\operatorname{rot} \mathfrak{v} = 0$ die Zirkulation längs jeder geschlossenen Kurve, sofern sie den Punkt $r = 0$ nicht einschließt (z. B. $\mathfrak{C}_1$ in Abb. 38). Berechnet man jedoch Γ längs einer $r = 0$ einschließenden Kurve, etwa der Einfachheit halber, längs eines Kreises K mit dem Radius r, so wird, wegen $\mathfrak{v} \perp \mathfrak{r}$,

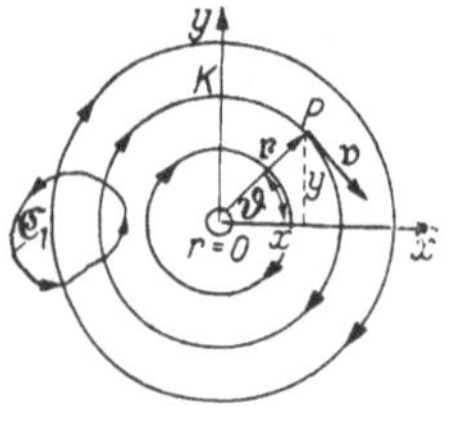

Abb. 38: Strudel, als Beispiel einer wirbelfreien Strömung mit dennoch geschlossenen Stromlinien.

$$\Gamma = \oint_K \mathfrak{v}\, d\mathfrak{r} = -\int_0^{2\pi} \frac{b}{r}\, r\, d\vartheta = -2\pi b. \qquad (36{,}56)$$

Die Zirkulation ist also, obwohl eine wirbelfreie Strömung vorliegt, von Null verschieden, weswegen man derartige Strömungen oft auch als Zirkulationsströmungen bezeichnet.

Nichtstationäre wirbelfreie Strömungen

§ 37. Die verallgemeinerte Bernoullische Gleichung

Läßt man die für Flüssigkeitsbewegungen bisher gemachte Voraussetzung der Zeitunabhängigkeit, nicht aber die der Wirbelfreiheit, fallen, so liegt eine nichtstationäre wirbelfreie Strömung vor. Sie ist durch $\partial \mathfrak{v}/\partial t \neq 0$ gekennzeichnet, so daß nunmehr die Geschwindigkeit $\mathfrak{v}$ sowohl orts- als auch zeitabhängig ist. Da wegen der Wirbelfreiheit

$$\operatorname{rot} \mathfrak{v} = 0 \qquad (37{,}1)$$

gilt, existiert auch in diesem Fall ein Geschwindigkeitspotential $\varphi = \varphi(\mathfrak{r}, t)$, das ebenfalls von Ort und Zeit abhängig ist und aus dem sich $\mathfrak{v}$ gemäß

$$\mathfrak{v}(\mathfrak{r}, t) = \operatorname{grad} \varphi(\mathfrak{r}, t) \tag{37,2}$$

ergibt. Mit (2) nimmt die Eulersche Gleichung (30,7) für nichtstationäre wirbelfreie Flüssigkeitsbewegungen die Form

$$\operatorname{grad} \frac{\partial \varphi}{\partial t} + \operatorname{grad} \frac{\mathfrak{v}^2}{2} = \mathfrak{P} - \frac{1}{\varrho} \operatorname{grad} p \tag{37,3}$$

an. Hieraus kann man — analog wie bei den stationären wirbelfreien Strömungen — ein Integral gewinnen, sofern die äußere Massenkraft $\mathfrak{P}$ ein Potential W besitzt. Dann wird nämlich aus (3) mit Benutzung der durch (23,12) definierten Größe P:

$$\operatorname{grad} \left\{ \frac{\partial \varphi}{\partial t} + \frac{1}{2} (\operatorname{grad} \varphi)^2 + W + P \right\} = 0. \tag{37,4}$$

Integriert man diesen Ausdruck bei festgehaltener Zeit t längs einem irgendwelche zwei Punkte 1 und 2 im Strömungsfeld verbindenden beliebigen Weg, so erhält man

$$\left\{ \frac{\partial \varphi}{\partial t} + \frac{1}{2} (\operatorname{grad} \varphi)^2 + W + P \right\}_1 = \{ \}_2 . \tag{37,5}$$

Der in $\{ \}$ stehende Ausdruck ist bei festgehaltener Zeit für alle Punkte des Strömungsfeldes gleich (d. h. ortsunabhängig), jedoch wird er zu verschiedenen Zeiten im allgemeinen auch verschiedene Werte annehmen. Es gilt also für eine nichtstationäre Strömung

$$\frac{\partial \varphi}{\partial t} + \frac{1}{2} (\operatorname{grad} \varphi)^2 + W + P = F(t) \tag{37,6}$$

eine Beziehung, die zum Unterschied von Gl. (32,5) als verallgemeinerte Bernoullische Gleichung bezeichnet wird.

Handelt es sich insbesondere um eine nichtstationäre wirbelfreie Bewegung einer inkompressiblen Flüssigkeit, so ist $\varrho = \text{const}$ und es gilt die Kontinuitätsgleichung (28,7). Sie führt mit (2) wiederum zur Potentialgleichung

$$\Delta \varphi(\mathfrak{r}, t) = 0, \tag{37,7}$$

aus der das Geschwindigkeitspotential φ unter Beachtung der jeweils vorliegenden Randbedingungen zu ermitteln ist. Mit Kenntnis von φ erhält man die Geschwindigkeit $\mathfrak{v}$ nach Gl. (2), während sich das Druckfeld p aus Gl. (6) mit $P = \frac{p}{\varrho}$ ergibt. Dazu muß allerdings $F(t)$ bekannt sein. Dies ist dann der Fall, wenn man die zeitliche Abhängigkeit des Druckes in irgendeinem Punkte des Strömungsfeldes kennt.

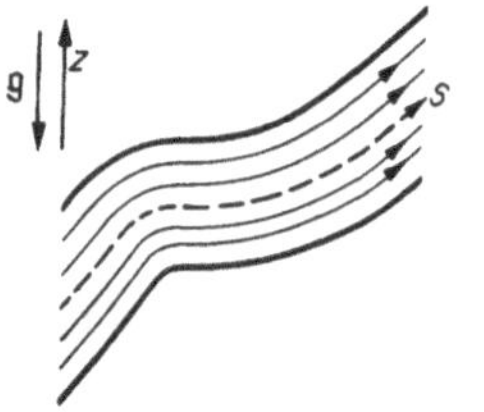

Abb. 39: Eindimensionale Flüssigkeitsströmung

Ein Sonderfall einer nichtstationären wirbelfreien Flüssigkeitsbewegung liegt dann vor, wenn die Strömung als *eindimensional* angesehen werden kann, wie es etwa der Fall ist, wenn Flüssigkeit durch ein irgendwie beliebig geformtes Rohr oder Gerinne mit überall gleich großem Querschnitt strömt. Wählt man (vgl. Abb. 39) die mit der Achse des Rohres oder des Gerinnes zusammenfallende Stromlinie als „s-Achse" eines Koordinatensystems, so nimmt die Eulersche Gleichung (30,7) für diesen Sonderfall die Form

$$\frac{\partial v}{\partial t} + \frac{\partial}{\partial s}\left(\frac{v^2}{2}\right) = P_s - \frac{1}{\varrho}\frac{\partial p}{\partial s} \tag{37,8}$$

an. Beschränkt man sich auf den überwiegend vorliegenden Fall, daß es sich um eine „schwere" inkompressible Flüssigkeit handelt, so ist $\varrho = \text{const}$ und $\mathfrak{P} = \mathfrak{g}$, also $W = + gz$ und daher

$$P_s = -\frac{\partial}{\partial s}(gz), \tag{37,9}$$

wenn wie üblich $\mathfrak{g} \,||\, -\mathfrak{k}$ ist. Statt (8) kann demnach auch

$$\frac{\partial v}{\partial t} + \frac{\partial}{\partial s}\left(\frac{v^2}{2} + gz + \frac{p}{\varrho}\right) = 0 \tag{37,10}$$

geschrieben werden. Integriert man diese Gleichung längs der Stromlinie zwischen zwei Punkten mit den Koordinaten s_1 und s_2, so erhält man die für den betrachteten eindimensionalen Sonderfall gültige Bernoullische Gleichung

$$\left(\frac{v^2}{2} + gz + \frac{p}{\varrho}\right)_{s_2} + \int_{s_1}^{s_2} \frac{\partial v}{\partial t}\, ds = \left(\frac{v^2}{2} + gz + \frac{p}{\varrho}\right)_{s_1}. \quad (37{,}11)$$

Mit ihrer Hilfe läßt sich eine Vielzahl von Fragen beantworten, ohne daß es — wie ein Vergleich mit (6) zeigt — der Kenntnis des Geschwindigkeitspotentials φ bedarf. Nachstehend bringen wir je ein Beispiel für die Anwendung der Gl. (11) und (6).

§ 38. Schwingungen einer schweren Flüssigkeit in einem U-Rohr

Eine sich in einem U-Rohr (Abb. 40), das überall den gleichen Querschnitt F besitzt, befindende Flüssigkeit werde durch Einwirkung einer äußeren Störung aus dem Gleichgewicht gebracht. Wir fragen nach der Bewegung der Flüssigkeit, wenn diese nach Einwirkung der Störung allein der Erdschwere unterliegt. Die Antwort hierauf erhält man mittels der für den hier offensichtlich vorliegenden Fall einer eindimensionalen Bewegung gültigen Gl. (37,11). Bezieht man die durch die Indizes 1 und 2 gekennzeichneten Größen auf die Mittelpunkte der beiden Menisken, so ist — während der Bewegung stets zusammenhängende Flüssigkeit vorausgesetzt — auf jeden Fall

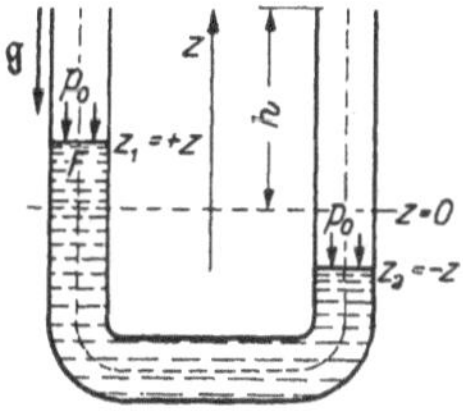

Abb. 40: Flüssigkeitsschwingungen in einem U-Rohr

$$v_1 = v_2 = v. \quad (38{,}1)$$

Weiterhin gilt, wenn das U-Rohr beidseitig oben offen ist und an Luft grenzt,

$$p_1 = p_2 = p_0 \quad (38{,}2)$$

(= Atmosphärendruck). Schließlich ergibt sich für die auf die Ruhelage ($z = 0$) bezogenen Koordinaten der „ausgelenkten" Oberflächenmittelpunkte:

$$z_1 = +z, \qquad z_2 = -z. \quad (38{,}3)$$

Damit wird aus (37,11):

$$-2gz + \int_1^2 \frac{\partial v}{\partial t}\, ds = 0 . \qquad (38,4)$$

Da v nach Voraussetzung ortsunabhängig, also $\partial v/\partial t$ in allen Punkten gleich ist, kann es durch dv/dt ersetzt und vor das Integral gezogen werden, das dann die Länge l der Flüssigkeitssäule angibt. Ferner ist, da die Bewegung parallel zur z-Achse verläuft, $v = -\dot{z}$[1]). Damit geht schließlich (4) in

$$2gz + l\frac{d^2z}{dt^2} = 0 \qquad (38,5)$$

oder

$$\ddot{z} + \frac{2g}{l} z = 0 \qquad (38,6)$$

über. Dies ist die aus der Punktmechanik wohlbekannte Schwingungsgleichung, welche besagt, daß die beiden Flüssigkeitsspiegel in den Schenkeln des U-Rohres sich periodisch pendelnd um die Gleichgewichtslage ($z = 0$) bewegen. Die Frequenz dieser Schwingung ist

$$\omega_0 = \sqrt{\frac{2g}{l}} \qquad (38,7)$$

und entspricht daher jener, die ein (math.) Pendel von genau der halben Länge der Flüssigkeitssäule besitzt. Diese Aussage gilt jedoch nur dann, wenn die Schenkel des U-Rohres offen sind. Sind dagegen die Rohrenden g e s c h l o s s e n, so verliert Gl. (2) ihre Gültigkeit, die durch $p_1 \neq p_2$ zu ersetzen ist, während die anderen Gleichungen unverändert bleiben. Daher tritt anstelle von (6) als neue Bewegungsgleichung

$$\ddot{z}l + 2gz = -\frac{p_1 - p_2}{\varrho} . \qquad (38,8)$$

Die auf der rechten Seite auftretende Druckdifferenz $p_1 - p_2$ hängt davon ab, welche Zustandsgleichung für die in den

[1]) Das $-$Zeichen ist deswegen zu setzen, weil zunehmendes (abnehmendes) v einer Abnahme (Zunahme) der z-Koordinate entspricht.

Rohrenden sich befindende Luft gilt. Legt man etwa eine durch Gl. (24,49) gegebene adiabatische Änderung zugrunde, so gilt

$$p_0 V_0^\gamma = p_1 V_1^\gamma = p_2 V_2^\gamma = \text{const}, \qquad (38,9)$$

wobei p_0 und V_0 der Druck und das Volumen des Gases zwischen einem Rohrende und der Flüssigkeit sind, wenn diese im Gleichgewicht ist. Wie man aus Abb. 40 ersieht, ist

$$V_0 = Fh, \quad V_1 = F(h - z), \quad V_2 = F(h + z). \qquad (38,10)$$

Damit wird aus (9):

$$\begin{aligned} p_0 h^\gamma &= p_1 (h - z)^\gamma = p_2 (h + z)^\gamma \\ &= p_1 h^\gamma \left(1 - \frac{z}{h}\right)^\gamma = p_2 h^\gamma \left(1 + \frac{z}{h}\right)^\gamma. \end{aligned} \qquad (38,11)$$

Hieraus erhält man durch Entwicklung für den Fall nicht zu großer Schwingungsamplitude ($z^2/h^2 \ll 1$):

$$p_0 \approx p_1 \left(1 - \gamma \frac{z}{h}\right) \approx p_2 \left(1 + \gamma \frac{z}{h}\right), \qquad (38,12)$$

also

$$p_1 = \frac{p_0}{1 - \gamma \frac{z}{h}} \approx p_0 \left(1 + \gamma \frac{z}{h}\right) \qquad (38,13)$$

$$p_2 = \frac{p_0}{1 + \gamma \frac{z}{h}} \approx p_0 \left(1 - \gamma \frac{z}{h}\right), \qquad (38,14)$$

und somit

$$p_1 - p_2 = 2 p_0 \gamma z/h. \qquad (38,15)$$

Setzt man diesen Wert in (8) ein, so gelangt man unschwer zu

$$\ddot{z} + \frac{2g}{l} \left(1 + \frac{\gamma p_0}{hg\varrho}\right) z = 0. \qquad (38,16)$$

Dies ist wiederum die Bewegungsgleichung einer harmonischen Schwingung mit der Frequenz

$$\omega_0' = \sqrt{\frac{2g}{l} \left(1 + \frac{\gamma p_0}{\varrho g h}\right)}. \qquad (38,17)$$

Sie ist also größer als die durch (7) gegebene. Auf dieser Verschiedenheit der Frequenzen von in offenen bzw. geschlossenen U-Rohren schwingenden Flüssigkeitssäulen beruht eine bekannte Methode zur experimentellen Bestimmung von $\gamma = c_p/c_v$.

§ 39. Oberflächenwellen

Als ein weiteres Beispiel einer nichtstationären, jedoch wirbelfreien Flüssigkeitsbewegung möge die Ausbreitung von Störungen aus der Gleichgewichtslage untersucht werden, die die freie Oberfläche einer räumlich weit ausgedehnten schweren (inkompressiblen) Flüssigkeit (See, Meer) durch Einwirkung äußerer Ursachen (Wind, Erschütterungen u. a. m.) erfahren kann. Weil sich die Störungen im wesentlichen auf der Flüssigkeitsoberfläche fortpflanzen, spricht man von Oberflächenwellen. Da es sich um einen Ausbreitungsvorgang handelt, ist die Bewegung nichtstationär. Daß sie auch wirbelfrei ist, folgt aus dem Lagrangeschen Theorem (§ 34), wenn angenommen wird, daß die Wellenbewegung aus der Ruhe entsteht, in der sicher Wirbelfreiheit vorliegt.

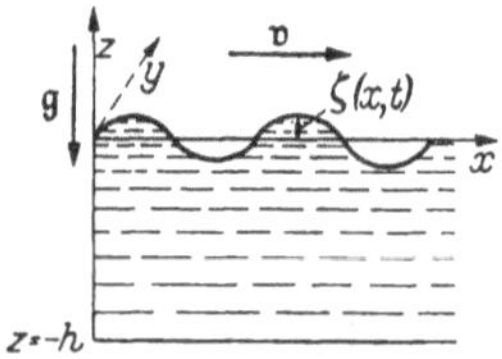

Abb. 41: Oberflächenwellen

Wir beschränken unsere Betrachtungen auf ebene, fortschreitende Wellen (vgl. § 4) und legen — um diese zu untersuchen — in die ungestörte, als unendlich groß angenommene ebene Flüssigkeitsoberfläche ein rechtwinkliges Koordinatensystem derart, daß seine x-Achse in die Ausbreitungsrichtung der Welle weist und die Erdbeschleunigung $\mathfrak{g}$ die Richtung der negativen z-Achse hat (Abb. 41). Eine Abhängigkeit von y soll nicht vorliegen, so daß die die Bewegung beschreibenden Größen nur Funktionen von x, z und t sind.

Zu ihrer Berechnung hat man zur Verfügung:

1. die Eulersche Gleichung,
2. die Kontinuitätsgleichung.

Zu 1: Statt der Eulerschen Gleichung kann auch ihr für nichtstationäre wirbelfreie Bewegungen gültiges Integral (37,6) verwendet werden, vorausgesetzt, daß die äußeren Kräfte konservativ sind, d. h. sich aus einem Potential W ableiten lassen. Diese Bedingung kann dadurch erfüllt werden, indem man von dem Einfluß von Reibungs- und Kapillarkräften absieht und die tatsächlichen (ziemlich komplizierten) Verhältnisse wesentlich durch die Annahme vereinfacht, daß die Oberflächenwellen allein dem Schwerefeld der Erde unterliegen[1]). Dann ist $\mathfrak{P} = -\mathfrak{g}$, also für $W = gz$ und wegen der angenommenen Inkompressibilität in (37,6) für $P = p/\varrho$ zu setzen. Macht man weiterhin die Annahme, daß die Oberflächenwellen nur kleine Amplituden haben und die wegen der Wirbelfreiheit aus einem Geschwindigkeitspotential $\varphi = \varphi(x, z, t)$ herleitbare Geschwindigkeit $\mathfrak{v} = \operatorname{grad} \varphi$ so hinreichend klein ist, daß in (37,6) das nichtlineare Glied gegenüber den anderen unterdrückt werden kann, so erhält man als erste Ausgangsgleichung

$$\frac{\partial \varphi}{\partial t} + gz + \frac{p}{\varrho} = F(t) = -\frac{dG}{dt}. \qquad (39,1)$$

Diese Gleichung läßt sich noch vereinfachen, indem man — wie in (1) bereits angedeutet — die von der Zeit abhängige Integrations„konstante" $F(t)$ als Ableitung einer reinen Zeitfunktion $G = G(t)$ darstellt. Dann kann für

$$\varphi(x, z, t) + G(t) = \overline{\varphi}(x, z, t) \qquad (39,2)$$

geschrieben werden, womit (1) in

$$\frac{\partial \overline{\varphi}}{\partial t} + gz + \frac{p}{\varrho} = 0 \qquad (39,3)$$

übergeht.

Zu 2: Was die Kontinuitätsgleichung als weitere Ausgangsgleichung anbelangt, so reduziert sich diese wegen der Inkompressibilität der Flüssigkeit auf (28,7) und diese geht wegen der Existenz eines Geschwindigkeitspotentials φ in die Laplacesche Gleichung über, die infolge der Unabhängigkeit von y im vorliegenden Falle

[1]) Weswegen man auch von Schwerewellen spricht.

$$\frac{\partial^2 \varphi}{\partial x^2} + \frac{\partial^2 \varphi}{\partial z^2} = \frac{\partial^2 \overline{\varphi}}{\partial x^2} + \frac{\partial^2 \overline{\varphi}}{\partial z^2} = 0 \qquad (39,4)$$

lautet.

Nachdem die Ausgangsgleichungen der zu behandelnden Aufgabe in eine ihr angepasste Form gebracht wurden, müssen die Randbedingungen angegeben werden, denen die Lösung von (4) und (3) zu genügen hat.

Einen Rand bildet die freie Flüssigkeitsoberfläche, die an die Atmosphäre grenzen möge. Dann ist in allen Punkten der (gestörten) Flüssigkeitsoberfläche der dort herrschende Druck gleich dem Luftdruck p_0. Wird die Auslenkung aus der Ruhelage $z = 0$ durch $\zeta = \zeta(x, z, t)$ beschrieben, so muß also nach (3) auch

$$\left(\frac{\partial \overline{\varphi}}{\partial t} + g z + \frac{p}{\varrho}\right)_{z=\zeta} = 0 \qquad (39,5)$$

oder, da eine inkompressible Flüssigkeit ($\varrho = \text{const}$) vorliegt,

$$\left(\frac{\partial \varphi}{\partial t} + g z\right)_{z=\zeta} = \text{const} \qquad (39,6)$$

gelten. Wegen der schon eingangs erwähnten Voraussetzung nur kleiner Auslenkungen aus der Ruhelage, darf für $\zeta \approx 0$ gesetzt werden, so daß statt (6) näherungsweise

$$\left(\frac{\partial \overline{\varphi}}{\partial t} + g z\right)_{z=0} = \text{const} \qquad (39,7)$$

geschrieben werden kann. Differenziert man (7) partiell nach der Zeit, so erhält man

$$\left(\frac{\partial^2 \overline{\varphi}}{\partial t^2} + g \frac{\partial z}{\partial t}\right)_{z=0} = 0. \qquad (39,8)$$

Hierin darf wegen der vorausgesetzten kleinen Auslenkungen

$$\frac{\partial z}{\partial t} \approx \frac{dz}{dt} = v_z = \frac{\partial \varphi}{\partial z} = \frac{\partial \overline{\varphi}}{\partial z} \qquad (39,9)$$

gesetzt werden, so daß (8) in

$$\left(\frac{\partial^2 \overline{\varphi}}{\partial t^2} + g \frac{\partial \overline{\varphi}}{\partial z}\right)_{z=0} = 0 \qquad (39,10)$$

übergeht, welche Gleichung die für die Oberfläche geltende Randbedingung darstellt.

Außer ihr ist noch eine weitere, sich auf den die Flüssigkeit „nach unten" hin begrenzenden Boden bezügliche Bedingung zu berücksichtigen. Werde der Boden als horizontale Ebene angenommen, die von der Oberfläche ($z = 0$) den Abstand h habe (Abb. 41), dann muß die Geschwindigkeit in jedem Punkt des Bodens, eine verschwindende Normalkomponente $v_n = v_z$ haben. Damit erhält man als zweite Randbedingung

$$\left(\frac{\partial \overline{\varphi}}{\partial z}\right)_{z=-h} = 0. \tag{39,11}$$

Wir haben nun eine Lösung der Gl. (4) zu suchen, die den beiden Bedingungen (10) und (11) genügt. Da die Lösung Wellenvorgänge beschreiben soll, die sich in Richtung der x-Achse ausbreiten, machen wir für $\overline{\varphi}$ den naheliegenden Produktansatz

$$\overline{\varphi}(x, z, t) = \psi(z) \cdot \cos(\omega t - kx), \tag{39,12}$$

wobei ω die Frequenz und $k = 2\pi/\lambda$ die Wellenzahl der Welle ist (vgl. § 4). Durch die nur von z abhängige Funktion ψ wird versucht, der Auszeichnung der z-Achse (parallel zum Schwerefeld) Rechnung zu tragen. Geht man mit (12) in die Potentialgleichung (4) ein, so liefert diese für ψ die Differentialgleichung

$$-k^2\psi + \frac{d^2\psi}{dz^2} = 0, \tag{39,13}$$

deren allgemeine Lösung

$$\psi(z) = c_1 e^{kz} + c_2 e^{-kz} \tag{39,14}$$

(c_1, c_2 willkürliche Konstanten) ist. Damit ergibt (12) für das Geschwindigkeitspotential

$$\overline{\varphi}(x, z, t) = (c_1 e^{kz} + c_2 e^{-kz}) \cdot \cos(\omega t - kx). \tag{39,15}$$

Hieraus folgt auf Grund der Randbedingung (11):

$$c_1 e^{-kh} = c_2 e^{kh}, \tag{39,16}$$

womit aus (15) wird:

$$\begin{aligned}\overline{\varphi}(x, z, t) &= (c_1 e^{kz} + c_1 e^{-2kh-kz}) \cos(\omega t - kx)\\ &= c_1 e^{-kh}[e^{k(h+z)} + e^{-k(h+z)}] \cdot \cos(\omega t - kx)\\ &= C \cdot \mathfrak{Cof}\, k(h + z) \cdot \cos(\omega t - kx)\end{aligned} \tag{39,17}$$

mit $C = 2c_1 e^{-kh}$. Durch die Erfüllung der Randbedingung (11) werden die ursprünglich zwei willkürlichen Konstanten auf eine reduziert.

Wir haben noch die zweite Bedingung (10) zu erfüllen und untersuchen, was dies ergibt. Mit (17) wird aus (10):

$$-\omega^2 \mathfrak{Cof}\, kh + gk\, \mathfrak{Sin}\, kh = 0. \qquad (39{,}18)$$

Diese Gleichung legt die Phasengeschwindigkeit $c_p = \omega/k$ der Welle (§ 4) fest, für die man

$$c_p = \sqrt{\frac{g}{k}\, \mathfrak{Tg}\, hk} = \sqrt{\frac{g\lambda}{2\pi}\, \mathfrak{Tg}\, \frac{2\pi h}{\lambda}} \qquad (39{,}19)$$

erhält. Diese Formel enthält die merkwürdige Aussage, daß die Phasengeschwindigkeit gänzlich unabhängig von der Natur der Flüssigkeit ist, auf der sich die Schwerewellen ausbreiten. Weiterhin zeigt (19), daß $c_p = c_p(\lambda)$ von der Wellenlänge abhängig ist, d. h. es liegt Dispersion vor. Es werden sich also verschieden lange Wellen verschieden schnell ausbreiten. Die Dispersion wird jedoch unmerklich, wenn es sich um Gewässer handelt, deren Tiefe h sehr klein gegen λ ist (seichte Gewässer). Mit $h \ll \lambda$ gibt nämlich (19) durch Reihenentwicklung von $\mathfrak{Tg}\, \frac{2\pi h}{\lambda}$ nach dem Argument für

$$c_p \approx \sqrt{gh}\,. \qquad (39{,}20)$$

Andererseits kann für sehr tiefe Gewässer ($h \gg \lambda$) c_p durch den Näherungswert

$$c_p \approx \sqrt{\frac{g\lambda}{2\pi}} \qquad (39{,}21)$$

ersetzt werden. Danach nimmt die Phasengeschwindigkeit c_p mit der Wurzel aus der Wellenlänge zu, d. h. in sehr tiefen Gewässern werden lange Wellen schneller fortschreiten als kurze Wellen.

Mit Kenntnis des Geschwindigkeitspotentials $\overline{\varphi}$ läßt sich der Ablauf der Bewegung der Oberfläche im einzelnen untersuchen. So liefert etwa Gradientenbildung von $\overline{\varphi}$ die Komponenten der Strömungsgeschwindigkeit, aus denen die Bahnen der einzelnen Flüssigkeitsteilchen berechenbar sind. Sie erweisen sich als Ellipsen. Weiterhin lassen sich die Stromlinien und die Stromfunktion und schließlich mit Hilfe von (3) auch die Druckverteilung finden.

§ 40. Die Differentialgleichungen des Schallfeldes

Da die hydrodynamischen Grundgleichungen sowohl für inkompressible als auch für kompressible Flüssigkeiten (Gase) gelten, müssen sich mit jenen auch akustische Vorgänge, insbesondere die Schallausbreitung in der Luft, beschreiben lassen. Dies soll nachstehend behandelt werden, wobei die Betrachtungen jedoch nur auf „kleine Störungen" beschränkt werden sollen. Darunter sind solche Änderungen des Druckes p und der Dichte ϱ der Luft zu verstehen, die nur wenig von den Werten p_0 und ϱ_0 des ungestörten (Normal-) Zustandes der Luft abweichen. Setzt man fernerhin kleine Geschwindigkeiten $\mathfrak{v}$ und Kleinheit ihrer räumlichen Änderungen voraus, so daß das Produkt $(\mathfrak{v}\,\mathrm{grad})\,\mathfrak{v}$ aus jenen Größen als klein von 2. Ordnung gegenüber den anderen in der Eulerschen Gl. (27,14) auftretenden Gliedern angesehen werden kann und liegt Einwirkung äußerer Kräfte nicht vor (d. h. $\mathfrak{P} = 0$), so vereinfacht sich (27,14) auf

$$\frac{\partial \mathfrak{v}}{\partial t} = -\frac{1}{\varrho}\,\mathrm{grad}\, p\,, \tag{40,1}$$

neben der noch die Kontinuitätsgleichung

$$\frac{\partial \varrho}{\partial t} + \mathrm{div}\, \varrho \mathfrak{v} = \frac{\partial \varrho}{\partial t} + \varrho\, \mathrm{div}\, \mathfrak{v} + (\mathfrak{v}\, \mathrm{grad}\, \varrho) = 0 \tag{40,2}$$

zur Verfügung steht. In (1) und (2) kann nun — eben unter Ausnutzung des Umstandes, daß nur kleine Störungen betrachtet werden — in Produkten, die die Dichte ϱ als Faktor enthalten, dieser näherungsweise durch den Wert ϱ_0 im ungestörten Zustand ersetzt werden. Dann erhält man als vereinfachte Ausgangsgleichungen

$$\frac{\partial \mathfrak{v}}{\partial t} = -\frac{1}{\varrho_0}\,\mathrm{grad}\, p\,, \tag{40,3a}$$

$$\frac{\partial \varrho}{\partial t} = -\varrho_0\, \mathrm{div}\, \mathfrak{v}\,. \tag{40,3b}$$

Was schließlich die noch erforderliche Zustandsgleichung $p = p(\varrho)$ anbelangt, so kann wegen der vorausgesetzten kleinen Änderung, die der Normalzustand $p_0 = p(\varrho_0)$ erfahren soll, der gestörte Zustand $p(\varrho) = p(\varrho_0 + \delta\varrho)$ näherungsweise durch Entwicklung „um p_0" durch

$$p(\varrho) = p_0 + \delta p = p_0 + \left(\frac{dp}{d\varrho}\right)_{\varrho_0} \delta\varrho + \cdots \qquad (40,4)$$

dargestellt werden. Hierin ist

$$c^2 = \left(\frac{dp}{d\varrho}\right)_{\varrho_0} \qquad (40,5)$$

eine Konstante. Schreibt man statt (4)

$$p(\varrho) = p_0 + c^2(\varrho_0 + \delta\varrho) - c^2\varrho_0 = p_0 + c^2\varrho - c^2\varrho_0, \qquad (40,6)$$

so folgt hieraus, daß bei Beschränkung auf kleine Störungen die Zustandsgleichung in erster Näherung in der Form

$$p(\varrho) = c^2\varrho + \text{const} \qquad (40,7)$$

geschrieben werden kann.

Aus den drei Gleichungen (3a, b) und (7), die die drei Variablen $p(\mathfrak{r}, t)$, $\varrho(\mathfrak{r}, t)$ und $\mathfrak{v}(\mathfrak{r}, t)$ enthalten, läßt sich durch Elimination je zweier Variablen eine Differentialgleichung für die dritte aufstellen. So findet man etwa eine Differentialgleichung für ϱ, indem man auf Gleichung (3a) die Operation div ausübt und die Gleichung (3b) partiell nach der Zeit t differenziert. Aus den dadurch entstehenden Gleichungen läßt sich dann das Glied $\varrho_0 \frac{\partial}{\partial t} \operatorname{div} \mathfrak{v}$ eliminieren und man erhält

$$\frac{\partial^2 \varrho}{\partial t^2} = \Delta p. \qquad (40,8)$$

Hieraus erfolgt unter Beachtung von (7) entweder

$$\frac{\partial^2 \varrho}{\partial t^2} = c^2 \Delta \varrho \qquad (40,9)$$

oder

$$\frac{\partial^2 p}{\partial t^2} = c^2 \Delta p, \qquad (40,10)$$

d. h. also, sowohl die Dichte ϱ als auch der Druck p genügen der Wellengleichung (§ 4). Übrigens genügt ihr ebenfalls die Geschwindigkeit $\mathfrak{v}$ des Strömungsfeldes, sofern rot $\mathfrak{v} = 0$ ist. Dies wird ersichtlich, indem man zunächst in (3a) den Druck p durch (7) ersetzt und danach partiell nach t differentiiert. Dies führt zu

$$\varrho_0 \frac{\partial^2 \mathfrak{v}}{\partial t^2} = -c^2 \operatorname{grad} \frac{\partial \varrho}{\partial t}. \tag{40,11}$$

Setzt man hierin rechtsseitig den Gradienten von (3b) ein, so erhält man

$$\frac{\partial^2 \mathfrak{v}}{\partial t^2} = c^2 \operatorname{grad} \operatorname{div} \mathfrak{v} \tag{40,12}$$

oder unter Beachtung von (2,14):

$$\frac{\partial^2 \mathfrak{v}}{\partial t^2} = c^2 (\varDelta \mathfrak{v} + \operatorname{rot} \operatorname{rot} \mathfrak{v}), \tag{40,13}$$

und dies liefert bei Wirbelfreiheit: rot $\mathfrak{v} = 0$, wie behauptet, für $\mathfrak{v}$ die Wellengleichung

$$\frac{\partial^2 \mathfrak{v}}{\partial t^2} = c^2 \varDelta \mathfrak{v}. \tag{40,14}$$

Es ist klar, daß das dann existierende Geschwindigkeitspotential φ ebenfalls die Wellengleichung erfüllt.

Aus der Tatsache, daß p, ϱ und $\mathfrak{v}$ der Wellengleichung genügen, folgt zunächst — nach § 4 — daß sich die bei einer Schallausbreitung auftretenden Druck- und Dichteänderungen der Luft mit der Geschwindigkeit

$$c = \sqrt{\left(\frac{dp}{d\varrho}\right)_{\varrho_0}} \tag{40,15}$$

fortpflanzen. Um über die Größe c Aussagen machen zu können, benötigt man die Zustandsgleichung $p = p(\varrho)$. Als solche verwenden wir die Polytrope (24,34a), mit der man aus (15) für

$$c = \sqrt{n\left(\frac{p_0}{\varrho_0^n}\varrho^{n-1}\right)_{\varrho=\varrho_0}} = \sqrt{n\frac{p_0}{\varrho_0}} \tag{40,16}$$

erhält. Nimmt man an, daß die Schallausbreitung ein isothermer Vorgang ist, so hat man $n = 1$ zu setzen (vgl. S. 103) und erhält dann mit den für die Erdoberfläche geltenden Werten von p_0 und ϱ_0 (vgl. S. 102) für $c \approx 280\ \mathrm{m\ sec^{-1}}$. Da dieser Wert bekanntlich mit der Erfahrung nicht übereinstimmt, folgt daraus, daß die — bereits von Newton gemachte — Annahme, die Schallausbreitung erfolge isotherm, nicht zutreffen kann. Vielmehr handelt es sich — worauf zuerst Laplace hinwies — um einen adiabatischen Vorgang, da wegen der Schnelligkeit der Luftschwingungen die entstehende Kompressionswärme sich nicht ausgleichen kann. Da bei adiabatischer Zustandsänderung der Polytropenexponent für zweiatomige Gase $n = \gamma = c_p/c_v = 1{,}41$ ist (S. 104), findet man aus Gl. (16) den Betrag der Fortpflanzungsgeschwindigkeit $c = \sqrt{1{,}41} \cdot 280\ \mathrm{m\ sec^{-1}} \approx 330\ \mathrm{m\ sec^{-1}}$, welcher Wert mit der Erfahrung gut übereinstimmt.

Wir untersuchen noch, was über den Charakter der Schallwellen gesagt werden kann und schließen dazu an Gl. (3a) an, in der p durch Gl. (23,1) ersetzt wird. Das ergibt

$$\frac{\partial \mathfrak{v}}{\partial t} = \frac{\lambda}{\varrho_0} \operatorname{grad} \Theta, \tag{40,17}$$

wobei $\Theta = \operatorname{div} \mathfrak{s}$ die Volumendilatation ist. Ersetzt man, was wegen der eingangs gemachten Voraussetzung erlaubt ist, $\mathfrak{v}$ durch $\partial\mathfrak{s}/\partial t$ und bildet dann die Divergenz, so erhält man aus (17):

$$\frac{\partial^2 \Theta}{\partial t^2} = \frac{\lambda}{\varrho_0} \Delta\Theta = c^2 \cdot \Delta\Theta, \tag{40,18}$$

also wiederum die Wellengleichung, der auch die Volumendilatation genügt. Ihre Raum-Zeitabhängigkeit ist daher (nach § 4) von der Form

$$\Theta(\mathfrak{r}, t) = \Theta\left[c\,t - (\mathfrak{s}^0 \mathfrak{r})\right]. \tag{40,19}$$

Demnach sind Schallwellen mit einer Volumendilatation $\Theta \neq 0$ verbunden, die sich in der Ausbreitungsrichtung $\mathfrak{s}^0$ fortpflanzt, d. h. aber, daß Schallwellen longitudinalen Charakter haben, in Übereinstimmung mit den Ausführungen auf S. 78, wonach in Medien mit verschwindendem μ keine Transversalwellen existieren können.

§ 41. Der Doppler-Effekt

Es sei Q eine Schallquelle und A ein in bezug auf Q ruhender Beobachter. A möge die von Q ausgehenden Wellen als ebene Wellen mit der (Kreis-) Frequenz ω_0 wahrnehmen, die sich mit der Geschwindigkeit c in der durch den Einheitsvektor $\mathfrak{s}^0$ festgelegten Richtung ausbreiten (Abb. 42). Der Beobachter A wird daher nach (4,36) die Wellen durch

$$u(\mathfrak{r}, t) = u_0 \sin [\omega_0 t - (\mathfrak{k}\mathfrak{r})] \qquad \mathfrak{k} = k \cdot \mathfrak{s}^0 \tag{41,1}$$

$$= u_0 \sin \omega_0 \left[t - \frac{k}{\omega_0} (\mathfrak{s}^0 \mathfrak{r})\right] \tag{41,2}$$

$$= u_0 \sin \omega_0 \left[t - \frac{(\mathfrak{s}^0 \mathfrak{r})}{c}\right] \tag{41,3}$$

beschreiben, mit dem Standort von A als Bezugspunkt für $\mathfrak{r}$. Es sei nun B ein zweiter Beobachter, der ursprünglich ebenfalls ruht und sich an der Stelle von A befindet. Zur Zeit $t = 0$ setze sich B relativ zu Q mit der konstanten Geschwindigkeit $\mathfrak{v}$ in Bewegung, so daß B zur Zeit t in bezug auf seinen Ausgangspunkt A den Ortsvektor $\bar{\mathfrak{r}} = \mathfrak{v}t$ hat (Abb. 42). Von einem Bezugssystem aus, dessen Ursprung stets mit B zusammenfällt, wird die Lage eines Punktes P im Wellenfeld durch den Ortsvektor $\mathfrak{r}'$ festgelegt, während P in bezug auf A den Ortsvektor $\mathfrak{r}$ hat. Wie aus Abb. 42 zu ersehen ist, sind die beiden Ortsvektoren $\mathfrak{r}$ und $\mathfrak{r}'$ durch die Beziehung

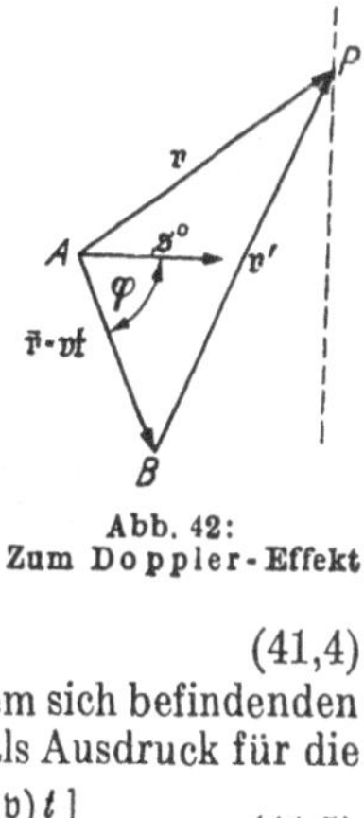

Abb. 42: Zum Doppler-Effekt

$$\mathfrak{r} = \mathfrak{r}' + \bar{\mathfrak{r}} = \mathfrak{r}' + \mathfrak{v}t \tag{41,4}$$

verknüpft. Für den in dem bewegten System sich befindenden Beobachter B ergibt sich daher nach (3) als Ausdruck für die Welle

$$u(\mathfrak{r}', t) = u_0 \sin \omega_0 \left[t - \frac{\mathfrak{s}^0 \mathfrak{r}'}{c} - \frac{(\mathfrak{s}^0 \mathfrak{v})\, t}{c}\right] \tag{41,5}$$

$$= u_0 \sin \omega_0 \left\{\left(1 - \frac{v}{c} \cos \varphi\right) t - \frac{(\mathfrak{s}^0 \mathfrak{r}')}{c}\right\} \tag{41,6}$$

$$= u_0 \sin \left(\omega t - \frac{\mathfrak{s}^0 \mathfrak{r}'}{c}\, \omega_0\right). \tag{41,7}$$

In (6) bedeutet φ den Winkel zwischen den Vektoren $\mathfrak{s}^0$ und $\mathfrak{v}$. Gl. (7) bringt zum Ausdruck, daß der sich relativ zur Schallquelle Q bewegende Beobachter B eine ebenfalls in Richtung $\mathfrak{s}^0$ sich ausbreitende ebene Welle wahrnimmt, jedoch mit der von ω_0 verschiedenen Frequenz

$$\omega = \omega_0 \left(1 - \frac{v}{c} \cos \varphi\right). \qquad (41,8)$$

Die Erscheinung, daß ein zu einer Schallquelle Q relativ bewegter Beobachter eine andere Frequenz wahrnimmt als ein relativ zu Q ruhender Beobachter, heißt Doppler-Effekt.

Bewegt sich B derart, daß er eine in Richtung von $\mathfrak{s}^0$ fallende Geschwindigkeitskomponente $v_s \neq 0$ hat (B bewegt sich von der Schallquelle Q „fort"), so ist die von B festgestellte Frequenz $\omega < \omega_0$. Insbesondere ist, wenn

$$\mathfrak{v} \parallel \mathfrak{s}^0, \quad \text{also} \quad \varphi = 0, \quad \omega = \omega_0 \left(1 - \frac{v}{c}\right). \qquad (41,9)$$

Bewegt sich B derart, daß $\mathfrak{v}$ eine Komponente $v_s \neq 0$ in Richtung von $-\mathfrak{s}^0$ hat (B bewegt sich auf die Schallquelle Q „zu"), so ist die von B beobachtete Frequenz $\omega > \omega_0$. Insbesondere ist, wenn

$$\mathfrak{v} \parallel -\mathfrak{s}^0, \quad \text{also} \quad \varphi = \pi, \quad \omega = \omega_0 \left(1 + \frac{v}{c}\right). \qquad (41,10)$$

Bewegt sich dagegen B in einer auf $\mathfrak{s}^0$ senkrecht stehenden Richtung, so ist $(\mathfrak{v}\mathfrak{s}^0) = 0$, also $\omega = \omega_0$, d. h. in diesem (und nur in diesem) Fall stellt der bewegte Beobachter B dieselbe Frequenz ω_0 fest wie auch der relativ zu Q ruhende Beobachter A.

§ 42. Vergleich von Strömungen inkompressibler und kompressibler Flüssigkeiten

Da bei Strömungen von kompressiblen Flüssigkeiten (Gasen) deren Dichteabhängigkeit $\varrho = \varrho(p)$ vom Druck p in Rechnung zu setzen ist, gestaltet sich die Ermittlung von $\mathfrak{v}$, p und ϱ für eine Gasströmung schwieriger als für inkompressible Flüssigkeiten. Berücksichtigt man die Kompressibilität eines strömenden Gases nicht, behandelt man es also wie eine „echte" lüssigkeit, so bedeutet dies zwar eine gewisse Vereinfachung er durchzuführenden Rechnungen, die aber in jedem Fall ehlerbehaftete Ergebnisse liefern. Es entsteht daher die Frage ach der Größe des Fehlers. Ist er bekannt, so gibt er Aufchluß darüber, innerhalb welcher Grenzen ein Gas als inompressibel behandelt werden kann, wenn ein bestimmter 'ehler für Druck p oder Dichte ϱ zugelassen ist.

Eine Antwort auf die Frage nach dem Fehler liefert die ernoullische Gl. (32,5). Setzt man eine stationäre und räftefreie (z. B. im Erdfeld horizontal verlaufende) Beegung der Flüssigkeit voraus, so lautet jene

$$\frac{v_1^2}{2} + \int\limits_A^{p_1} \frac{dp}{\varrho(p)} = \frac{v_2^2}{2} + \int\limits_A^{p_2} \frac{dp}{\varrho(p)} \tag{42,1}$$

der

$$\frac{1}{2}(v_1^2 - v_2^2) = \int\limits_{p_1}^{p_2} \frac{dp}{\varrho(p)}. \tag{42,2}$$

lierin kennzeichnen die beiden Indizes 1 und 2 zwei verchiedene Zustände. Die in (1) auftretende beliebige untere onstante Integrationsgrenze A ist herausgefallen.

Ist die Flüssigkeit inkompressibel, $\varrho = \text{const}$, so wird aus (2):

$$\frac{\varrho}{2}(v_1^2 - v_2^2) = p_2 - p_1. \tag{42,3}$$

st dagegen die Flüssigkeit kompressibel, so wird (2) ein nderes Resultat liefern, das durch Vergleich mit (3) Aufchluß über die Abweichung liefert, die die Nichtbeachtung er Kompressibilität von Gasen zur Folge hat.

Die Berechnung des in (2) auftretenden Integrals für Gase urde unter Zugrundelegung der Polytrope (24,34) bereits rüher durchgeführt. Eliminiert man in dem gefundenen rgebnis (24,35) die Größen p_0 und ϱ_0 mit Hilfe von (24,34), o erhält man

$$\int \frac{dp}{\varrho(p)} = \frac{n}{n-1}\,\frac{p}{\varrho}. \tag{42,4}$$

)emnach wird aus (2) für Gase

$$\frac{1}{2}(v_1^2 - v_2^2) = \frac{n}{n-1}\left(\frac{p_2}{\varrho_2} - \frac{p_1}{\varrho_1}\right) \tag{42,5}$$

oder, unter Beachtung von (24,31)

$$\frac{1}{2}(v_1^2 - v_2^2) = \frac{n}{n-1}\left(\frac{p_2}{\varrho_2} - \frac{p_1\sqrt[n]{c}}{p_1^{1/n}}\right)$$

$$= \frac{n}{n-1}\left(\frac{p_2}{\varrho_2} - \frac{p_1^{1-\frac{1}{n}}\, p_2^{\frac{1}{n}}}{\varrho_2}\right)$$

$$= \frac{n}{n-1}\cdot\frac{p_2}{\varrho_2}\left[1 - \left(\frac{p_1}{p_2}\right)^{\frac{n-1}{n}}\right]. \qquad (42{,}6)$$

Auflösung nach p_1 ergibt

$$p_1 = p_2\left[1 - \frac{v_1^2 - v_2^2}{2}\cdot\frac{n-1}{n}\,\frac{\varrho_2}{p_2}\right]^{\frac{n}{n-1}}. \qquad (42{,}7)$$

Dieser Ausdruck geht durch Anwendung des binomischen Lehrsatzes in

$$p_1 = p_2\left\{1 - \frac{v_1^2 - v_2^2}{2}\,\frac{\varrho_2}{p_2} + \frac{(v_1^2 - v_2^2)^2}{4}\cdot\frac{\varrho_2^2}{p_2^2}\,\frac{1}{2n} + \cdots\right\} \quad (42{,}8)$$

über. Hieraus schließlich

$$p_2 - p_1 = \varrho_2\,\frac{v_1^2 - v_2^2}{2}\left\{1 - \frac{v_1^2 - v_2^2}{2}\,\frac{1}{2n}\cdot\frac{\varrho_2}{p_2} + \cdots\right\}. \quad (42{,}9)$$

Dieser für kompressibele Flüssigkeiten gültige Ausdruck für die Druckdifferenz unterscheidet sich von der entsprechenden für inkompressible Flüssigkeiten geltenden Gl. (3) durch die in { } hinter 1 stehenden Glieder, die demnach den prozentualen Fehler angeben, der begangen wird, wenn eine kompressible Flüssigkeit als inkompressibel behandelt wird.

Gl. (9) nimmt eine besonders einfache Form an, wenn man sie auf die Berechnung des Druckes p_s in einem **Staupunkt** anwendet, in welchem die Geschwindigkeit $\mathfrak{v} = 0$ ist (§ 36). Wählt man den durch 1 gekennzeichneten Zustand als „Staupunktzustand", setzt also $v_1 = 0$, $p_1 = p_s$ und deutet $v_2 = v$, $p_2 = p$ als Geschwindigkeit und Druck der Strömung in sehr weiter Entfernung vom Staupunkt, so erhält man aus (9) für den Staudruck

$$p_s = p + \frac{\varrho}{2} v^2 \left\{1 + \frac{v^2}{4} \cdot \frac{\varrho}{np} + \cdots\right\}. \qquad (42,10)$$

Führt man hierin die zur Polytrope (24,31) gehörende Schallgeschwindigkeit

$$c = \sqrt{\frac{dp}{d\varrho}} = \sqrt{n \frac{p}{\varrho}} \qquad (42,11)$$

ein (die nicht mit der durch (40,15) gegebenen Schallgeschwindigkeit des Normalzustandes zu verwechseln ist), so erhält man schließlich für

$$\bar{p} = p_s - p = \frac{\varrho v^2}{2}\left(1 + \frac{1}{4}\frac{v^2}{c^2} + \cdots\right), \qquad (42,12)$$

während nach (3) für eine inkompressible Flüssigkeit

$$\bar{p} = p_s - p = \frac{\varrho}{2} v^2 \qquad (42,13)$$

ist. Der Vergleich von (12) mit (13) zeigt, daß (unter den vorstehend gemachten Voraussetzungen) die Vernachlässigung der Kompressibilität eines strömenden Gases bei der Berechnung des Staudruckes in erster Näherung den prozentualen Fehler $v^2/4\,c^2$ zur Folge hat.

Für die Dichte ϱ ergibt sich aus (7) unter Beachtung der Polytropengleichung (24,31) und (11):

$$\begin{aligned} \varrho_1 &= \varrho_2 \left[1 - \frac{v_1^2 - v_2^2}{2}\,\frac{n-1}{n}\,\frac{\varrho_2}{p_2}\right]^{\frac{1}{n-1}} \\ &= \varrho_2 \left[1 - \frac{1}{2}\,\frac{v_1^2 - v_2^2}{c^2} + \cdots\right] \end{aligned} \qquad (42,14)$$

und für den betrachteten Sonderfall

$$\varrho_s = \varrho\left(1 + \frac{1}{2}\frac{v^2}{c^2} + \cdots\right), \qquad (42,15)$$

während bei der inkompressiblen Flüssigkeit $\varrho_s = \varrho$ ist.

Erscheint etwa, um ein numerisches Beispiel zu geben, eine Dichteänderung von $< 1\,^0/_0$ als unwesentlich, so dürfen Gasströmungen, deren Geschwindigkeit v^* der Ungleichung

$$\frac{1}{2}\frac{v^{*2}}{c^2} \leqq 0{,}01 \tag{42,16}$$

genügen, wie Strömungen von „echten" Flüssigkeiten behandelt werden. Aus (16) folgt, daß dies (mit $c \approx 330$ m sec^{-1}) für Strömungsgeschwindigkeiten

$$v^* \leqq \frac{c}{\sqrt{50}} \approx \frac{1}{7}\,c \approx 47 \text{ m sec}^{-1} \tag{42,17}$$

der Fall ist.

Die vorstehenden Ergebnisse wurden aus der Bernoullischen Gleichung gefolgert. Zu weiteren interessanten Aussagen gelangt man, wenn man noch die Kontinuitätsgleichung hinzunimmt. Diese lautet für die wiederum als stationär und kräftefrei vorausgesetzte Bewegung nach (28,6)

$$\operatorname{div} \varrho\mathfrak{v} = 0, \tag{42,18}$$

woraus man durch Integration über eine Stromröhre (vgl. § 28) zu

$$\varrho v F = \text{const} \tag{42,19}$$

gelangt, wobei F einen Querschnitt der Stromröhre bedeutet. Es gilt also für

inkompressible Flüssigkeiten	kompressible Flüssigkeiten	
$vF = \text{const}$	$\varrho v F = \text{const}$	(42,20 a—b)
$\frac{v^2}{2} + \frac{p}{\varrho} = \text{const}$	$\frac{v^2}{2} + \int \frac{dp}{\varrho(p)} = \text{const}$	(42,21 a—b)
$\varrho = \text{const}$	$p\varrho^{-n} = \text{const}$	(42,22 a—b)

Hieraus ergibt sich durch Differenzieren:

inkompressible Flüssigkeiten	kompressible Flüssigkeiten	
$\frac{dv}{v} + \frac{dF}{F} = 0$	$\frac{d\varrho}{\varrho} + \frac{dv}{v} + \frac{dF}{F} = 0$	(42,23 a—b)
$v\,dv + \frac{dp}{\varrho} = 0$	$v\,dv + \frac{dp}{\varrho} = 0$	(42,24 a—b)
	$\frac{dp}{p} = n\frac{d\varrho}{\varrho}$	(42,25 a—b)

Unter Beachtung der Definition der polytropen Schallgeschwindigkeit (11) folgen hieraus durch Eliminieren

$$\frac{dF}{F} = -\frac{dv}{v} \qquad \frac{dF}{F} = -\frac{dv}{v}\left(1 - \frac{v^2}{c^2}\right) \qquad (42{,}26\,\mathrm{a—b})$$

(Hugoniotsche Gl.)

$$\frac{dF}{F} = \frac{dp}{\varrho v^2} \qquad \frac{dF}{F} = \frac{dp}{\varrho v^2}\left(1 - \frac{v^2}{c^2}\right) \qquad (42{,}27\,\mathrm{a—b})$$

Gl. (26a) sagt aus, daß bei der Strömung einer inkompressiblen Flüssigkeit durch eine Stromröhre mit sich verkleinerndem Querschnitt (Düse) ($dF/F < 0$) (vgl. Abb. 43, Teil AB) die Geschwindigkeit in jedem Fall zunimmt. Für kompressible Flüssigkeiten dagegen gilt dies nur, wie aus der Hugoniotschen Gleichung (26b) hervorgeht, wenn die Strömung mit Unterschallgeschwindigkeit $v < c$ verläuft.

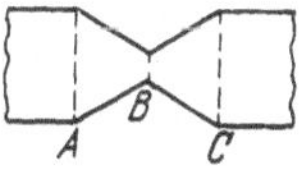

Abb. 43: Strömung durch ein Rohr mit ungleichen Querschnitten

In dem sich erweiternden ($dF > 0$) Teil BC der Stromröhre nimmt nach (26a) die Geschwindigkeit einer strömenden inkompressiblen Flüssigkeit stets ab. Bei kompressiblen Flüssigkeiten ist dies nur für Strömungsgeschwindigkeiten $v < c$ der Fall, hingegen wird v zunehmen, $dv > 0$, wenn die Strömung mit Überschallgeschwindigkeit verläuft. Weiterhin läßt (26b) noch erkennen, daß an der engsten Stelle (kleinster Querschnitt) der Stromröhre v die Schallgeschwindigkeit nicht überschreiten kann.

Schließlich zeigt Gl. (27a), daß bei der Strömung einer inkompressiblen Flüssigkeit durch ein Rohr mit veränderlichem Querschnitt sich der Druck im gleichen Sinne wie die Größe der Querschnitte ändert, was bei einer kompressiblen Flüssigkeit nur im Unterschallbereich zutrifft. Im Überschallbereich verlaufen dF und dp gegensinnig.

§ 43. Bemerkungen über Gasdynamik

Die im vorstehenden Paragraphen gefundenen Ergebnisse lehren, daß sich bei Strömungen von Gasen durchaus verschiedene Verhältnisse ausbilden werden, je nachdem, ob die Strömungsgeschwindigkeit v verglichen mit der Schallgeschwindigkeit c klein oder von der Größenordnung 1 ist oder c übertrifft. In den beiden letzten Fällen treten Druck- und Dichteänderungen auf, die auf keinen Fall vernachläßigt werden dürfen, sofern man Ergebnisse anstrebt, die mit der Erfahrung leidlich gut übereinstimmen. Um dies zu erzielen, hat man jedoch nicht nur die Kompressibilität der Gase in die Rechnung mit einzubeziehen, sondern auch noch eine Reihe anderer Umstände zu berücksichtigen, von denen insbesondere die Zähigkeit (§ 50) der Gase, die bei Strömungsvorgängen auftretenden Temperaturänderungen und Ausgleich von Temperaturunterschieden (Wärmeleitung) genannt seien. Es handelt sich also um Vorgänge, zu deren Beschreibung außer den hydrodynamischen Gleichungen noch einige Gesetze der Thermodynamik heranzuziehen sind. Das Gebiet, dessen Aufgabe es ist, sich mit den eben angedeuteten Problemen zu beschäftigen und sie zu beantworten, ist die Gasdynamik. Natürlich kann auf sie im Rahmen dieser Darstellung auch nicht nur andeutungsweise eingegangen werden, jedoch möge wenigstens etwas über die Grundgleichungen gesagt werden, die an der Spitze der Gasdynamik stehen.

Zunächst ist klar, daß eine der Ausgangsgleichungen die Kontinuitätsgleichung (28,6) sein muß, denn ihre Aussage: „Erhaltung der Masse“ gilt in jedem Fall, also unabhängig davon, welche Einzelheiten zur Beschreibung eines Vorganges auch sonst zu berücksichtigen sind.

Weiterhin benötigt man eine Druck-Dichte-Beziehung, die aber im allgemeinen nicht mehr wegen der bisher vorausgesetzten Barotropie die Polytrope (24,34) sein wird, sondern eine Beziehung sein muß, in der auch (zumindest) die zu berücksichtigende Temperatur T eingeht. Hierzu kann etwa die Zustandsgleichung idealer Gase (24,47) dienen.

Als weitere Gleichung hat man die „Bewegungsgleichung", allerdings nicht in Form der Eulerschen Gl. (27,14), die lediglich für ideale, d. h. reibungslose Flüssigkeiten gilt. Da aber die Zähigkeit der Gase beachtet werden soll, ist an Stelle von (27,14) die Navier-Stokessche Gleichung zu setzen, die für die zu behandelnden kompressiblen Flüssigkeiten (Gase) in Gestalt der Gl. (50,13) gilt, wie später noch gezeigt werden wird.

Schließlich hat man noch den Energiesatz zur Verfügung, in dem neben der kinetischen und potentiellen Energie auch noch die thermische („innere") Energie sowie ggf. der Energieanteil der Wärmeleitung auftreten, wenn ein zu behandelndes Problem ihre Berücksichtigung verlangt.

Aus den vorstehenden Andeutungen wird wohl ohne weiteres ersichtlich sein, daß die Beantwortung von Fragestellungen, die in den Bereich der Gasdynamik gehören, i. allg. schwierig ist. Hierzu gehört u. a. auch eine Vielzahl von Problemen, die die augenblicklich so außerordentlich aktuelle Raketenforschung mit sich bringt. Was diese und jegliche weitere Einzelheiten der Gasdynamik anbelangt, sei der Leser auf die Spezialliteratur verwiesen.

Wirbelbehaftete Flüssigkeitsbewegungen

§ 44. Wirbelvektor, Wirbelröhre, Wirbelfaden

Die nunmehr zu behandelnden wirbelbehafteten Bewegungen idealer Flüssigkeiten sind analytisch dadurch gekennzeichnet, daß für sie

$$\operatorname{rot} \mathfrak{v} = \frac{1}{2} \vec{\omega} = \mathfrak{w} \tag{44,1}$$

nicht im gesamten Strömungsbereich gleich Null ist. Man bezeichnet $\mathfrak{w}$ als Wirbelvektor, für den wegen (1)

$$\operatorname{div} \mathfrak{w} = \operatorname{div} \operatorname{rot} \mathfrak{v} = 0 \tag{44,2}$$

gilt. Hieraus folgt durch Anwendung des Gaussschen Satzes (2,20), daß $\mathfrak{w}$ der Bedingung

$$\int_{\mathfrak{R}} \mathfrak{w}\, d\mathfrak{f} = 0 \tag{44,3}$$

genügen muß, wenn $\mathfrak{R}$ eine im Strömungsfeld liegende geschlossene Fläche darstellt.

Denkt man sich im Strömungsbereich eine Kurvenschar derart konstruiert, daß ihre Tangenten in jedem Punkte mit der momentanen Richtung des Wirbelvektors $\mathfrak{w}$ zusammenfallen, so nennt man die Kurvenschar Wirbellinien (Gegenstück: Stromlinien). Bezeichnet $d\mathfrak{r}\{dx, dy, dz\}$ ein Linienelement einer Wirbellinie, so ist gemäß dieser Definition stets $d\mathfrak{r} \parallel \mathfrak{w}$, also

$$[\mathfrak{w}\, d\mathfrak{r}] = 0. \tag{44,4}$$

Dies ist die Differentialgleichung der Wirbellinien, die ausführlich geschrieben

$$\frac{dx}{w_x} = \frac{dy}{w_y} = \frac{dz}{w_z} \tag{44,5}$$

lautet.

Denkt man sich im Feld einer wirbelbehafteten Flüssigkeitsbewegung eine geschlossene Kurve $\mathfrak{C}$ gezogen und legt durch jeden ihrer Punkte eine Wirbellinie, so erhält man eine Wirbelröhre (Abb. 44, Gegenstück: Stromröhre, Abb. 28). Ist die Kurve $\mathfrak{C}$ sehr klein, so geht die Wirbelröhre in einen Wirbelfaden über (Gegenstück: Stromfaden).

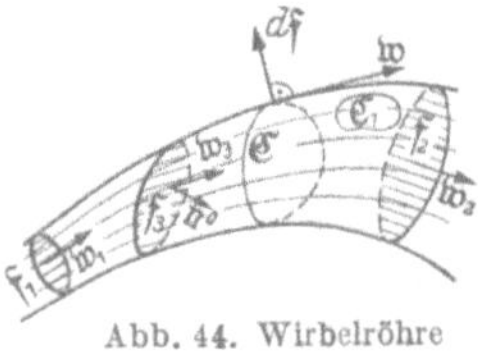

Abb. 44. Wirbelröhre

Wir ziehen nun die in § 35 eingeführte Zirkulation Γ heran und berechnen diese längs einer (geschlossenen) Kurve $\mathfrak{C}$, die gänzlich auf dem Mantel einer Wirbelröhre liegt. Dann ist

$$\Gamma = \oint_{\mathfrak{C}} \mathfrak{v}\, d\mathfrak{r} = \iint_F \operatorname{rot} \mathfrak{v}\, d\mathfrak{f} = \iint_F \mathfrak{w}\, d\mathfrak{f}\,, \tag{44,6}$$

wenn F die von $\mathfrak{C}$ eingeschlossene Fläche ist. Der Betrag von Γ hängt nun davon ab, ob die Kurve die Wirbellinie umschließt oder nicht. Im letzten Fall ist auf Grund der Definition der Wirbelröhre $\mathfrak{w} \perp d\mathfrak{f}$ in jedem Flächenelement und daher

$$\Gamma = 0. \tag{44,7}$$

Umschließt dagegen $\mathfrak{C}$ die Röhre, so wird im allgemeinen $\Gamma \neq 0$ sein. Handelt es sich insbesondere um eine Kurve, die einen Normalschnitt eines Wirbelfadens berandet, so kann wegen der Kleinheit seines Querschnittes f auf ihm $\mathfrak{w}$ als konstant angesehen werden, womit man für diesen Sonderfall

$$\Gamma = |\,\mathfrak{w}\,|\, f = m \tag{44,8}$$

erhält. Auf die beiden Ergebnisse (7) und (8) kommen wir in § 46 noch einmal zurück.

§ 45. Die Erhaltung der Wirbelstärke

Aus einer Wirbelröhre denke man sich durch zwei senkrecht zu ihr gelegte Querschnitte einen Teil herausgeschnitten, der durch die Flächen f_1 und f_2 begrenzt werde (vgl. Abb. 44). Wegen der Gültigkeit von Gl. (44,3) ergibt sich daher für den „Wirbelfluß“ durch den betrachteten Teil der Wirbelröhre

$$\oint \mathfrak{w}\, d\mathfrak{f} = \iint\limits_{f_1} \mathfrak{w}\, d\mathfrak{f} + \iint\limits_{f_2} \mathfrak{w}\, d\mathfrak{f} = 0, \tag{45,1}$$

da die Integration über den Mantel des Röhrenteils, wegen $\mathfrak{w} \perp d\mathfrak{f}$ keinen Beitrag liefert. Kann — was bei genügender Kleinheit von f_1 und f_2 (Wirbelfaden) im allgemeinen in guter Näherung erfüllt sein wird — der Betrag von $\mathfrak{w}_1$ bzw. $\mathfrak{w}_2$ in allen Punkten von f_1 bzw. f_2 als gleich angenommen werden, so wird aus (1):

$$|\,\mathfrak{w}_1\,|\, f_1 = |\,\mathfrak{w}_2\,|\, f_2 . \tag{45,2}$$

Das in vorstehender Gleichung auftretende Produkt

$$m = |\,\mathfrak{w}\,|\, f \tag{45,3}$$

bezeichnet man als **Wirbelmoment** oder **Wirbelstärke** (oder auch als Intensität der Wirbelröhre). Durch Gl. (2) kommt dann zum Ausdruck, daß **das Wirbelmoment längs einer Wirbelröhre räumlich konstant ist.**

Bei Begrenzung des Wirbelröhrenteiles durch einen schiefen Schnitt (vgl. Abb. 44, Schnittfläche f_3) erhielte man statt (2):

$$w_{3n} f_3 = w_2 f_2 = m, \tag{45,4}$$

so daß gesagt werden kann: **Für einen beliebig gelegten Schnitt durch eine (kleine) Wirbelröhre ist die Wirbelstärke, das Produkt aus dem Betrag der**

Schnittfläche f und der auf sie bezogenen Normalkomponente von $\mathfrak{w}$, konstant.

Dieser Satz von der räumlichen Erhaltung der Wirbelstärke ist zuerst von Helmholtz gefunden worden, der übrigens als erster Wirbelbewegungen theoretisch untersuchte und somit der Begründer der „Wirbeltheorie“ ist. Später hat Thomson (Lord Kelvin) gezeigt, daß der Erhaltungssatz der Wirbelstärke auch bei Unstetigkeit von $\mathfrak{w}$ noch gilt, sofern nur $\mathfrak{v}$ stetig ist.

Um die wohl wichtigste Folgerung aus dem Helmholtzschen Satz zu ziehen, denke man sich den Bereich einer wirbelbehafteten Flüssigkeitsbewegung derart in Wirbelröhren aufgeteilt, daß jede von ihnen das gleiche Wirbelmoment m besitzt. Es müssen dann nach (1) durch jede geschlossene, ganz in der Flüssigkeit liegende Fläche ebenso viel Röhren ein- wie austreten. Dies kann man auch dahingehend formulieren, daß innerhalb der bewegten Flüssigkeit Wirbellinien weder beginnen noch enden können. Sie sind also entweder geschlossen oder haben ihren Anfang bzw. ihr Ende auf der Flüssigkeitsbegrenzung.

§ 46. Die Erhaltung der Zirkulation

Wir denken uns in dem Bereich einer wirbelbehafteten Flüssigkeitsbewegung zur Zeit t einen geschlossenen Linienzug $\mathfrak{C}$ gezogen, längs dessen die Zirkulation

$$\Gamma(t) = \oint_{\mathfrak{C}} \mathfrak{v}(\mathfrak{r}, t)\, d\mathfrak{r} \qquad (46,1)$$

ist. Infolge der Bewegung der Flüssigkeit werden alle jene Teilchen, die zur Zeit t auf der „flüssigen Linie“ $\mathfrak{C}$ lagen, in einem späteren Zeitpunkt $t + dt$ eine andere Kurve $\mathfrak{C}'$ bilden (vgl. Abb. 45). Wir fragen nach der zeitlichen Änderung $d\Gamma/dt$ der Zirkulation, die diese während der Flüssigkeitsbewegung erfährt. Nach Gl. (1) ist

$$\frac{d\Gamma}{dt} = \frac{d}{dt}\oint_{\mathfrak{C}} \mathfrak{v}\, d\mathfrak{r} = \oint_{\mathfrak{C}} \frac{d\mathfrak{v}}{dt}\, d\mathfrak{r} + \oint_{\mathfrak{C}} \mathfrak{v}\,\frac{d}{dt}(d\mathfrak{r}). \qquad (46,2)$$

Zur Berechnung des ersten Integrals ersetzen wir $d\mathfrak{v}/dt$ durch die rechte Seite der Bewegungsgleichung (27,4). Sind die beiden Voraussetzungen erfüllt, daß $\mathfrak{P}$ ein Potential W besitzt und die Flüssigkeit barotrop ist, also für

$$\mathfrak{P} = -\operatorname{grad} W \tag{46,3}$$

$$\frac{1}{\varrho} \operatorname{grad} p = \operatorname{grad} P \qquad P = \int \frac{dp}{\varrho(p)} \tag{46,4}$$

gesetzt werden kann, so wird nach (27,4):

$$\oint \frac{d\mathfrak{v}}{dt}\, d\mathfrak{r} = -\oint (\operatorname{grad}(W + P), d\mathfrak{r})$$

$$= -\oint d(W + P) = 0. \tag{46,5}$$

Zur Ermittlung des zweiten Integrals in Gl. (2) bedarf es der Berechnung von $\frac{d}{dt}(d\mathfrak{r})$. Hierzu betrachten wir (Abb. 45) zur Zeit t zwei infinitesimal benachbarte Punkte $P_1 = P(\mathfrak{r})$ und $P_2 = P(\mathfrak{r} + d\mathfrak{r})$, die ein Linienelement $P_1 P_2 = d\mathfrak{r}(t)$ der flüssigen Linie $\mathfrak{C}$ bilden. Bewegen sich die Punkte P_1 bzw. P_2 mit den Geschwindigkeiten $\mathfrak{v}(\mathfrak{r})$ bzw. $\mathfrak{v}(\mathfrak{r} + d\mathfrak{r})$, so wird aus $d\mathfrak{r}(t)$ zu der späteren Zeit $t + dt$ das Linienelement $\overrightarrow{P_1' P_2'} = d\mathfrak{r}(t + dt)$. Wie aus dem Vektorviereck $P_1 P_2 P_1' P_2'$ (Abb. 45) unmittelbar zu ersehen ist, gilt die Gleichung

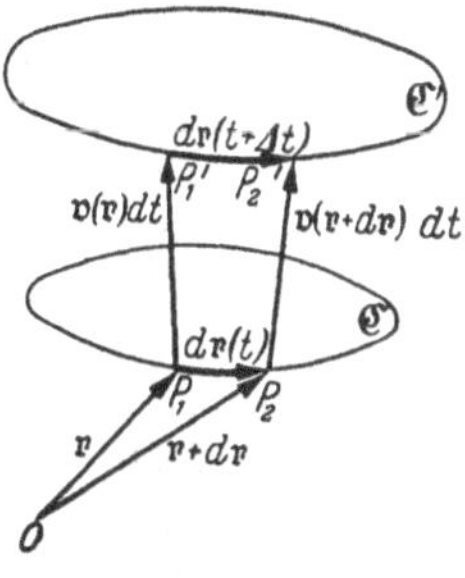

Abb. 45. Zum Nachweis der Erhaltung der Zikulation

$$\mathfrak{v}(\mathfrak{r})\, dt + d\mathfrak{r}(t + dt) = d\mathfrak{r}(t) + \mathfrak{v}(\mathfrak{r} + d\mathfrak{r})\, dt, \tag{46,6}$$

woraus für

$$d\mathfrak{r}(t + dt) - d\mathfrak{r}(t) = [\mathfrak{v}(\mathfrak{r} + d\mathfrak{r}) - \mathfrak{v}(\mathfrak{r})]\, dt \tag{46,7}$$

folgt. Entwickelt man rechtsseitig, dividiert dann durch dt und geht zum $\lim dt \to 0$ über, so wird

$$\lim_{dt \to 0} \frac{d\mathfrak{r}(t + dt) - d\mathfrak{r}(t)}{dt} = \frac{d}{dt}(d\mathfrak{r}) = \frac{\partial \mathfrak{v}}{\partial x} dx + \frac{\partial \mathfrak{v}}{\partial y} dy + \frac{\partial \mathfrak{v}}{\partial z} dz$$

$$= (d\mathfrak{r} \operatorname{grad})\, \mathfrak{v}. \tag{46,8}$$

Dies in das zweite Integral der rechten Seite von (2) eingesetzt, ergibt

$$\oint \mathfrak{v} \frac{d}{dt}(d\mathfrak{r}) = \oint (\mathfrak{v}, (d\mathfrak{r} \operatorname{grad}) \mathfrak{v})$$
$$= \oint \left(\mathfrak{v}, \frac{\partial \mathfrak{v}}{\partial x} dx + \frac{\partial \mathfrak{v}}{\partial y} dy + \frac{\partial \mathfrak{v}}{\partial z} dz\right)$$
$$= \oint d\left(\frac{\mathfrak{v}^2}{2}\right)$$
$$= 0\,, \qquad (46{,}9)$$

so daß aus (2) wird

$$\frac{d\Gamma}{dt} = 0, \quad \text{d. h.} \quad \Gamma = \text{const.} \qquad (46{,}10)$$

Dies ist die formelmäßige Fassung des von Thomson (dem späteren Lord Kelvin) 1869 gefundenen Zirkulationssatzes: Die Zirkulation Γ längs einer aus denselben Flüssigkeitsteilchen bestehenden geschlossenen Kurve ist zeitlich konstant, sofern die Flüssigkeit ideal und barotrop ist und nur der Einwirkung konservativer Kräfte unterliegt.

§ 47. Folgerungen (Weitere Erhaltungssätze)

Mit Hilfe des eben gefundenen Erhaltungssatzes (46,10) kann man — wie es im wesentlichen auch von Thomson gezeigt wurde — in sehr einfacher Weise einige weitere Erhaltungsaussagen begründen, wofür wir die nachstehenden Beispiele geben.

Zunächst soll der Beweis für das in § 34 erwähnte Lagrangesche Theorem gegeben werden. Nach dessen Aussage bleibt die Eigenschaft einer Strömung, ein Geschwindigkeitspotential zu besitzen, zeitlich erhalten. Existiert zu einem bestimmten Zeitpunkt ein Geschwindigkeitspotential, handelt es sich also um eine wirbelfreie Strömung, so ist rot $\mathfrak{v} = 0$, also die Zirkulation längs einer beliebig geschlossenen Kurve $\mathfrak{C}$:

$$\Gamma = \oint_{\mathfrak{C}} \mathfrak{v}\, d\mathfrak{r} = \iint_{\mathfrak{R}} \operatorname{rot} \mathfrak{v}\, d\mathfrak{f} = \iint_{\mathfrak{F}} \mathfrak{w}\, d\mathfrak{f} = 0. \qquad (47{,}1)$$

Nach dem Thomsonschen Erhaltungssatz bleibt Γ längs $\mathfrak{C}$ immer gleich Null. Dann folgt aber nach (1), daß für jede beliebige von $\mathfrak{C}$ berandete Fläche $\mathfrak{R}$

$$\iint_{\mathfrak{R}} \mathfrak{w}\, d\mathfrak{f} = \iint_{\mathfrak{R}} w_n\, df = 0 \qquad (47{,}2)$$

ist, was aber nur möglich ist, wenn in jedem Punkt der Flüssigkeit zu jeder Zeit $w_n = 0$ ist. Dies bedeutet aber, daß zu jeder Zeit Wirbelfreiheit herrscht, also zu jeder Zeit ein Geschwindigkeitspotential existiert, wenn es irgendwann einmal existiert. Dies ist die Aussage des *Lagrange*schen Theorems.

Zu einer weiteren Aussage gelangt man, indem man den Erhaltungssatz (46,10) auf (44,7) anwendet. Diese Gleichung sagte aus, daß die Zirkulation längs einer auf einem Mantel einer Stromröhre liegenden, aber diese *nicht* umschließenden Kurve ($\mathfrak{C}_1$ in Abb. 44) verschwindet. Da dies nach (46,10) dauernd der Fall ist, folgt daraus, daß die Teilchen, welche ursprünglich die Kurve $\mathfrak{C}_1$ bildeten, dauernd Teilchen des Mantels der Stromröhre sind. Da dies für jede beliebige, die Stromröhre nicht umschließende Kurve gilt, kann auch gesagt werden: *Flüssigkeitsteilchen, die in irgendeinem Augenblick eine Wirbelröhre bilden, bilden immer eine Wirbelröhre.* Für einen Wirbelfaden gilt daher insbesondere: *Ein Wirbelfaden besteht stets aus den gleichen Teilchen.* Wenn sich zwar auch die Gestalt des Wirbelfadens ändern kann, so bleibt doch dessen materielle Zusammensetzung zeitlich die gleiche.

Wir knüpfen schließlich an Gl. (44,8) an, die den Zusammenhang zwischen der Zirkulation Γ längs einer Kurve ($\mathfrak{C}$ in Abb. 44), welche einen Wirbelfaden *einschließt* und dessen Intensität, der Wirbelstärke m, angibt. Aus (44,8) folgt dann auf Grund von (46,10), daß die *Wirbelstärke* (auch!) *zeitlich konstant ist.* Dieser Satz wurde, ebenfalls wie der von der räumlichen Erhaltung der Wirbelstärke (vgl. § 44), erstmalig von *Helmholtz* gefunden und wird vielfach als „*Helmholtz*scher Wirbelsatz" schlechthin bezeichnet. Wegen seiner grundlegenden Bedeutung, die er für die Theorie der Wirbelbewegungen besitzt, möge nachstehend die Gleichung, aus der Helmholtz seine Aussage folgerte, unmittelbar aus den hydrodynamischen Gleichungen hergeleitet werden.

§ 48. Der Helmholtzsche Satz

Um die vorstehend mit Verwendung des Thomsonschen Satzes (46,10) nachgewiesene zeitliche Konstanz der Wirbelstärke unmittelbar, so wie es erstmalig Helmholtz zeigte, aus den Gleichungen der Hydrodynamik herzuleiten, gehen wir von der Eulerschen Bewegungsgleichung (30,7) aus, setzen darin für

$$\operatorname{rot} \mathfrak{v} = \mathfrak{w} \tag{48,1}$$

und wenden danach die Operation rot an. Dies führt zu

$$\frac{\partial \mathfrak{w}}{\partial t} - \operatorname{rot}\,[\mathfrak{v}\,\mathfrak{w}] = \operatorname{rot} \mathfrak{P} - \operatorname{rot}\left(\frac{1}{\varrho}\operatorname{grad} p\right). \tag{48,2}$$

Die letzten Glieder beider Seiten können nach (2,13) und (2,12) umgeformt werden, womit (2) in

$$\begin{aligned}\frac{\partial \mathfrak{w}}{\partial t} &+ (\mathfrak{v}\operatorname{grad})\,\mathfrak{w} - (\mathfrak{w}\operatorname{grad})\,\mathfrak{v} + \mathfrak{w}\operatorname{div}\mathfrak{v}\\ &= \operatorname{rot}\mathfrak{P} + \left[\operatorname{grad}\frac{1}{\varrho},\ \operatorname{grad} p\right]\\ &= \operatorname{rot}\mathfrak{P} - \frac{1}{\varrho^2}\,[\operatorname{grad}\varrho, \operatorname{grad} p]\end{aligned} \tag{48,3}$$

übergeht. Beachtet man die Definition (2,16) der substantiellen Ableitung, so erhält man

$$\begin{aligned}\frac{d\mathfrak{w}}{dt} &- (\mathfrak{w}\operatorname{grad})\,\mathfrak{v} + \mathfrak{w}\operatorname{div}\mathfrak{v}\\ &= \operatorname{rot}\mathfrak{P} - \frac{1}{\varrho^2}\,[\operatorname{grad}\varrho, \operatorname{grad} p].\end{aligned} \tag{48,4}$$

Setzt man nun ausdrücklich voraus, daß $\mathfrak{P}$ ein Potential W besitze, also

$$\mathfrak{P} = -\operatorname{grad} W \quad \text{d. h.} \quad \operatorname{rot}\mathfrak{P} = 0, \tag{48,5}$$

und Barotropie vorliegt, also

$$\varrho = \varrho(p) \quad \text{d. h.} \quad \operatorname{grad} \varrho = \frac{d\varrho}{dp} \operatorname{grad} p\,, \tag{48,6}$$

dann ist

$$\operatorname{grad} \varrho \parallel \operatorname{grad} p \tag{48,7}$$

und daher

$$[\operatorname{grad} \varrho, \operatorname{grad} p] = 0\,. \tag{48,8}$$

Sind (5) und (6) erfüllt, so vereinfacht sich (4) und man erhält die wichtige Beziehung

$$\frac{d\mathfrak{w}}{dt} - (\mathfrak{w} \operatorname{grad})\,\mathfrak{v} + \mathfrak{w} \operatorname{div} \mathfrak{v} = 0\,. \tag{48,9}$$

Wenn die vorstehende Gleichung als wichtige Beziehung bezeichnet wird, so findet das seine Begründung in der Tatsache, daß Gl. (9) notwendige und hinreichende Bedingung für die zeitliche Erhaltung nicht nur der „Vektor"linien des Vektorfeldes $\mathfrak{w}$, sondern auch der Intensität seiner „Vektor"-röhren darstellt. Dabei kann $\mathfrak{w}$ irgendein eine physikalische Größe beschreibender Vektor sein. Ist $\mathfrak{w}$ insbesondere der Wirbelvektor, so ist (9) notwendige und hinreichende Bedingung für die zeitliche Erhaltung der Wirbellinien und der Intensität der Wirbelröhren. Der (nicht ganz einfache) Beweis dafür muß im Rahmen dieser Darstellung unterbleiben.

Handelt es sich insbesondere um eine inkompressible Flüssigkeit ($\operatorname{div} \mathfrak{v} = 0$), so wird aus (9):

$$\frac{d\mathfrak{w}}{dt} = (\mathfrak{w} \operatorname{grad})\,\mathfrak{v}\,. \tag{48,10}$$

Dies ist die bekannte, von Helmholtz erstmalig hergeleitete Gleichung, die seiner Wirbeltheorie zugrunde liegt. Gl. (10) sagt aus, daß an Stellen, wo $\mathfrak{w} = 0$ ist, auch die Änderung $\dot{\mathfrak{w}} = 0$ ist. Dies führt, anders formuliert, zu dem Satz: In einer Flüssigkeit können Wirbel weder entstehen noch vergehen.

Wenn — scheinbar — die Erfahrung der Richtigkeit dieses Satzes widerspricht, so ist dem entgegenzuhalten, daß die

Aussage „zeitliche Erhaltung der Wirbel" natürlich nur insoweit Gültigkeit besitzen kann, als die Voraussetzungen, unter denen sie hergeleitet wurde, erfüllt sind. Diese waren: Die Flüssigkeit muß ideal und barotrop sein und darf nur der Einwirkung von konservativen Kräften unterliegen.

Trifft eine dieser Voraussetzungen nicht zu — wie es in Wirklichkeit der Fall ist —, so gilt die obige Aussage natürlich nicht mehr und es ist durchaus, wie aus der Erfahrung wohl bekannt, das Entstehen bzw. Vergehen von Wirbeln möglich. Als Ursachen hierfür ergeben sich demnach aus dem Helmholtzschen Satz: Wirkung von Kräften, die kein Potential besitzen (z. B. Reibungskräfte), Zähigkeit der Flüssigkeit (§ 50) und Abhängigkeit der Dichte außer vom Druck von noch anderen Größen, wie z. B. der Temperatur. Außer diesen drei Ursachen gibt es aber noch andere Umstände, die zum Entstehen bzw. Vernichten von Wirbeln Anlaß geben können.

§ 49. Bestimmung eines Strömungsfeldes aus seinen Wirbeln

Für eine wirbelbehaftete Bewegung einer inkompressiblen Flüssigkeit gelten u. a. die Gleichungen

$$\operatorname{div} \mathfrak{v} = 0 \tag{49,1}$$

$$\operatorname{rot} \mathfrak{v} = \mathfrak{w}\,. \tag{49,2}$$

Die letzte von ihnen besagt, daß bei Kenntnis eines Strömungsfeldes $\mathfrak{v} = \mathfrak{v}(\mathfrak{r}, t)$ sein Wirbelfeld $\mathfrak{w} = \mathfrak{w}(\mathfrak{r}, t)$ sich durch elementare Differentiation bestimmen läßt.

Man kann aber auch die Wirbelverteilung als gegeben ansehen und die Frage aufwerfen: Wie muß die Strömung einer inkompressiblen Flüssigkeit — im Sinne der Eulerschen Darstellung durch $\mathfrak{v}$ beschrieben — gestaltet sein, damit sie gerade die rechtsseitig in (2) auftretenden Wirbel besitzt?

Die Beantwortung dieser Frage verlangt die Angabe einer Lösung der Gl. (1) und (2), deren Herleitung nachstehend gegeben werden soll. Damit wird nicht nur — wie es vielleicht scheinen könnte — ein spezielles hydrodynamisches Problem gelöst, sondern eine in der „Theorie der Felder" auftretende Fragestellung behandelt, wie sie etwa auch in der Elektrodynamik (stationärer und quasistationärer) Ströme auftritt[1]). (S. dazu weiter unten).

Die Lösung der gestellten Aufgabe verläuft wie folgt. Zunächst kann Gl. (1) wegen $\operatorname{div}\operatorname{rot}\mathfrak{v} = 0$ durch

$$\mathfrak{v} = \operatorname{rot}\mathfrak{A} \tag{49,3}$$

erfüllt werden. Während bei Potentialströmungen das Geschwindigkeitsfeld sich durch Gradientenbildung aus einem (skalaren) Geschwindigkeitspotential finden läßt, kann im Falle wirbelbehafteter Strömungen die Geschwindigkeit nach (3) durch rot-Bildung aus einem Vektor $\mathfrak{A}$ gefunden werden, der als Vektorpotential bezeichnet wird. Es ist allerdings, wenn $\mathfrak{A}$ allein durch (3) definiert wird, keine eindeutige Funktion. Ersetzt man nämlich in (3)

$$\mathfrak{A} \to \mathfrak{A}' = \mathfrak{A} + \operatorname{grad} S(\mathfrak{r}), \tag{49,4}$$

wobei $S(\mathfrak{r})$ eine beliebige (aber „vernünftige") skalare Ortsfunktion ist, so ist $\operatorname{rot}\mathfrak{A}' = \operatorname{rot}\mathfrak{A} = \mathfrak{v}$, d. h. es gibt beliebig viele Vektorpotentiale, aus denen man durch rot-Bildung zum gleichen $\mathfrak{v}$-Feld gelangen kann. Diese Vieldeutigkeit von $\mathfrak{A}$ kann beseitigt werden, indem man $\mathfrak{A}$ einer Nebenbedingung unterwirft, als welche wir

$$\operatorname{div}\mathfrak{A} = 0 \tag{49,5}$$

wählen. Der Grund, weswegen gerade diese Forderung an $\mathfrak{A}$ gestellt wird, wird sofort ersichtlich werden.

Um das Vektorpotential berechnen zu können, benötigt man eine Gleichung für $\mathfrak{A}$, die man erhält, indem man (3) in (2) einsetzt. Dies ergibt nach (2,14)

$$\operatorname{rot}\operatorname{rot}\mathfrak{A} = \operatorname{grad}\operatorname{div}\mathfrak{A} - \Delta\mathfrak{A} = \mathfrak{w}. \tag{49,6}$$

An dieser Stelle wird der Sinn der Wahl der Nebenbedingung (5) erkennbar. Gilt nämlich (5), so vereinfacht sich (6) und geht in die bekannte Poissonsche Gleichung

$$\Delta\mathfrak{A} = -\mathfrak{w} \tag{49,7}$$

über. Ihre Lösung ist, wie die Potentialtheorie lehrt,

$$\mathfrak{A}(\mathfrak{r}) = \frac{1}{4\pi}\iiint\limits_{\mathfrak{V}} \frac{\mathfrak{w}(\mathfrak{r}_Q)}{|\mathfrak{r} - \mathfrak{r}_Q|}\, d\tau_Q\,, \tag{49,8}$$

[1]) Vgl. etwa W. Döring: Einf. i. d. theor. Phys. Sammlung Göschen, Band 76.

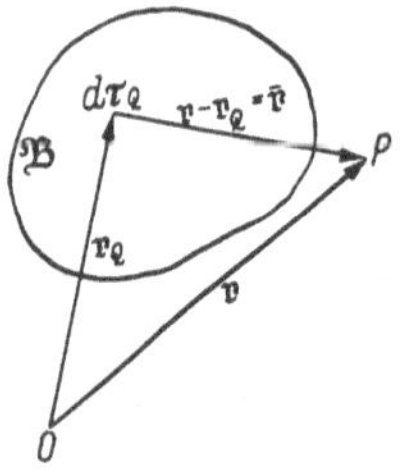

Abb. 46.
Zur Lösung der Poissonschen Gleichung

wobei die Integration über den das Wirbelfeld ausfüllenden Bereich $\mathfrak{B}$ zu erstrecken ist. Die Bedeutung der übrigen in (8) auftretenden Größen geht aus Abb. 46 hervor.

Wenn auch (8) Lösung von (7) ist, hat man noch zu prüfen, ob (8) auch die Nebenbedingung (5) erfüllt. Daß dies der Fall ist, läßt sich wie folgt zeigen. Bildet man die Divergenz von (8), so ergibt sich nach (2,11), wenn man der Deutlichkeit halber die Variable, nach der zu differenzieren ist, als Index angibt:

$$\begin{aligned}\operatorname{div}\mathfrak{A} = \operatorname{div}_{\mathfrak{r}}\mathfrak{A}(\mathfrak{r}) &= \frac{1}{4\pi}\int\limits_{\mathfrak{B}} \operatorname{div}_{\mathfrak{r}}\frac{\mathfrak{w}(\mathfrak{r}_Q)}{|\mathfrak{r}-\mathfrak{r}_Q|}\,d\tau_Q \\ &= \frac{1}{4\pi}\int\limits_{\mathfrak{B}} \mathfrak{w}(\mathfrak{r}_Q)\operatorname{grad}_{\mathfrak{r}}\frac{1}{|\mathfrak{r}-\mathfrak{r}_Q|}\,d\tau_Q \\ &= -\frac{1}{4\pi}\int\limits_{\mathfrak{B}} \mathfrak{w}(\mathfrak{r}_Q)\operatorname{grad}_{\mathfrak{r}_Q}\frac{1}{|\mathfrak{r}-\mathfrak{r}_Q|}\,d\tau_Q \qquad (49,9)\end{aligned}$$

und hieraus durch abermalige Anwendung von (2,11)

$$\begin{aligned}\operatorname{div}\mathfrak{A} = &-\frac{1}{4\pi}\int\limits_{\mathfrak{B}} \operatorname{div}_{\mathfrak{r}_Q}\frac{\mathfrak{w}(\mathfrak{r}_Q)}{|\mathfrak{r}-\mathfrak{r}_Q|}\,d\tau_Q \\ &+\frac{1}{4\pi}\int\limits_{\mathfrak{B}} \frac{1}{|\mathfrak{r}-\mathfrak{r}_Q|}\operatorname{div}_{\mathfrak{r}_Q}\mathfrak{w}(\mathfrak{r}_Q)\,d\tau_Q\,. \qquad (49,10)\end{aligned}$$

Das erste Integral kann nach dem Gaussschen Satz (2,20) in ein Oberflächenintegral verwandelt werden, das bei „hinreichend" starker Abnahme von $\mathfrak{w}$, die vorausgesetzt wird, verschwindet. Das zweite Integral in (10) verschwindet ebenfalls auf Grund von (2), so daß in der Tat die Nebenbedingung (5) von (8) erfüllt wird.

Mit Kenntnis des Vektorpotentials (8) kann nun das Geschwindigkeitsfeld angegeben werden, für das man unter Beachtung von (2,12) erhält

$$\mathfrak{v}(\mathfrak{r}) = \operatorname{rot}\mathfrak{A} = \frac{1}{4\pi}\int\limits_{\mathfrak{B}} \operatorname{rot}_{\mathfrak{r}} \frac{\mathfrak{w}(\mathfrak{r}_Q)}{|\mathfrak{r}-\mathfrak{r}_Q|}\, d\tau_Q$$

$$= -\frac{1}{4\pi}\int\limits_{\mathfrak{B}} \left[\mathfrak{w}(\mathfrak{r}_Q),\ \operatorname{grad}_{\mathfrak{r}} \frac{1}{|\mathfrak{r}-\mathfrak{r}_Q|}\right] d\tau_Q$$

$$= \frac{1}{4\pi}\int\limits_{\mathfrak{B}} \frac{[\mathfrak{w}(\mathfrak{r}_Q),\ \mathfrak{r}-\mathfrak{r}_Q]}{|\mathfrak{r}-\mathfrak{r}_Q|^3}\, d\tau_Q\,. \qquad (49,11)$$

Wir wollen das eben gefundene Ergebnis auf den Sonderfall anwenden, daß das Wirbelfeld aus einem einzigen Wirbelfaden besteht. Dann kann, wie aus Abb. 47 zu ersehen ist, für

$$d\tau = (\mathfrak{f}, d\mathfrak{s}) \qquad (49,12)$$

und

$$\mathfrak{w}\, d\tau = |\mathfrak{w}|\ |\mathfrak{f}|\, d\mathfrak{s} \qquad (49,13)$$

gesetzt werden und mit Verwendung von (45,3) und (44,8)

$$\mathfrak{w}\, d\tau = m\, d\mathfrak{s} = \Gamma\, d\mathfrak{s}\,. \qquad (49,14)$$

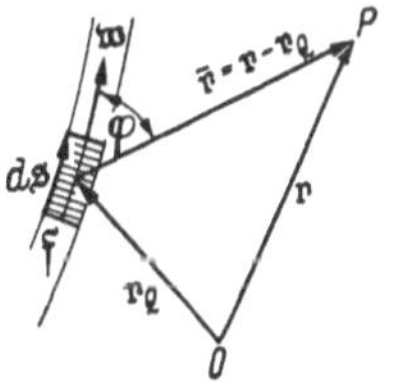

Abb. 47. Zur Berechnung des Geschwindigkeitsfeldes eines Wirbelfadens

Damit erhält man nach (11) für das Geschwindigkeitsfeld des Wirbelfadens

$$\mathfrak{v}(\mathfrak{r}) = \frac{\Gamma}{4\pi}\int\limits_{\mathfrak{C}} \frac{[d\mathfrak{s}(\mathfrak{r}_Q),\ \mathfrak{r}-\mathfrak{r}_Q]}{|\mathfrak{r}-\mathfrak{r}_Q|^3}\,, \qquad (49,15)$$

wobei die Integration über die Kurve $\mathfrak{C}$ zu erstrecken ist, die die Mittellinie des Wirbelfadens bildet.

Gl. (15) läßt die Deutung zu, daß jedes Element des Wirbelfadens zur Geschwindigkeit im Aufpunkt P, Abb. 47, den infinitesimalen Anteil

$$d\mathfrak{v} = \frac{\Gamma}{4\pi}\,\frac{[d\mathfrak{s}, \bar{\mathfrak{r}}]}{\bar{r}^3} \qquad (49,16)$$

$$|d\mathfrak{v}| = \frac{\Gamma}{4\pi}\,\frac{ds\cdot\sin\varphi}{\bar{r}^2} \qquad (49,17)$$

beiträgt.

Man bezeichnet gelegentlich die eben gefundenen Gl. (15) bzw. (16) als das „hydrodynamische“ Biot-Savartsche Gesetz, weil die genannten Gleichungen mit dieser aus der Elektrodynamik wohl bekannten Gesetzmäßigkeit übereinstimmen, wenn der Wirbelfaden als stromführender Leiter, Γ als die durch ihn fließende Stromstärke J und $\mathfrak{v}$ als das von dem Strom erzeugte Magnetfeld $\mathfrak{H}$ gedeutet wird. Im Rahmen dieser Darstellung ist dies das zweite Analogon einer Aussage der Hydrodynamik zur Elektrodynamik (vgl. § 31), von denen noch weitere bekannt sind.

Zähe Flüssigkeiten

§ 50. Die Navier-Stokesschen Gleichungen

Den bisherigen Betrachtungen lag das Modell einer „idealen Flüssigkeit" zu Grunde, als welche (in § 22) eine solche definiert wurde, die einer Formänderung (bei konstantem Volumen) keinen Widerstand entgegensetzt. Die Erfahrung zeigt nun, daß keine der in der Natur vorkommenden Flüssigkeiten ein derartiges ideales Verhalten in Strenge besitzt. Vielmehr weist jede Flüssigkeit gegenüber jeglicher Formänderung einen gewissen Widerstand auf, der als *Zähigkeit*, *Viscosität* oder auch *innere Reibung* bezeichnet wird. Grundsätzlich ist sie jeder Flüssigkeit eigen, gleichgültig, ob sie kompressibel oder inkompressibel ist. Jedoch schwankt der Grad der Zähigkeit innerhalb weiter Grenzen, die, außer von der Temperatur T und dem Druck p, noch wesentlich von der Natur der jeweils vorliegenden Flüssigkeit abhängen. Die Eigenschaft einer Flüssigkeit, mehr oder minder zähe zu sein, wird im täglichen Sprachgebrauch treffend durch die Worte „dünnflüssig" bzw. „zähflüssig" gekennzeichnet. Als Beispiele für diese (ohne scharfe Grenze ineinander übergehenden) beiden „Klassen" von Flüssigkeiten seien etwa genannt: Wasser, Alkohol, Äther bzw. Sirup, Rizinusöl, sog. dicke Öle.

Wenn — wie Beispiele in den bisher durchgeführten Darlegungen zeigten — die Eulersche Gleichung für ideale Flüssigkeiten in einer Reihe von Fällen zu Ergebnissen führt, die das Verhalten der realen Flüssigkeiten weitgehend richtig beschreiben, so kann es sich nur um solche Sonderfälle handeln, bei denen der Einfluß der Zähigkeit gegenüber anderen wirkenden Einflüssen von untergeordneter Bedeutung ist und daher jenen gegenüber vernachläßigt werden darf. Ist dies nicht mehr erlaubt, so muß die Eulersche Gleichung zu Widersprüchen mit der Erfahrung führen, wofür in § 36 ein Beispiel gegeben wurde. Man kann daher schließen, daß die Eulersche Gleichung eine 1. Näherung einer allgemeineren Gleichung ist, welche noch zusätzlich „Reibungsglieder" enthält, durch welche der Zähigkeit Rechnung getragen wird. Wir stellen uns die Aufgabe, diese für zähe Flüssigkeiten geltende Bewegungsgleichung aufzustellen. Daß es die Bewegungs- (Eulersche) Gleichung ist, die modifiziert werden muß, geht daraus hervor, daß im Gleichgewichtszustand die Zähigkeit einer Flüssigkeit nicht in Erscheinung treten kann, weil sich jene als ein eben erst bei Formänderungen auftretender Widerstand äußert. In der Tat bestätigt auch die Erfahrung, daß sich in Gleichgewichtszuständen von Flüssigkeiten, gleichgültig, welcher Art sie auch sind, deren Zähigkeit in keiner Weise äußert, sondern erst bei Bewegungsvorgängen in Erscheinung tritt. Infolgedessen werden die für eine ideale Flüssigkeit in jedem Fall gültigen Gl. (23,1) und (23,2) für eine reale Flüssigkeit nicht mehr zutreffen. Vielmehr werden für diese andere „Spannungs-Dehnungs-Beziehungen" gelten, die von derartiger Form sein müssen, daß sie für den Fall der ruhenden Flüssigkeit ($\mathfrak{v} = 0$) in (23,1) und (23,2) übergehen.

Dieser Forderung wird sicher Genüge geleistet, wenn die Komponenten σ_{ik} des Spannungstensors die Form

$$\sigma_{ik} = -p\delta_{ik} + f_{ik}(\mathfrak{v}, \ldots) \qquad (50,1)$$

haben, wobei $f_{ik}(\mathfrak{v}, \ldots)$ eine von der Geschwindigkeit, vielleicht auch von ihrer Änderung oder/und sonstigen Größen abhängige, im einzelnen aber unbekannte Funktion ist, von der man lediglich weiß, daß sie für $\mathfrak{v} = 0$ verschwindet. An dieser Stelle hat daher die Theorie Annahmen über $f_{ik}(\mathfrak{v}, \ldots)$ zu machen und zu prüfen, wie weit die aus ihrer Annahme sich ergebenden Folgerungen mit der Erfahrung übereinstimmen. Hier hat sich nun ein — für einen Sonderfall bereits von Newton angegebener — Ansatz gut bewährt, der zu einer

Bewegungsgleichung für zähe Flüssigkeiten führt, die in einer Vielzahl von konkreten Fragestellungen zu Ergebnissen führt, die mit der Erfahrung gut übereinstimmen.

Nach diesem Ansatz sind für eine zähe Flüssigkeit den für eine ideale Flüssigkeit geltenden Gl. (23,1) und (23,2) Ausdrücke von der Form der „Spannungs-Dehnungs-Beziehungen" (13,24) hinzuzufügen, in denen jedoch die jeweils auftretenden Komponenten ε_{ik} des Dehnungstensors durch ihre zeitlichen Ableitungen $\dot{\varepsilon}_{ik}$ zu ersetzen sind. Anders ausgedrückt bedeutet dies, daß für zähe Flüssigkeit statt des Deformationstensors der Tensor der Deformationsgeschwindigkeit wesentlich maßgebend ist. Eine solche Annahme ist durchaus verständlich und naheliegend, eben weil die Zähigkeit einer Flüssigkeit sich erst im Bewegungszustand bemerkbar macht.

Führen wir den eben angedeuteten Gedanken durch, so ist für zähe Flüssigkeiten etwa statt (23,1) nunmehr gültig:

$$\sigma_{xx} = -p + 2\eta\dot{\varepsilon}_{xx} + \eta'\dot{\Theta}, \qquad (50,2)$$

wenn η und η' zwei Zähigkeitskoeffizienten sind, die sinngemäß an Stelle der in der ursprünglichen Spannungs-Dehnungs-Beziehung (13,18) auftretenden Laméschen Konstanten λ und μ jetzt zu setzen sind. Wegen (6,8) und der Gültigkeit von

$$\dot{\xi} = v_x, \quad \dot{\eta} = v_y, \quad \dot{\zeta} = v_z \qquad (50,3)$$

wird daher aus (2):

$$\sigma_{xx} = -p + 2\eta\frac{\partial v_x}{\partial x} + \eta' \operatorname{div} \mathfrak{v}. \qquad (50,4)$$

Zwei analoge Gleichungen gelten für σ_{yy} und σ_{zz}. Entsprechend erhält man statt (23,2):

$$\sigma_{xy} = 2\eta\dot{\varepsilon}_{xy}, \qquad (50,5)$$

wofür wegen (6,9) und (3) auch

$$\sigma_{xy} = \eta\left(\frac{\partial v_x}{\partial y} + \frac{\partial v_y}{\partial x}\right) \qquad (50,6)$$

geschrieben werden kann, zu welcher Gleichung zwei analoge für σ_{xz} und σ_{yz} kommen.

Um nun zu einer Bewegungsgleichung für zähe Flüssigkeiten zu gelangen, hat man — genau wie früher in § 19 — die Spannungskomponenten σ_{ik} in Gl. (18,4) einzusetzen, wobei allerdings wegen der bei Flüssigkeiten vorliegenden „endlichen" Verschiebungen die Beschleunigung $\ddot{\mathfrak{s}}$ nicht, wie beim festen Körper näherungsweise durch $\frac{\partial^2 \mathfrak{s}}{\partial t^2}$ ersetzt werden darf, sondern gemäß ihrer Definition als $\dot{\mathfrak{v}} = \frac{d\mathfrak{v}}{dt}$ zu schreiben ist. Dies führt, etwa für die x-Komponente ausgeschrieben, zu:

$$\begin{aligned}
\varrho \frac{dv_x}{dt} &= \varrho P_x - \frac{\partial p}{\partial x} + \frac{\partial}{\partial x}\left(2\eta \frac{\partial v_x}{\partial x} + \eta' \operatorname{div} \mathfrak{v}\right) \\
&\quad + \frac{\partial}{\partial y}\left[\eta\left(\frac{\partial v_x}{\partial y} + \frac{\partial v_y}{\partial x}\right)\right] + \frac{\partial}{\partial z}\left[\eta\left(\frac{\partial v_x}{\partial z} + \frac{\partial v_z}{\partial x}\right)\right] \\
&= \varrho P_x - \frac{\partial p}{\partial x} + \eta\left(\frac{\partial^2 v_x}{\partial x^2} + \frac{\partial^2 v_x}{\partial y^2} + \frac{\partial^2 v_x}{\partial z^2}\right) \\
&\quad + \eta \frac{\partial}{\partial x}\left(\frac{\partial v_x}{\partial x} + \frac{\partial v_y}{\partial y} + \frac{\partial v_z}{\partial z}\right) + \eta' \frac{\partial}{\partial x} \operatorname{div} \mathfrak{v} \\
&= \varrho P_x - \frac{\partial p}{\partial x} + \eta \Delta v_x + (\eta + \eta') \frac{\partial}{\partial x} \operatorname{div} \mathfrak{v}. \qquad (50,7)
\end{aligned}$$

Zwei analoge Gleichungen gelten für die beiden anderen Komponenten. Geht man zur Vektorschreibweise über, so kann zusammenfassend geschrieben werden

$$\begin{aligned}
\varrho \frac{d\mathfrak{v}}{dt} = \varrho\left\{\frac{\partial \mathfrak{v}}{\partial t} + (\mathfrak{v} \operatorname{grad}) \mathfrak{v}\right\} &= \varrho \mathfrak{P} - \operatorname{grad} p \qquad (50,8) \\
&\quad + \eta \Delta \mathfrak{v} + (\eta + \eta') \operatorname{grad} \operatorname{div} \mathfrak{v}.
\end{aligned}$$

Handelt es sich insbesondere um eine inkompressible Flüssigkeit, für die $\operatorname{div} \mathfrak{v} = 0$ gilt, so wird aus der letzten Gleichung

$$\varrho\left\{\frac{\partial \mathfrak{v}}{\partial t} + (\mathfrak{v} \operatorname{grad}) \mathfrak{v}\right\} = \varrho \mathfrak{P} - \operatorname{grad} p + \eta \Delta \mathfrak{v}. \qquad (50,9)$$

Vergleicht man die für inkompressible zähe Flüssigkeiten geltende Bewegungsgleichung (9) mit der für zähe Gase geltenden Gl. (8), so erscheint es, als wenn die Viscosität von

„echten“ Flüssigkeiten nur durch eine (η), die Zähigkeit eines Gases jedoch — ebenso wie das elastische Verhalten eines deformierbaren festen isotropen Körpers — durch zwei Koeffizienten beschrieben wird. Obwohl diese Meinung auch gelegentlich vertreten wird, geht die Theorie im allgemeinen so vor, daß sie versucht, mit n u r e i n e m Reibungskoeffizienten auszukommen. Dies wird möglich, indem angenommen wird, daß die aus (23,1) für ideale Flüssigkeiten geltende Beziehung

$$p = -\frac{1}{3}(\sigma_{xx} + \sigma_{yy} + \sigma_{zz}) \tag{50,10}$$

auch für zähe Flüssigkeiten gültig ist. Natürlich ist diese Annahme zunächst gänzlich willkürlich und bedarf auf jeden Fall der Bestätigung bzw. Widerlegung durch die Erfahrung. Diese hat nun bisher erwiesen, daß die sich aus der Übertragung von (10) auf zähe Gase ergebenden Folgerungen mit dem Experiment zu keinen Widersprüchen führen. Daher legt man auch in zähen Flüssigkeiten den Druck p als das negative arithmetische Mittel der drei Normalspannungen fest. Dann folgt aus (10) nach (4) und den beiden ihr analogen Gleichungen für eine viscose inkompressible Flüssigkeit

$$p = -\frac{1}{3}[-3p + (2\eta + 3\eta')\operatorname{div}\mathfrak{v}], \tag{50,11}$$

woraus sich, da bei Gasen im allgemeinen $\operatorname{div}\mathfrak{v} \neq 0$ ist,

$$\eta' = -\frac{2}{3}\eta \tag{50,12}$$

ergibt. Nimmt man diesen Wert von η', zu dem man, zumindest was die Größenordnung anbelangt, auch durch andere Betrachtungen gelangen kann, als zutreffend an, so erhält man statt der E u l e r schen Gleichung als Bewegungsgleichung für zähe Gase

$$\boxed{\begin{aligned}\frac{\partial\mathfrak{v}}{\partial t} + (\mathfrak{v}\operatorname{grad})\mathfrak{v} = \mathfrak{P} - \frac{1}{\varrho}\operatorname{grad}p + \nu\Delta\mathfrak{v}\\ + \frac{1}{3}\nu\operatorname{grad}\operatorname{div}\mathfrak{v}\end{aligned}} \tag{50,13}$$

und insbesondere für inkompressible Flüssigkeiten

$$\frac{\partial \mathfrak{v}}{\partial t} + (\mathfrak{v}\,\mathrm{grad})\,\mathfrak{v} = \mathfrak{P} - \frac{1}{\varrho}\,\mathrm{grad}\,p + \nu \Delta \mathfrak{v}\,, \qquad (50{,}14)$$

wobei als Abkürzung die „kinematische Zähigkeit"

$$\nu = \frac{\eta}{\varrho} \qquad (50{,}15)$$

eingeführt wurde.

Die Gl. (13) bzw. (14) sind die gesuchten Bewegungsgleichungen für zähe Flüssigkeiten und wurden erstmalig — allerdings nicht wie oben, sondern auf Grund molekulartheoretischer Betrachtungen — von Navier (1822) und Poisson (1829) hergeleitet. Später haben dann Saint-Venant (1843) und Stokes (1845) gezeigt, daß man zu Gl. (13) auch auf dem Wege gelangen kann, der vorstehend beschritten wurde. Gl. (13) bzw. (14) wird heute als die Navier-Stokessche Gleichung bezeichnet. Sie unterscheidet sich von der für ideale Flüssigkeiten geltenden Eulerschen Gl. (27,14) durch das Auftreten der „Reibungsglieder", durch welche der Charakter der Bewegungsgleichung allerdings entscheidend verändert wird. Die Reibungsglieder enthalten nämlich zweite Ableitungen der Geschwindigkeit $\mathfrak{v}$, so daß also die Navier-Stokessche Gleichung eine (nichtlineare) Differentialgleichung für $\mathfrak{v}$ von 2. Ordnung ist, während die Eulersche Gleichung (zwar ebenfalls nichtlinear, aber) von 1. Ordnung ist. Dieser mathematische Unterschied zwischen den für ideale und zähe Flüssigkeiten geltenden Differentialgleichungen ist auch notwendig, wenn man das verschiedene Verhalten der Flüssigkeiten insbesondere an einer Berandung $\mathfrak{R}$ richtig beschreiben will. Während bei Strömungen einer idealen Flüssigkeit nur angenommen wurde, daß die Strömungsgeschwindigkeit senkrecht zur Berandung verschwindet, also die Normalkomponente $v_n = 0$ ist, lehrt die Erfahrung, daß eine zähe Flüssigkeit an einer Berandung *haftet*. Dies verlangt die Erfüllung der Randbedingung $\mathfrak{v}(\mathfrak{R}) = 0$, also neben $v_n(\mathfrak{R}) = 0$ auch $v_t(\mathfrak{R}) = 0$.

§ 51. Das Hagen-Poiseuillesche Gesetz

Als ein Beispiel für die Anwendung der Navier-Stokesschen Gleichung möge aus ihr eine Gesetzmäßigkeit hergeleitet werden, die fast gleichzeitig, aber voneinander unabhängig, von Hagen (1839) und Poiseuille (1841) auf experimentellem Wege ermittelt wurde. Diese beiden Forscher untersuchten Flüssigkeitsströmungen durch zylindrische Rohre und gelangten dabei u. a. zu folgender Aussage: Die in der Zeiteinheit durch den Querschnitt eines kreisförmigen Rohres gehende Flüssigkeitsmenge Q ist bei stationärer Strömung der 4. Potenz des Rohrradius R und der zwischen Anfang und Ende des Rohres herrschenden Druckdifferenz Δp direkt proportional, dagegen der Rohrlänge l und dem Zähigkeitskoeffizienten η der strömenden Flüssigkeit umgekehrt proportional. Formelmäßig ausgedrückt ist also

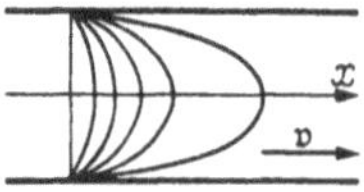

Abb. 48. Parabolisches Geschwindigkeitsprofil bei der Hagen-Poiseuilleschen Strömung

$$Q \sim \frac{R^4 \cdot \Delta p}{\eta l}\,. \tag{51,1}$$

Diese Formel besitzt allerdings nur dann Gültigkeit, wenn — was schon Hagen bekannt war — sich die das Rohr durchfließende Flüssigkeit in einem Strömungszustand befindet, der als *laminar* bezeichnet wird. Er ist dadurch gekennzeichnet, daß sich alle Flüssigkeitsteilchen in geordneten, nebeneinander verlaufenden und sich nicht überschneidenden Schichten bewegen („Schichtströmung"). Für den Fall etwa, daß es sich um eine Laminarströmung durch zylindrische Rohre handelt, müssen alle Teilchenbahnen parallel zur Rohrachse sein. Anderenfalls liegt eine als *turbulent* bezeichnete Form einer Flüssigkeitsströmung vor, worüber später (in § 53) noch einiges gesagt werden wird.

Wir setzen daher eine für die Gültigkeit des empirischen Gesetzes (1) stationäre Laminarströmung voraus und wollen zeigen, wie sich (1) aus der Navier-Stokesschen Gleichung berechnen läßt. Da es sich um eine inkompressible Flüssigkeit handelt, ist die Ausgangsgleichung (50,11). In ihr kann zunächst wegen der Stationarität $\partial/\partial t = 0$ gesetzt werden. Ferner werde angenommen, daß das Rohr horizontal angeordnet sei. Dann liegt — sofern R hinreichend klein ist — eine kräftefreie Bewegung vor, so daß auch $\mathfrak{P} = 0$ gesetzt werden kann. Legt man in die Achse des Rohres die x-Achse eines Koordinatensystems, dann wird die Geschwindigkeit $\mathfrak{v}\{v_x = v, 0, 0\}$. Damit reduziert sich die Inkompressibilitätsbedingung $\operatorname{div} \mathfrak{v} = 0$ auf

$$\frac{\partial v}{\partial x} = 0. \tag{51,2}$$

Hieraus folgt, daß v nur von y und z abhängig ist:

$$v = v(y, z). \tag{51,3}$$

Unter Beachtung der vereinfachenden Voraussetzungen und Gl. (3) erhält man dann aus (50,14) in Komponentendarstellung

$$0 = -\frac{1}{\varrho}\frac{\partial p}{\partial x} + \nu\left(\frac{\partial^2 v}{\partial y^2} + \frac{\partial^2 v}{\partial z^2}\right) \tag{51,4}$$

$$0 = -\frac{1}{\varrho}\frac{\partial p}{\partial y} \tag{51,5}$$

$$0 = -\frac{1}{\varrho}\frac{\partial p}{\partial z}. \tag{51,6}$$

Die beiden letzten Gleichungen sagen aus, daß der Druck

$$p = p(x) \tag{51,7}$$

allein von x abhängt, also in einem Querschnitt senkrecht zur Rohrachse konstant ist. Auf Grund von (3) und (7) folgt nun nach bekannter Schlußweise, daß sich (4) in die beiden Gleichungen

$$\frac{dp}{dx} = a \tag{51,8}$$

$$\eta\left(\frac{\partial^2 v}{\partial y^2} + \frac{\partial^2 v}{\partial z^2}\right) = a \tag{51,9}$$

aufspalten läßt, wobei a eine Separationskonstante ist. Gl. (8) integriert, führt zu

$$p(x) = ax + b. \tag{51,10}$$

Die Konstanten a und b können bestimmt werden, wenn an zwei Stellen des Rohres, etwa für $x = 0$ und $x = l$, die jeweiligen Drucke $p(0) = p_0$ und $p(l) = p_l$ bekannt sind. Dann ergibt sich sofort aus (10)

$$b = p_0 \tag{51,11}$$

$$a = \frac{p_l - p_0}{l} = -\frac{\Delta p}{l}. \tag{51,12}$$

Die in (8) auftretende Konstante a ist also das Druckgefälle längs der Röhre.

Um Gl. (9) zu integrieren, ist es wegen des kreisförmigen Rohrquerschnittes zweckmäßig, zu ebenen Polarkoordinaten r und φ überzugehen. Abhängigkeit von φ kann wegen der Kreissymmetrie nicht vorliegen, so daß

$$v(y, z) = v\left(\sqrt{y^2 + z^2}\right) = v(r) \tag{51,13}$$

und

$$\frac{\partial^2 v}{\partial y^2} + \frac{\partial^2 v}{\partial z^2} = \frac{d^2 v}{dr^2} + \frac{1}{r}\frac{dv}{dr} = \frac{1}{r}\frac{d}{dr}\left(r\frac{dv}{dr}\right) \tag{51,14}$$

wird. Damit geht (9) über in

$$\frac{d}{dr}\left(r\frac{dv}{dr}\right) = \frac{a}{\eta} r. \tag{51,15}$$

Integration liefert

$$r\frac{dv}{dr} = \frac{ar^2}{2\eta} + c_1 \tag{51,16}$$

$$v(r) = \frac{ar^2}{4\eta} + c_1 \ln r + c_2 \tag{51,17}$$

mit den beiden Integrationskonstanten c_1 und c_2. Man sieht sofort, daß $c_1 = 0$ sein muß, da anderenfalls die Geschwindigkeit v in der Rohrachse ($r = 0$) infolge des Auftretens des logarithmischen Gliedes singulär würde. Zur Bestimmung der Konstanten c_2 dient die Randbedingung für zähe Flüssigkeiten, nach der an der Rohrwand ($r = R$) die Geschwindigkeit verschwinden muß, also: $v(R) = 0$. Dies führt zu $c_2 = -aR^2/4\eta$. Damit erhält man

$$v(r) = -\frac{a}{4\eta}(R^2 - r^2). \tag{51,18}$$

Der Inhalt dieser Gleichung wird oft schlagwortartig als „parabolisches Geschwindigkeitsprofil“ bezeichnet. Betrachtet man in einem gewissen Augenblick, etwa für $t = 0$, alle einen Rohrquerschnitt ausfüllenden Flüssigkeitsteilchen, so findet man sie zu einem späteren Zeitpunkt $t > 0$ auf einem Rotationsparaboloid, das sich mit weiter zunehmender Zeit ständig verformt, aber an allen Punkten, die den Berandungskreis des für $t = 0$ betrachteten Rohrquerschnittes ausmachen, haftet (Abb. 48).

Nachdem die Geschwindigkeitsverteilung $v(r)$ bekannt, kann nun leicht die sekundliche Ausflußmenge aus

$$Q = \iint \mathfrak{v}\, d\mathfrak{f} \tag{51,19}$$

berechnet werden, wobei das Integral über den kreisförmigen Querschnitt des Rohres zu erstrecken ist. Da im vorliegenden Fall $\mathfrak{v} \parallel d\mathfrak{f}$ und $|d\mathfrak{f}| = 2\pi r\, dr$ ist, wird mit (18):

$$Q = -2\pi \frac{a}{4\eta} \int_0^R (R^2 - r^2)\, r\, dr \tag{51,20}$$

$$= -\frac{\pi a R^4}{8\eta} = \frac{\pi \cdot \Delta p \cdot R^4}{8\eta l} \tag{51,21}$$

unter Berücksichtigung von (12). Das ist das Hagen-Poiseuillesche Gesetz, mit dessen Hilfe es möglich ist, den Zähigkeitskoeffizienten η experimentell zu ermitteln.

Mit Hilfe von (21) läßt sich die über den Rohrquerschnitt gemittelte Ausflußgeschwindigkeit aus

$$Q = \bar{v} \cdot \pi R^2 \tag{51,22}$$

berechnen und liefert

$$\bar{v} = \frac{Q}{\pi R^2} = \frac{\Delta p \,.\, R^2}{8\eta l}\,. \tag{51,23}$$

Hieraus folgt für den Druckverlust Δp infolge der Reibung

$$\Delta p = 8\eta l \frac{\bar{v}}{R^2}, \tag{51,24}$$

der sich demnach als direkt proportional zu $\bar{v}$ und umgekehrt proportional zu R^2 erweist.

§ 52. Kleine Schwingungen

In § 20 wurde auf Grund (20,5) gefolgert, daß in einer Flüssigkeit keine Transversalwellen möglich sind. Diese Aussage gilt jedoch nur für eine ideale Flüssigkeit. Ist diese Voraussetzung nicht erfüllt, handelt es sich also um eine zähe Flüssigkeit, so können sich in ihr sehr wohl auch transversale Wellen ausbilden. Dies soll nachstehend gezeigt und einiges über die Eigenschaften dieser Wellen erwähnt werden.

Den Ausgangspunkt hierzu bildet natürlich die Navier-Stokessche Gleichung (50,14) in Verbindung mit der Kontinuitätsgleichung (28,6) und einer Dichte-Druck-Beziehung $\varrho = \varrho(p)$. Beschränkt man die Betrachtungen auf inkompressible Flüssigkeiten (ϱ = const), nimmt man ferner an, es wirken keine äußeren Kräfte ($\mathfrak{P} = 0$) und setzt man schließlich „kleine" Bewegungen voraus, so daß in (50,14) das nichtlineare Glied unterdrückt werden darf, so hat man

$$\varrho \frac{\partial \mathfrak{v}}{\partial t} = -\operatorname{grad} p + \eta \Delta \mathfrak{v} \qquad (52,1)$$

$$\operatorname{div} \mathfrak{v} = 0. \qquad (52,2)$$

Zur weiteren Vereinfachung nehmen wir an, $\mathfrak{v}$ habe eine feste Richtung. Legt man in diese die x-Achse eines Koordinatensystems, so wird also

$$\mathfrak{v}\{v_x = v, 0, 0\}, \qquad (52,3)$$

womit aus (1) und (2), in Komponenten geschrieben, wird:

$$\varrho \frac{\partial v}{\partial t} = -\frac{\partial p}{\partial x} + \eta \Delta v \qquad (52,4)$$

$$0 = -\frac{\partial p}{\partial y} \qquad (52,5)$$

$$0 = -\frac{\partial p}{\partial z} \qquad (52,6)$$

$$\frac{\partial v}{\partial x} = 0. \qquad (52,7)$$

Aus den letzten drei Gleichungen folgt, daß v nicht von x und p nicht von y und z abhängt, also $v = v(y, z, t)$ und

$p = p(x, t)$ ist. Vereinfachen wir die Verhältnisse noch etwas weiter, indem v als Funktion von nur **einer** Raumkoordinate, etwa y, vorausgesetzt wird, dann ist

$$v = v(y, t), \qquad p = p(x, t). \tag{52,8}$$

Hiermit wird aus (4):

$$\varrho \frac{\partial v}{\partial t} - \eta \frac{\partial^2 v}{\partial y^2} = - \frac{\partial p}{\partial x}. \tag{52,9}$$

Hieraus schließt man auf Grund der durch (8) ausgedrückten Abhängigkeiten in bekannter Weise, daß die beiden Seiten von (9) höchstens von t allein abhängen können oder gleich einer Konstanten a sind. Nimmt man das letzte an und setzt der Einfachheit halber $a = 0$, so wird insbesondere

$$\varrho \frac{\partial v}{\partial t} - \eta \frac{\partial^2 v}{\partial y^2} = 0. \tag{52,10}$$

Wir machen nun für v einen „Produktansatz" und setzen darin die Zeitabhängigkeit rein periodisch mit der Frequenz ω an. Dann wird

$$v(y, t) = f(y) \cdot e^{j\omega t} \tag{52,11}$$

Setzt man dies in (10) ein, so erhält man für $f(y)$ die einfache Differentialgleichung

$$f''(y) - \frac{j\omega\varrho}{\eta} f(y) = 0, \tag{52,12}$$

deren beide Partikularlösungen

$$f(y) \sim e^{\pm\sqrt{j \cdot \frac{\omega\varrho}{\eta}}\, y} \tag{52,13}$$

sind. Wegen

$$\sqrt{j} = \pm \frac{1 + j}{\sqrt{2}}, \tag{52,14}$$

wird damit aus (13), wenn darin zunächst nur das + Zeichen berücksichtigt wird,

$$f(y) \sim e^{\pm\sqrt{\frac{\omega\varrho}{2\eta}}\, y}\, e^{\pm j\sqrt{\frac{\omega\varrho}{2\eta}}\, y}. \tag{52,15}$$

Dies in (11) eingesetzt, liefert als eine Partikularlösung von (10) mit A als Integrationskonstante

$$v(y, t) = A e^{\pm \delta y} e^{j(\omega t \pm k y)} \tag{52,16}$$

mit den Abkürzungen

$$\delta = k = \sqrt{\frac{\omega \varrho}{2\eta}}. \tag{52,17}$$

Die zweite, auf der rechten Seite von (16) stehende e-Funktion beschreibt (nach § 4) eine Wellenausbreitung der Feldgröße v in Richtung der $\pm$ y-Achse. Da aber v als stets parallel zur x-Achse vorausgesetzt war, handelt es sich um Transversalwellen.

Aus dem diese Wellen beschreibenden Ausdruck (16), in dem wir nur das eine der beiden Vorzeichen, etwa das untere, zu betrachten brauchen, folgt in Verbindung mit (17) für die Phasengeschwindigkeit

$$c_p = \frac{\omega}{k} = \sqrt{\frac{2\eta\omega}{\varrho}} \tag{52,18}$$

und die Wellenlänge

$$\lambda = \frac{2\pi}{k} = 2\pi \sqrt{\frac{2\eta}{\omega\varrho}}. \tag{52,19}$$

Hieraus folgt (durch Elimination von ω) für

$$c_p = c_p(\lambda) = \frac{4\pi}{\lambda} \cdot \frac{\eta}{\varrho}, \tag{52,20}$$

d. h., die Phasengeschwindigkeit ist von der Wellenlänge abhängig: es tritt Dispersion auf.

Außerdem erfährt die Amplitude der Welle (16) beim Fortschreiten eine Dämpfung, wie die in (16) auftretende e-Funktion mit dem reellen Exponenten erkennen läßt. Auch der Grad der Dämpfung ist für Wellen mit verschiedenen Wellenlängen verschieden, wie leicht aus (17) zu ersehen ist, wonach der Dämpfungsfaktor

$$\delta(\lambda) = k = \frac{2\pi}{\lambda}, \tag{52,21}$$

d. h. ungefähr proportional der Wellenlänge ist. Es werden also Wellen mit kleinen Wellenlängen stärker gedämpft als Wellen mit großen Wellenlängen.

Liegt keine „monochromatische" Welle, sondern ein „Wellenpaket" vor, worunter man eine Superposition von mehreren, im allgemeinen von einer Vielzahl von Wellen verschiedener Wellenlängen versteht, so wird das Paket, wenn es eine genügend lange Strecke zurückgelegt hat, seine ursprüngliche Gestalt gänzlich verändert haben, es wird „zerlaufen" sein. Dies wird nicht nur durch die für die einzelnen Wellen verschieden große Phasengeschwindigkeit, sondern auch durch verschieden starke Dämpfung bedingt, die zur Folge hat, daß schließlich allein die Welle mit der größten Wellenlänge nur noch in Erscheinung tritt.

Man überzeugt sich leicht, daß die vorstehenden Gleichungen und daher auch die daraus gefolgerten Ergebnisse unverändert bleiben, wenn man anstelle des in (14) bisher nur berücksichtigten +Zeichens das —Zeichen verwendet.

§ 58. Bemerkungen zur Turbulenz

Es wurde bereits in § 51 bemerkt, daß Hagen und Poiseuille zu dem nach ihnen benannten Gesetz auf Grund experimenteller Untersuchungen von Flüssigkeitsströmungen durch zylindrische Rohre gelangten. Dabei beobachtete Hagen wohl als erster, daß man zwischen zwei Bewegungsarten der Flüssigkeiten zu unterscheiden hat. Hagen stellte bei seinen Untersuchungen nämlich fest, daß eine anfänglich vollkommen geordnete, in zueinander parallelen Schichten verlaufende Strömung einer Flüssigkeit ihren Charakter insofern ändern kann, als die ursprüngliche Ordnung infolge äußerer Verhältnisse (z. B. Vergrößerung des Rohrradius, Änderung der Strömungsgeschwindigkeit oder des Zähigkeitskoeffizienten, etwa durch Temperaturänderung), plötzlich aufhört und die Flüssigkeit sich dann ungeordnet und unregelmäßig bewegt. Während man die geordnete Strömung als *laminar* bezeichnet, heißt die ungeordnete Bewegung *turbulent*, welche Bezeichnung von Thomson (Lord Kelvin) und Reynolds geprägt wurde.

Man kann die beiden Bewegungsarten gut z. B. an dem von einer brennenden Zigarette aufsteigenden Rauch beobachten: befindet sich die Zigarette in einem Raum, dessen Atmosphäre unbewegt ist, so besteht in einer gewissen Umgebung von der Brennstelle der Rauch aus zueinander parallelen „Stromfäden", die oberhalb eines bestimmten Punktes vom Brennzentrum in eine Anzahl von ungeordneten, wirr durcheinander laufenden Fäden übergehen.

Obwohl sich Hagen zwar bemühte, aus dem von ihm gesammelten Beobachtungsmaterial eine Gesetzmäßigkeit zu finden, die den Übergang von der laminaren zur turbulenten Strömung festlegt, blieb er erfolglos. Vielmehr gelang dies erst Reynolds (1883), der erkannte, daß bei Strömungen durch kreiszylindrische Röhren der Umschlag von laminarer in turbulente Strömung bei einem bestimmten Betrag der dimensionslosen Größe

$$Re = \frac{vR}{\nu} = \frac{\varrho v R}{\eta} \qquad (53,1)$$

eintritt. In (1) bedeutet R (etwa) den Radius des durchströmten kreiszylindrischen Rohres, v die mittlere Strömungsgeschwindigkeit, ϱ die Dichte und η den Zähigkeitskoeffizienten der Flüssigkeit. Wir bemerken ausdrücklich, daß R lediglich einen Abstand darstellt, der — je nach der Versuchsanordnung — auch den Abstand zwischen zwei von Flüssigkeit durchströmten parallelen Platten o. dgl. bedeuten kann. Die durch (1) festgelegte Zahl Re wird heute als Reynoldssche Zahl bezeichnet. Mit Verwendung dieses Begriffes kann auf Grund der Reynoldsschen Untersuchungen als *Turbulenz-Kriterium* angegeben werden: Bei einer laminaren Strömung ist Re kleiner als ein für die betrachtete Strömung bestimmter Wert, die kritische Reynoldssche Zahl Re_k, also

$$Re < Re_k \qquad (53,2)$$

bei einer turbulenten Strömung dagegen ist

$$Re > Re_k. \qquad (53,3)$$

Um Mißverständnisse zu vermeiden, möge hervorgehoben werden, daß Re keine feste Zahl, sondern von äußeren Verhältnissen abhängig ist. Liegt etwa eine laminare Strömung vor, die bereits stark gestört ist, so wird bei ihr der Übergang zur Turbulenz bei einem kleineren *Re* eintreten, als bei einer anfänglich nur gering gestörten Strömung.

Aus dem heute vorliegenden Erfahrungsmaterial hat man erkannt, daß es für die kritische Reynoldssche Zahl eine untere Grenze gibt. Ob *Re* auch nach oben begrenzt ist, kann jedoch noch nicht mit Sicherheit gesagt werden.

Alle Fragen, die sich auf Verhalten und Eigenschaften turbulenter Strömungen in Rohren beziehen, heißen das „innere" Problem des Gesamtfragenkomplexes Turbulenz. Daneben gibt es das „äußere" Problem, womit man die Gesamtheit aller jener Fragen bezeichnet, die im Zusammenhang mit der Untersuchung von turbulenten Bewegungen steht, die bei der Umströmung eines Hindernisses auftreten. Um noch ein weiteres Problem anzugeben, nennen wir die Untersuchung solcher turbulenter Bewegungen, die durch thermische Ursachen entstehen können, wie etwa die turbulente Bewegung von ursprünglich ruhender Luft, die ungleichförmig erwärmt wird (Sonne).

Die Behandlung der eben genannten und noch vieler anderer Probleme ist Aufgabe der *Turbulenztheorie*. Diese muß insbesondere zwei Fragen beantworten können:

1. Unter welchen Bedingungen tritt Turbulenz auf und wie entsteht sie? Diese als Grundproblem der Turbulenztheorie bezeichnete Frage ist ein Stabilitätsproblem.

2. Die zweite Aufgabe der Turbulenztheorie besteht in der Beschreibung der Struktur einer turbulenten Bewegung, nachdem sie entstanden ist.

Zweifellos ist dies — ebenso wie auch das „Hauptproblem" — eine äußerst schwierige Aufgabe, was allein schon die Unregelmäßigkeit der turbulenten Bewegung, der schnelle Geschwindigkeitswechsel oder die höchst verwickelten Bahnen der Flüssigkeitsteilchen erkennen lassen. Es wird daher nicht allzu sehr verwundern, daß es trotz erheblicher Bemühungen (Burgers, Heisenberg, v. Karman u. a.) bisher noch nicht gelungen ist, eine geschlossene Theorie zu entwickeln, die die wichtigsten Fragen des Turbulenzproblems einigermaßen zufriedenstellend zu beantworten vermag.

Da es sich bei der Turbulenz um ein Teilgebiet der Hydrodynamik handelt, steht als Ausgangsgleichung die Navier-Stokessche Gleichung zur Verfügung. Es erhebt sich nun die Frage, ob diese zur Beschreibung der so extrem komplizierten Verhältnisse, wie sie bei turbulenten Bewegungen vorliegen, überhaupt ausreichend ist. Diese Frage ist bis heute noch nicht eindeutig beantwortet und die Meinungen hierüber sind durchaus geteilt. Zum Teil wird eine Auffassung vertreten, die wohl am treffendsten durch: „Wir sind heutzutage überzeugt, daß diese Navier-Stokesschen Gleichungen die erschöpfende Darstellung der gesamten Flüssigkeitserscheinungen in sich enthalten" (Sommerfeld) zum Ausdruck kommt. Indessen wird auch der entgegengesetzte Standpunkt angenommen (v. Karman u. a.), daß zur Bewältigung des Problems der Turbulenz nicht die Navier-Stokessche Gleichung, sondern die Methoden der Statistik herangezogen werden müssen.

Welche dieser beiden Ansichten zutreffend ist, und welche Fortschritte die Bemühungen, eine (vorerst einigermaßen) geschlossene Turbulenztheorie zu entwickeln, zeitigen werden, wird die Zukunft lehren.

Register

Sammlung Göschen

Gesamtverzeichnis

Jeder Band DM 3,60 · Doppelband DM 5,80
Dreifachband DM 7,80

Frühjahr 1967

Walter de Gruyter & Co · Berlin 30

Die Bände der **Sammlung Göschen** vermitteln in konzentrierter Form den grundlegenden Stoff für das Studium der einzelnen wissenschaftlichen Disziplinen. Sie sind nicht nur Hilfsmittel für die Arbeit an Universitäten und Hochschulen, sondern auch vorzüglich geeignet für Fachschulen, Arbeitskreise und zum Selbststudium. Die Fülle des Materials hat sich besonders für die Vorbereitung zu Examina und Prüfungen bewährt. Auch eine schnelle Orientierung geht hier niemals auf Kosten der Gründlichkeit.

Inhaltsübersicht

Geisteswissenschaften

Philosophie

Einführung in die Philosophie von H. Leisegang†. 6. Aufl. 146 S. 1966. (281)

Hauptprobleme der Philosophie von G. Simmel†. 8., unveränd. Aufl. 177 S. 1964. (500)

Geschichte der Philosophie

I: Die griechische Philosophie von W. Capelle. 1. Tl. Von Thales bis Leukippos. 3., erw. Aufl. Etwa 135 S. In Vorb. (857)

II: Die griechische Philosophie von W. Capelle. 2. Tl. Von der Sophistik bis zum Tode Platons. 3., stark erw. Aufl. Etwa 144 S. In Vorb (858)

III: Die griechische Philosophie von W. Capelle. 3. Tl. Vom Tode Platons bis zur Alten Stoa. 2., stark erw. Aufl. 132 S. 1954. (859)

IV: Die griechische Philosophie von W. Capelle. 4. Tl. Von der Alten Stoa bis zum Eklektizismus im 1. Jh. v. Chr 2., stark erw. Aufl. 132 S. 1954. (863)

V: Die Philosophie des Mittelalters von J. Koch. In Vorb. (826)

VI: Von der Renaissance bis Kant von K. Schilling. 234 S. 1954. (394/394a)

VII: Immanuel Kant von G. Lehmann. In Vorb. (536)

VIII: Die Philosophie des 19. Jahrhunderts von G. Lehmann. 1. Tl. 151 S. 1953. (571)

IX: Die Philosophie des 19. Jahrhunderts von G. Lehmann. 2. Tl 168 S. 1953. (709)

X: Die Philosophie im ersten Drittel des 20. Jahrhunderts 1. Tl. von G. Lehmann. 128 S. 1957. (845)

XI: Die Philosophie im ersten Drittel des 20. Jahrhunderts 2. Tl. von G. Lehmann. 114 S. 1960. (850)

Die geistige Situation der Zeit (1931) von K. Jaspers. 6. Abdr. der im Sommer 1932 bearb. 5. Aufl. 211 S. 1965. (1000)

Erkenntnistheorie von G. Kropp.
1. Teil: Allgemeine Grundlegung. 143 S. 1950. (807)

Formale Logik von P. Lorenzen. 3., durchges. u. erw. Aufl. 184 S. 1967. (1176/1176a)

Philosophisches Wörterbuch von M. Apel†. 5., völl. neu bearb. Aufl. von P. Ludz. 315 S. 1958. (1031/1031a)

Philosophische Anthropologie. Menschliche Selbstdeutung in Geschichte und Gegenwart von M. Landmann. 2., durchges. Aufl. 223 S. 1964. (156/156a)

Pädagogik, Psychologie, Soziologie

Geschichte der Pädagogik von Herm. Weimer. 17., neubearb. Aufl. von Heinz Weimer. 205 S. 1967. (145/145a)

Therapeutische Psychologie. Ihr Weg durch die Psychoanalyse von W. M. Kranefeldt. M. e. Einf. von C. G. Jung. 3. Aufl. 152 S. 1956. (1034)

Allgemeine Psychologie von Th. Erismann†. 4 Bde.
- I: Grundprobleme. 3. Aufl. 146 S. 1965. (831)
- II: Grundarten des psychischen Geschehens. 2., neubearb. Aufl. 248 S. 1959. (832/832a)
- III: Experimentelle Psychologie und ihre Grundlagen. 1. Tl. 2., neubearb. Aufl. 112 S., 7 Abb. 1962. (833)
- IV: Experimentelle Psychologie und ihre Grundlagen. 2. Tl. 2., neubearb. Aufl. 199 S., 20 Abb. 1962. (834/834a)

Soziologie. Geschichte und Hauptprobleme von L. von Wiese. 8. Aufl. 183 S. 1967. (101/101a)

Ideengeschichte der sozialen Bewegung des 19. und 20. Jh. von W. Hofmann. 243 S. 1962. (1205/1205a)

Sozialpsychologie von P.R. Hofstätter. 2. Aufl. 191 S., 18 Abb. 1964. (104/104a)

Psychologie des Berufs- und Wirtschaftslebens von W. Moede†. 190 S. 48 Abb. 1958. (851/851a)

Industrie- und Betriebssoziologie von R. Dahrendorf. 4. Aufl. 142 S., 3 Fig. 1967. (103)

Wirtschaftssoziologie von F. Fürstenberg. 122 S. 1961. (1193)

Einführung in die Sozialethik von H.-D. Wendland. 144 S. 1963. (1203)

Religion

Jesus von M. Dibelius†. 4. Aufl. m. e. Nachtr. von W. G. Kümmel. 140 S. 1966. (1130)

Paulus von M. Dibelius†. Nach dem Tode des Verf. hrsg. u. zu Ende gef. von W. G. Kümmel. 3., durchges. Aufl. 156 S. 1964. (1160)

Luther von F. Lau. 2., verb. Aufl. 153 S. 1966. (1187)

Melanchthon von R. Stupperich. 139 S. 1960. (1190)

Zwingli von F. Schmidt-Clausing. 119 S. 1965. (1219)

Sören Kierkegaard. Leben u. Werk von H. Gerdes. 134 S. 1966. (1221)

Einführung in die Konfessionskunde der orthodoxen Kirchen von K. Onasch. 291 S. 1962. (1197/1197a)

Geschichte des christlichen Gottesdienstes von W. Nagel. 215 S. 1962. (1202/1202a)

Geschichte Israels. Von den Anfängen bis zur Zerstörung des Tempels (70 n. Chr.) von E. L. Ehrlich. 2. Aufl. In Vorb. (231/231 a)

Römische Religionsgeschichte von F. Altheim. 2 Bde. 2., umgearb. Aufl.
I: Grundlagen und Grundbegriffe. 116 S. 1956. (1035)
II: Der geschichtliche Ablauf. 164 S. 1956. (1052)

Die Religion des Buddhismus von D. Schlingloff. 2 Bde.
I: Der Heilsweg des Mönchstums. 122 S., 11 Abb., 1 Kte. 1962. (174)
II: Der Heilsweg für die Welt. 129 S., 9 Abb., 1 Kte. 1963. (770)

Musik

Musikästhetik von H. J. Moser. 180 S. M. zahlr. Notenbeisp. 1953. (344)

Systematische Modulation von R. Hernried. 2. Aufl. 136 S. M. zahlr. Notenbeisp. 1950. (1094)

Der polyphone Satz von E. Pepping. 2 Bde.
I: Der cantus-firmus-Satz. 2. Aufl. 233 S. Mit zahlr. Notenbeisp. 1950. (1148)
II: Übungen im doppelten Kontrapunkt und im Kanon. 137 S. M. zahlr. Notenbeisp. 1957. (1164/1164 a)

Allgemeine Musiklehre von H. J. Moser. 2., durchges. Aufl. 155 S. M. zahlr. Notenbeisp. 1955. (220/220 a)

Harmonielehre von H. J. Moser. 2 Bde.
I: 109 S. M. 120 Notenbeisp. 1954. (809)
II: In Vorb. (810)

Die Musik des 19. Jahrhunderts von W. Oehlmann. 180 S. 1953. (170)

Die Musik des 20. Jahrhunderts von W. Oehlmann. 312 S. 1961. (171/171 a)

Technik der deutschen Gesangskunst von H. J. Moser. 3., durchges. u. verb. Aufl. 144 S., 5 Fig., sowie Tab. u. Notenbeisp. 1954. (576/576 a)

Die Kunst des Dirigierens von H. W. von Waltershausen†. 2., verm. Aufl. 138 S. M. 19 Notenbeisp. 1954. (1147)

Die Technik des Klavierspiels aus dem Geiste des musikalischen Kunstwerkes von K. Schubert†. 3. Aufl. 110 S. M. Notenbeisp. 1954. (1045)

Kunst

Stilkunde von H. Weigert. 2 Bde. 3., durchges. u. erg. Aufl.
I: Vorzeit, Antike, Mittelalter. 136 S., 94 Abb. 1958. (80)
II: Spätmittelalter und Neuzeit. 150 S., 88 Abb. 1958. (781)

Archäologie von A. Rumpf. 3 Bde.
I: Einleitung, historischer Überblick. 143 S., 6 Abb., 12 Taf. 1953. (538)
II: Die Archäologensprache. Die antiken Reproduktionen. 136 S., 7 Abb., 12 Taf. 1956. (539)
III: In Vorb. (540)

Geschichte

Einführung in die Geschichtswissenschaft von P. Kirn. 5., bearb. u. erg. Aufl. von J. Leuschner. 127 S. 1967. (270/270a)

Einführung in die Zeitgeschichte von B. Scheurig. 101 S. 1962. (1204)

Zeitrechnung der römischen Kaiserzeit, des Mittelalters und der Neuzeit für die Jahre 1—2000 n. Chr. von H. Lietzmann†. 3. Aufl., durchges. von K. Aland. 130 S. 1956. (1085)

Kultur der Urzeit von F. Behn. 3 Bde. 4. Aufl. der Kultur der Urzeit Bd. 1—3 von M. Hoernes.

I: Die vormetallischen Kulturen. (Die Steinzeiten Europas. Gleichartige Kulturen in anderen Erdteilen.) 172 S., 48 Abb. 1950. (564)

II: Die älteren Metallkulturen. (Der Beginn der Metallbenutzung, Kupfer- und Bronzezeit in Europa, im Orient und in Amerika.) 160 S., 67 Abb. 1950. (565)

III: Die jüngeren Metallkulturen. (Das Eisen als Kulturmetall, Hallstatt-Latène-Kultur in Europa. Das erste Auftreten des Eisens in den anderen Weltteilen.) 149 S. 60 Abb. 1950. (566)

Vorgeschichte Europas von F. Behn. Völl. neue Bearb. der 7. Aufl. der „Urgeschichte der Menschheit“ von M. Hoernes. 125 S., 47 Abb. 1949. (42)

Der Eintritt der Germanen in die Geschichte von J. Haller†. 3. Aufl., durchges. von H. Dannenbauer. 120 S. 6 Kartensk. 1957. (1117)

Von den Karolingern zu den Staufern. Die altdeutsche Kaiserzeit (900—1250) von J. Haller†. 4., durchges. Aufl. von H. Dannenbauer. 142 S., 4 Ktn. 1958. (1065)

Von den Staufern zu den Habsburgern. Auflösung des Reichs und Emporkommen der Landesstaaten (1250—1519) von J. Haller†. 2., durchges. Aufl. von H. Dannenbauer. 118 S., 6 Kartensk. 1960. (1077)

Deutsche Geschichte im Zeitalter der Reformation, der Gegenreformation und des dreißigjährigen Krieges von F. Hartung. 2., durchges. Aufl. 128 S. 1963. (1105)

Deutsche Geschichte von 1648—1740. Politischer und geistiger Wiederaufbau von W. Treue. 120 S. 1956. (35)

Deutsche Geschichte von 1713—1806. Von der Schaffung des europäischen Gleichgewichts bis zu Napoleons Herrschaft von W. Treue. 168 S. 1957. (39)

Deutsche Geschichte von 1806—1890. Vom Ende des alten bis zur Höhe des neuen Reiches von W. Treue. 128 S. 1961. (893)

Deutsche Geschichte von 1890 bis zur Gegenwart von W. Treue. In Vorb. (894)

Quellenkunde der Deutschen Geschichte im Mittelalter (bis zur Mitte des 15. Jahrhunderts) von K. Jacob†. 3 Bde.

I: Einleitung. Allgemeiner Teil. Die Zeit der Karolinger. 6. Aufl., bearb. von H. Hohenleutner. 127 S. 1959. (279)

II: Die Kaiserzeit (911—1250). 5. Aufl., neubearb. von H. Hohenleutner. 141 S. 1961. (280)

III: Das Spätmittelalter (vom Interregnum bis 1500). Hrsg. von F. Weden. 152 S. 1952. (284)

Geschichte Englands von H. Preller. 2 Bde.
I: bis 1815. 4., erw. Aufl Etwa 135 S., 7 Stammtaf., 2 Ktn. 1967 (375/375 a)
II: Von 1815 bis 1910. 2., völl. umgearb. Aufl. 118 S., 1 Stammtaf., 7 Ktn. 1954. (1088)

Römische Geschichte von F. Altheim. 4 Bde. 2., verb. Aufl.
I: Bis zur Schlacht bei Pydna (168 v. Chr.). 124 S. 1956. (19)
II: Bis zur Schlacht bei Actium (31 v. Chr.). 129 S. 1956. (677)
III: Bis zur Schlacht an der Milvischen Brücke (312 n. Chr.). 148 S. 1958. (679)
IV: Bis zur Schlacht am Yarmuk (636 n. Chr.). In Vorb. (684)

Geschichte der Vereinigten Staaten von Amerika von O. Graf zu Stolberg-Wernigerode. 192 S., 10 Ktn. 1956. (1051/1051 a)

Deutsche Sprache und Literatur

Geschichte der deutschen Sprache von H. Sperber. 5., neubearb. Aufl. von P. von Polenz. 136 S. 1966. (915)

Deutsches Rechtschreibungswörterbuch von M. Gottschaldt†. 2., verb. Aufl. 269 S. 1953. (200/200a)

Deutsche Wortkunde. Kulturgeschichte des deutschen Wortschatzes von A. Schirmer. 5. Aufl. von W. Mitzka. 125 S. 1965. (929)

Deutsche Sprachlehre von W. Hofstaetter. 10. Aufl. Völl. Umarb. der 8. Aufl. 150 S. 1960. (20)

Stimmkunde für Beruf, Kunst und Heilzwecke von H. Biehle. 111 S. 1955. (60)

Redetechnik. Einführung in die Rhetorik von H. Biehle. 2., erw. Aufl. 151 S. 1961. (61)

Grundlagen der Sprecherziehung von J. Jesch In Vorb. (1122/1122a)

Deutsches Dichten und Denken von der germanischen bis zur staufischen Zeit von H. Naumann†. (Deutsche Literaturgeschichte vom 5.—13. Jahrhundert.) 3., verb. Aufl. In Vorb. (1121)

Deutsches Dichten und Denken vom Mittelalter zur Neuzeit von G. Müller (1270 bis 1700). 3., durchges. Aufl. In Vorb. (1086)

Deutsches Dichten und Denken von der Aufklärung bis zum Realismus (Deutsche Literaturgeschichte von 1700—1890) von K. Viëtor†. 3., durchges. Aufl. 159 S. 1958. (1096)

Deutsche Heldensage von H. Schneider. 2. Aufl., bearb. von R. Wisniewski. 148 S. 1964. (32)

Der Nibelunge Nôt in Auswahl. Mit kurzem Wörterbuch hrsg. von K. Langosch. 11., durchges. Aufl. 166 S. 1966. (1)

Kudrun und Dietrich-Epen in Auswahl mit Wörterbuch von O. L. Jiriczek. 6. Aufl., bearb. von R. Wisniewski. 173 S. 1957. (10)

Wolfram von Eschenbach, Parzifal. Eine Auswahl mit Anmerkungen und Wörterbuch von H. Jantzen. 3. Aufl., bearb. von H. Kolb. 128 S. 1966. (921)

Hartmann von Aue. Der arme Heinrich nebst einer Auswahl aus der „Klage" dem „Gregorius" und den Liedern (mit einem Wörterverzeichnis) hrsg. von F. Maurer. 96 S. 1958. (18)

Gottfried von Straßburg. Tristan und Isolde in Auswahl hrsg. von F. Maurer. 2. Aufl. 142 S. 1965. (22)

Die deutschen Personennamen von M. Gottschaldt†. 2., verb. Aufl. 151 S. 1955. (422)

Althochdeutsches Elementarbuch. Grammatik und Texte von H. Naumann† u. W. Betz. 4., verb. u. verm. Aufl. 183 S. 1967. (1111/1111 a)

Mittelhochdeutsche Grammatik von H. de Boor u. R. Wisniewski. 5., durchges. Aufl. 150 S. 1967. (1108)

Indogermanisch, Germanisch

Indogermanische Sprachwissenschaft von H. Krahe. 2 Bde.
I: Einleitung und Lautlehre. 5. Aufl. 110 S. 1966. (59)
II: Formenlehre. 4., neubearb. Aufl. 100 S. 1963. (64)

Sanskrit-Grammatik mit sprachvergleichenden Erläuterungen von M. Mayrhofer. 2., völl. neu bearb. Aufl. 110 S. 1965. (1158/1158a)

Altirische Grammatik von J. Pokorny. 2. Aufl. In Vorb. (896/896a)

Gotisches Elementarbuch. Grammatik. Texte mit Übersetzung und Erläuterungen von H. Hempel. 4., neubearb. Aufl. 169 S. 1966. (79/79a)

Altnordisches Elementarbuch. Einführung, Grammatik, Texte (zum Teil mit Übersetzung) und Wörterbuch von F. Ranke. 3., völl. umgearb. Aufl. von D. Hofmann. 205 S. 1967. (1115/1115a/1115b)

Germanische Sprachwissenschaft von H. Krahe. 3 Bde.
I: Einleitung und Lautlehre. 6. Aufl. 147 S. 1966. (238)
II: Formenlehre. 6. Aufl. 149 S. 1967. (780)
III: Wortbildungslehre von W. Meid. 270 S. 1967. (1218/1218a/1218b)

Englisch, Romanisch

Altenglisches Elementarbuch. Einführung, Grammatik, Texte mit Übersetzung und Wörterbuch von M. Lehnert. 6., verb. Aufl. 178 S. 1965. (1125)

Mittelenglisches Elementarbuch von H. Weinstock. 1967. In Vorb. (1226/1226a/1226b)

Historische neuenglische Laut- und Formenlehre von E. Ekwall. 4., verb. Aufl. 150 S. 1965. (735)

Englische Phonetik von H. Mutschmann†. 2. Aufl., bearb. von G. Scherer. 127 S. 1963. (601)

Englische Literaturgeschichte von F. Schubel. 4 Bde.
I: Die alt- und mittelenglische Periode. 2. Aufl. Etwa 163 S. 1967. (1114/1114a)
II: Von der Renaissance bis zur Aufklärung. 160 S. 1956. (1116)
III: Romantik und Viktorianismus. 160 S. 1960. (1124)

Beowulf. Eine Auswahl mit Einführung, teilweiser Übersetzung, Anmerkungen und etymologischem Wörterbuch von M. Lehnert. 4., verb. Aufl. 135 S. 1967. (1135)

Shakespeare von P. Meißner†. 2. Aufl., neubearb. von M. Lehnert. 136 S. 1954. (1142)

Romanische Sprachwissenschaft von H. Lausberg. 4 Bde.
I: Einleitung und Vokalismus. 2., durchges. Aufl. 211 S. 1963. (128/128a)
II: Konsonantismus. 2., durchges. Aufl. 95 S. 1967. (250)
III: Formenlehre. 1. Teil. 99 S. 1962. (1199)
III: Formenlehre. 2. Teil. S. 99—260. 1962. (1200/1200a)
IV: Wortlehre. In Vorb. (1208)

Griechisch, Lateinisch

Griechische Sprachwissenschaft von W. Brandenstein. 3 Bde.
I: Einleitung, Lautsystem, Etymologie. 160 S. 1954. (117)
II: Wortbildung und Formenlehre. 192 S. 1959. (118/118a)
III: Syntax I. Einleitung. Die Flexibilien. 145 S. 1966. (924/924a)

Geschichte der griechischen Sprache. 2 Bde.
I: Bis zum Ausgang der klassischen Zeit von O. Hoffmann†. 3. Aufl., bearb. von A. Debrunner†. 156 S. 1953. (111)
II: Grundfragen und Grundzüge des nachklassischen Griechisch von A. Debrunner†. 144 S. 1954. (114)

Geschichte der griechischen Literatur von W. Nestle. 2 Bde. 3. Aufl., bearb. von W. Liebich.
I: 144 S. 1961. (70)
II: 149 S. 1963. (557)

Grammatik der neugriechischen Volkssprache von J. Kalitsunakis. 3., wes. erw. u. verb. Aufl. 196 S. 1963. (756/756a)

Neugriechisch-deutsches Gesprächsbuch von J. Kalitsunakis. 2. Aufl., bearb. von A. Steinmetz. 99 S. 1960. (587)

Geschichte der lateinischen Sprache von F. Stolz u. A. Debrunner†. 4., stark umgearb. Aufl. von W. P. Schmid. 145 S. 1966. (492/492a)

Geschichte der römischen Literatur von L. Bieler. 2., verb. Aufl. 2 Bde.
I: Die Literatur der Republik. 160 S. 1965. (52)
II: Die Literatur der Kaiserzeit. 133 S. 1965. (866)

Orientalistik, Slavistik

Die Keilschrift von B. Meissner. 3. Aufl., neubearb. von K. Oberhuber. Etwa 150 S. 1967. (708/708a/708b)

Die Hieroglyphen von A. Erman. 3. Aufl., neu bearb. von O. Krückmann. 1967. In Vorb. (608/608a/608b)

Hebräische Grammatik von R. Meyer. 3 Bde.
- I: Einleitung, Schrift- und Lautlehre. 3., neubearb. Aufl. 120 S. 1966. (763/763a/763b)
- II: Formenlehre und Flexionstabellen. 3. Aufl. In Vorb. (764/764a/764b)
- III: Satzlehre. In Vorb. (765/765a/765b)

Hebräisches Textbuch zu G. Beer-R. Meyer, Hebräische Grammatik von R. Meyer. 170 S. 1960. (769/769a)

Slavische Sprachwissenschaft von H. Bräuer. 2 Bde.
- I: Einleitung, Lautlehre. 221 S. 1961. (1191-1191a)

Vergleichende Geschichte der slavischen Literaturen von D. Tschižewskij. 2 Bde. In Vorb.
- I: Einführung. Anfänge des slavischen Schrifttums bis zum Klassizismus. (1222/1222a)
- II: Romantik bis zur Moderne. (1223/1223a)

Russische Grammatik von E. Berneker†. 6., verb. Aufl. von M. Vasmer†. 155 S. 1961. (66)

Polnische Grammatik von N. Damerau. 139 S. 1967. (942/942a)

Erd- und Länderkunde, Kartographie

Afrika von F. Jaeger. Ein geographischer Überblick. 2 Bde. 3. Aufl.
- I: Der Lebensraum. 179 S., 18 Abb. In Vorb. (910)
- II: Mensch und Kultur. 155 S., 6 Abb. In Vorb. (911)

Australien und Ozeanien von H. J. Krug. 176 S., 46 Sk. 1953. (319)

Kartographie von V. Heissler. 2. Aufl. 213 S., 125 Abb., 8 Anl. 1966. (30/30a)

Volkswirtschaft, Statistik, Publizistik

Allgemeine Betriebswirtschaftslehre von K. Mellerowicz. 4 Bde. 11. u. 12. durchges. Aufl.
- I: 224 S. 1964. (1008/1008a)
- II: 188 S. 1966. (1153/1153a)
- III: 260 S. 1967. (1154/1154a)
- IV: 209 S. 1963. (1186/1186a)

Allgemeine Volkswirtschaftslehre von A. Paulsen. 4 Bde.
- I: Grundlegung, Wirtschaftskreislauf. 7. Aufl. 159 S., 11 Abb. 1966. (1169)
- II: Haushalte, Unternehmungen, Marktformen. 7. Aufl. 172 S., 31 Abb. 1966. (1170)

III: Produktionsfaktoren. 5., neubearb. u. erg. Aufl. 228 S., 24 Abb. 1967. (1171/1171 a)
IV: Gesamtbeschäftigung, Konjunkturen, Wachstum. 4., neubearb. u. erg. Aufl. 188 S. 1966. (1172)

Übungsaufgaben mit Lösungen zu A. Paulsen, Allgemeine Volkswirtschaftslehre I/II von W. Wedig. 177 S. 1967. (1227/1227 a)

Geschichte der Volkswirtschaftslehre von S. Wendt. 2. Aufl. Etwa 182 S. 1967. (1194/1194 a)

Allgemeine Volkswirtschaftspolitik von H. Ohm. 2 Bde.
I: Systematisch-Theoretische Grundlegung. 2., verb. u. erg. Aufl. 137 S., 6 Abb. 1965. (1195)
II: Der volkswirtschaftliche Gesamtorganismus als Objekt der Wirtschaftspolitik. 180 S. 1967. (1196/1196 a)

Finanzwissenschaft von H. Kolms. 4 Bde.
I: Grundlegung, Öffentliche Ausgaben. 3., verb. Aufl. 165 S. 1966. (148)
II: Erwerbseinkünfte, Gebühren und Beiträge, Allgemeine Steuerlehre. 3., verb. Aufl. 154 S. 1966. (391)
III: Besondere Steuerlehre. 2., verb. u. erg. Aufl. 204 S. 1966. (776/776 a)
IV: Öffentlicher Kredit. Öffentlicher Haushalt. Finanzausgleich. 191 S. 1964. (782/782 a)

Finanzmathematik von M. Nicolas. 2., verb. Aufl. 192 S., 11 Taf., 8 Tab. u. 72 Beisp. 1967. (1183/1183 a)

Programmierung von Datenverarbeitungsanlagen von H. J. Schneider u. D. Jurksch. 111 S., 8 Tab., 11 Abb. 1967. (1225/1225 a)

Lineare Programmierung von H. Langen. Etwa 200 S. (1206/1206 a)

Buchhaltung und Bilanz von E. Kosiol. 2., überarb. u. veränd. Aufl. 170 S. 1967. (1213/1213 a)

Industrie- und Betriebssoziologie von R. Dahrendorf. 4. Aufl. 142 S., 3 Fig. 1967. (103)

Wirtschaftssoziologie von F. Fürstenberg. 122 S. 1961. (1193)

Psychologie des Berufs- und Wirtschaftslebens von W. Moede†. 190 S. 48 Abb. 1958. (851/851 a)

Einführung in die Arbeitswissenschaft von H. H. Hilf. 169 S., 57 Abb. 1964. (1212/1212 a)

Allgemeine Methodenlehre der Statistik von J. Pfanzagl. 2 Bde.
I: Elementare Methoden unter besonderer Berücksichtigung der Anwendungen in den Wirtschafts- und Sozialwissenschaften. 3., neubearb. Aufl. 266 S., 50 Abb. 1966. (746/746 a)
II: Höhere Methoden unter besonderer Berücksichtigung der Anwendungen in Naturwissenschaften, Medizin und Technik. 2., verb. Aufl. 315 S., 41 Abb. 1966. (747/747 a)

Zeitungslehre von E. Dovifat. 2 Bde. 5., neubearb. Aufl.
I: Theoretische und rechtliche Grundlagen — Nachricht und Meinung — Sprache und Form. 162 S. 1967. (1039/1039 a)
II: Redaktion — Die Sparten: Verlag und Vertrieb, Wirtschaft und Technik — Sicherung der öffentlichen Aufgabe. 179 S. 1967. (1040/1040 a)

Naturwissenschaften

Mathematik

Geschichte der Mathematik von J. E. Hofmann. 4 Bde.
- I: Von den Anfängen bis zum Auftreten von Fermat und Descartes. 2., verb. u. verm. Aufl. 251 S. 1963. (226/226a)
- II: Von Fermat und Descartes bis zur Erfindung des Calculus und bis zum Ausbau der neuen Methoden. 109 S. 1957. (875)
- III: Von den Auseinandersetzungen um den Calculus bis zur französischen Revolution. 107 S. 1957. (882)
- IV: Geschichte der Mathematik der neuesten Zeit von N. Stuloff. In Vorb. (883)

Mathematische Formelsammlung von F. O. Ringleb. 8., verb. Aufl. 322 S., 40 Fig. 1967. (51/51a)

Vierstellige Tafeln und Gegentafeln für logarithmisches und trigonometrisches Rechnen in zwei Farben zusammengestellt von H. Schubert und R. Haussner. 3., neubearb. Aufl. von J. Erlebach. 158 S. 1960. (81)

Fünfstellige Logarithmen mit mehreren graphischen Rechentafeln und häufig vorkommenden Zahlenwerten von A. Adler. 4. Aufl., überarb. von J. Erlebach. 127 S., 1 Taf. 1962. (423)

Arithmetik von P. B. Fischer†. 3. Aufl. von H. Rohrbach. 152 S., 19 Abb. 1958. (47)

Höhere Algebra von H. Hasse. 2 Bde. 5., neubearb. Aufl.
- I: Lineare Gleichungen. 150 S. 1963. (931)
- II: Gleichungen höheren Grades. 158 S., 5 Fig. 1967. (932)

Aufgabensammlung zur höheren Algebra von H. Hasse u. W. Klobe. 3., verb. Aufl. 183 S. 1961. (1082)

Elementare und klassische Algebra vom modernen Standpunkt von W. Krull. 2 Bde.
- I: 3., erw. Aufl. 148 S. 1963. (930)
- II: 132 S. 1959. (933)

Lineare Programmierung von H. Langen. Etwa 200 S. (1206/1206a)

Progammierung von Datenverarbeitungsanlagen von H. J. Schneider u. D. Jurksch. 111 S., 8 Tab., 11 Abb. 1967. (1225/1225a)

Algebraische Kurven und Flächen von W. Burau. 2 Bde.
- I: Algebraische Kurven der Ebene. 153 S., 28 Abb. 1962. (435)
- II: Algebraische Flächen 3. Grades und Raumkurven 3. und 4. Grades. 162 S., 17 Abb. 1962. (436/436a)

Einführung in die Zahlentheorie von A. Scholz†. Überarb. u. hrsg. von B. Schoeneberg. 4. Aufl. 128 S. 1966. (1131)

Formale Logik von P. Lorenzen. 3., durchges. u. erw. Aufl. 184 S. 1967. (1176/1176a)

Topologie von W. Franz. 2 Bde.
I: Allgemeine Topologie. 2., verb. Aufl. 144 S., 9 Fig. 1965. (1181)
II: Algebraische Topologie. 153 S. 1965. (1182/1182a)

Elemente der Funktionentheorie von K. Knopp†. 7. Aufl. 144 S., 23 Fig. 1966. (1109)

Funktionentheorie von K. Knopp†. 2 Bde. 11. Aufl.
I: Grundlagen der allgemeinen Theorie der analytischen Funktionen. 144 S., 8 Fig. 1965. (668)
II: Anwendungen und Weiterführung der allgemeinen Theorie. 130 S., 7 Fig. 1965. (703)

Aufgabensammlung zur Funktionentheorie von K. Knopp†. 2 Bde.
I: Aufgaben zur elementaren Funktionentheorie. 7. Aufl. 135 S. 1965. (877)
II: Aufgaben zur höheren Funktionentheorie. 6. Aufl. 151 S. 1964. (878)

Differential- und Integralrechnung von M. Barner. (Früher Witting). 4 Bde.
I: Grenzwertbegriff, Differentialrechnung. 2., durchges. Aufl. 176 S., 39 Fig. 1963. (86)

Gewöhnliche Differentialgleichungen von G. Hoheisel. 7., neubearb. u. erw. Aufl. 142 S. 1965. (920/920a)

Partielle Differentialgleichungen von G. Hoheisel. 4., durchges. Aufl. 128 S. 1960. (1003)

Aufgabensammlung zu den gewöhnlichen und partiellen Differentialgleichungen von G. Hoheisel. 4., neubearb. Aufl. 153 S. 1964. (1059/1059a)

Integralgleichungen von G. Hoheisel. 2., neubearb. u. erw. Aufl. 112 S. 1963. (1099)

Mengenlehre von E. Kamke. 5. Aufl. 194 S., 6 Fig. 1965. (999/999a)

Gruppentheorie von L. Baumgartner. 4., erw. Aufl. 190 S., 3 Taf. 1964. (837/837a)

Ebene und sphärische Trigonometrie von G. Hessenberg†. 5. Aufl. durchges. von H. Kneser. 172 S., 60 Fig. 1957 (99)

Darstellende Geometrie von W. Haack. 3 Bde.
I: Die wichtigsten Darstellungsmethoden. Grund- und Aufriß ebenflächiger Körper. 6. Aufl. 113 S., 120 Abb. 1967. (142)
II: Körper mit krummen Begrenzungsflächen. Kotierte Projektionen. 4., durchges. Aufl. 129 S., 86 Abb. 1965. (143)
III: Axonometrie und Perspektive. 3. Aufl. 129 S., 100 Abb. 1965. (144)

Analytische Geometrie von K. P. Grotemeyer. 3., neubearb. Aufl. 218 S., 73 Abb. 1964. (65/65a)

Nichteuklidische Geometrie. Hyperbolische Geometrie der Ebene von R. Baldus†. 4. Aufl., bearb. u. erg. von F. Löbell. 158 S., 75 Fig. 1964. (970/970a)
Differentialgeometrie von K. Strubecker. 3 Bde.
I: Kurventheorie der Ebene und des Raumes. 2., erw. Aufl. 253 S., 45 Fig. 1964. (1113/1113a)
II: Theorie der Flächenmetrik. 195 S., 14 Fig. 1958. (1179/1179a)
III: Theorie der Flächenkrümmung. 254 S., 38 Fig. 1959. (1180/1180a)
Variationsrechnung von L. Koschmieder. 2 Bde. 2., neubearb. Aufl.
I: Das freie und gebundene Extrem einfacher Grundintegrale. 128 S., 23 Fig. 1962. (1074)
II: Anwendung klassischer Verfahren auf allgemeine Fragen des Extrems. — Neuere unmittelbare Verfahren. In Vorb. (1075)
Einführung in die konforme Abbildung von L. Bieberbach. 6. Aufl. Etwa 180 S., 42 Fig. 1967. In Vorb. (768/768a)
Vektoren und Matrizen von S. Valentiner. 4. Aufl. (11., erw. Aufl der „Vektoranalysis"). Mit Anh.: Aufgaben zur Vektorrechnung von H. König. 206 S., 35 Fig. 1967. (354/354a)
Wahrscheinlichkeitstheorie und Grundzüge der Maßtheorie von H. Bauer. 2 Bde.
I: 154 S. 1964. (1216/1216a)
II: In Vorb. (1217)
Versicherungsmathematik von F. Böhm. 2 Bde.
I: Elemente der Versicherungsrechnung. 3., verm. u. verb. Aufl. Durchges. Neudr. 151 S. 1953. (180)
II: Lebensversicherungsmathematik. Einführung in die technischen Grundlagen der Sozialversicherung. 2., verb. u. verm. Aufl. 205 S. 1953. (917/917a)
Finanzmathematik von M. Nicolas, 2., verb. Aufl. 192 S., 11 Taf., 8 Tab. u. 72 Beisp. 1967. (1183/1183a)
Kinematik von H. R. Müller. 171 S., 75 Fig. 1963. (584/584a)

Physik

Einführung in die theoretische Physik von W. Döring. 5 Bde.
I: Mechanik. 3., verb. Aufl. 125 S., 23 Abb. 1965. (76)
II: Das elektromagnetische Feld. 2., verb. Aufl. 132 S., 15 Abb. 1962. (77)
III: Optik. 2., verb. Aufl. 117 S., 32 Abb. 1963. (78)
IV: Thermodynamik. 2., verb. Aufl. 107 S., 9 Abb. 1964. (374)
V: Statistische Mechanik. 2., umgearb. Aufl. 117 S., 10 Abb. 1966. (1017)
Mechanik deformierbarer Körper von M. Päsler. 199 S., 48 Abb. 1960. (1189/1189a)
Atomphysik von K. Bechert, Ch. Gerthsen† u. A. Flammersfeld. 7 Bde. 4., durchges. Aufl.
I: Allgemeine Grundlagen. 1. Teil von A. Flammersfeld. 124 S., 35 Abb. 1959. (1009)
II: Allgemeine Grundlagen. 2. Teil von A. Flammersfeld. 112 S., 47 Abb. 1963. (1033)

III: Theorie des Atombaus. 1. Teil von K. Bechert. 148 S., 16 Abb. 1963. (1123/1123a)
IV: Theorie des Atombaus. 2. Teil von K. Bechert. 170 S., 14 Abb. 1963. (1165/1165a)

Differentialgleichungen der Physik von F. Sauter. 4., durchges. u. erg. Aufl. 147 S., 16 Fig. 1966. (1070)

Physikalische Formelsammlung von G. Mahler†. Fortgef. von K. Mahler. Neubearb. von H. Graewe. 11. Aufl. 167 S., 69 Fig. 1963. (136)

Physikalische Aufgabensammlung mit Ergebnissen von G. Mahler†. Fortgef. von K. Mahler. Neubearb. von H. Graewe. 12. Aufl. 141 S. 1964. (243)

Chemie

Geschichte der Chemie in kurzgefaßter Darstellung von G. Lockemann. 2 Bde. 2. Aufl.
I: Vom Altertum bis zur Entdeckung des Sauerstoffs. 142 S., 4 Bildn. In Vorb. (264)
II: Von der Entdeckung des Sauerstoffs bis zur Gegenwart. 151 S., 16 Bildn. In Vorb. (265/265a)

Anorganische Chemie von W. Klemm. 14. Aufl. 255 S., 34 Abb. 1967. (37/37a)

Organische Chemie von W. Schlenk jun. 10., erw. Aufl. 273 S., 16 Abb. 1965. (38/38a)

Physikalische Methoden in der Organischen Chemie von G. Kresze. 2 Bde.
I: 119 S., 65 Abb. 1962. (44)
II: 164 S. 1962. (45/45a)

Allgemeine und physikalische Chemie von W. Schulze. 2 Bde.
I: 6., verb. Aufl. 139 S., 10 Fig. 1964. (71)
II: 6., verb. Aufl. 178 S., 37 Fig. In Vorb. (698/698a)

Molekülbau. Theoretische Grundlagen und Methoden der Strukturermittlung von W. Schulze. 123 S., 43 Fig. 1958. (786)

Einfache Versuche zur allgemeinen und physikalischen Chemie von E. Dehn. 371 Versuche m. 40 Abb. 272 S. 1962. (1201/1201a)

Physikalisch-chemische Rechenaufgaben von E. Asmus. 4., verb. Aufl. 96 S. 1967. (445)

Maßanalyse. Theorie und Praxis der klassischen und der elektrochemischen Titrierverfahren von G. Jander und K. F. Jahr. 11., durchges. Aufl., mitbearb. von H. Knoll. 359 S., 56 Fig. 1966. (221/221a)

Qualitative Analyse von H. Hofmann u. G. Jander. 2., durchges. u. verb. Aufl. 308 S., 5 Abb. 1963. (247/247a)

Stöchiometrische Aufgabensammlung von W. Bahrdt† u. R. Scheer. Mit den Ergebnissen. 9., durchges. Aufl. Etwa 119 S. 1967. (452/452a)

Elektrochemie von K. Vetter. 2 Bde.
I: In Vorb. (252)
II: In Vorb. (253)

Geochemie von K. H. Wedepohl. 221 S., 26 Abb., 37 Tab. 1967. (1224/1224a/1224b)

Kristallchemie von J. Zemann. 144 S., 90 Abb. 1966. (1220/1220a)

Technologie

Die Chemie der Kunststoffe von K. Hamann, unt. Mitarb. von W. Funke u. H. D. Hermann. 2. Aufl. 143 S. 1967. In Vorb. (1173/1173a)

Warenkunde von K. Hassak u. E. Beutel†. 2 Bde.
- I: Anorganische Waren sowie Kohle und Erdöl. 8. Aufl. Neubearb. von A. Kutzelnigg. 119 S., 18 Fig. 1958. (222)
- II: Organische Waren. 8. Aufl. Vollst. neu bearb. von A. Kutzelnigg. 157 S., 32 Fig. 1959. (223)

Die Fette und Öle von Th. Klug. 6., verb. Aufl. 143 S. 1961. (335)

Die Seifenfabrikation von K. Braun†. 3., neubearb. u. verb. Aufl. von Th. Klug. 116 S., 18 Abb. 1953. (336)

Thermische Verfahrenstechnik von H. Bock. 3 Bde.
- I: Eigenschaften und Verhalten der realen Stoffe. 184 S., 28 Abb. 1963. (1209/1209a)
- II: Funktion und Berechnung der elementaren Geräte. 195 S., 54 Abb. 1964. (1210/1210a)
- III: Fließbilder, ihre Funktion und ihr Zusammenbau aus Geräten. 224 S., 67 Abb. 1965. (1211/1211a)

Textilindustrie von A. Blümcke.
- I: Spinnerei und Zwirnerei. 111 S., 43 Abb. 1954. (184)

Biologie

Einführung in die allgemeine Biologie und ihre philosophischen Grund- und Grenzfragen von M. Hartmann. 2., unveränd. Aufl. 132 S., 2 Abb. 1965. (96)

Hormone von G. Koller. 2., neubearb. u. erw. Aufl. 187 S., 60 Abb., 19 Tab. 1949. (1141)

Fortpflanzung im Tier- und Pflanzenreich von J. Hämmerling. 2., erg. Aufl. 135 S., 101 Abb. 1951. (1138)

Geschlecht und Geschlechtsbestimmung im Tier- und Pflanzenreich von M. Hartmann. 2., verb. Aufl. 116 S., 61 Abb., 7 Tab. 1951. (1127)

Symbiose der Tiere mit pflanzlichen Mikroorganismen von P. Buchner. 2., verb. u. verm. Aufl. 130 S., 121 Abb. 1949. (1128)

Grundriß der allgemeinen Mikrobiologie von W. u. A. Schwartz. 2 Bde. 2., verb. u. erg. Aufl.
- I: 147 S., 25 Abb. 1960. (1155)
- II: 142 S., 29 Abb. 1961. (1157)

Botanik

Entwicklungsgeschichte des Pflanzenreiches von H. Heil. 2. Aufl. 138 S., 94 Abb., 1 Tab. 1950. (1137)

Morphologie der Pflanzen von L. Geitler. 3., umgearb. Aufl. 126 S., 114 Abb. 1953. (141)

Pflanzengeographie von L. Diels†. 5., völl. neu bearb. Aufl. von F. Mattick. 195 S., 2 Ktn. 1958. (389/389a)

Die Laubhölzer. Kurzgefaßte Beschreibung der in Mitteleuropa gedeihenden Laubbäume und Sträucher von F. W. Neger† und E. Münch†. 3., durchges. Aufl., hrsg. von B. Huber. 143 S., 63 Fig., 7 Tab. 1950. (718)

Die Nadelhölzer (Koniferen) und übrigen Gymnospermen von F. W. Neger† und E. Münch†. 4. Aufl., durchges. u. erg. von B. Huber. 140 S., 75 Fig., 4 Tab., 3 Ktn. 1952. (355)

Pflanzenzüchtung von H. Kuckuck. 2 Bde.
- I: Grundzüge der Pflanzenzüchtung. 3., völl. umgearb. u. erw. Aufl. 132 S., 22 Abb. 1952. (1134)
- II: Spezielle gartenbauliche Pflanzenzüchtung (Züchtung von Gemüse, Obst und Blumen). 178 S., 27 Abb. 1957. (1178/1178a)

Zoologie

Entwicklungsphysiologie der Tiere von F. Seidel. 2 Bde. 2. Aufl.
- I: Ei und Furchung. Etwa 160 S., 61 Abb. (1162)
- II: Körpergrundgestalt und Organbildung. In Vorb. (1163)

Vergleichende Physiologie der Tiere von K. Herter. 2 Bde. 4. Aufl. der „Tierphysiologie".
- I: Stoff- und Energiewechsel. Neu bearb. von K. Urich. 158 S., 61 Abb. 1966. (972/972a)
- II: Bewegung und Reizerscheinungen. Neu bearb. von G. Birukow. In Vorb. (973)

Das Tierreich
- I: Einzeller, Protozoen von E. Reichenow. 115 S., 59 Abb. 1956. (444)
- II: Schwämme und Hohltiere von H. J. Hannemann. 95 S., 80 Abb. 1956. (442)
- III: Würmer. Platt-, Hohl-, Schnurwürmer, Kamptozoen, Ringelwürmer, Protracheaten, Bärtierchen, Zungenwürmer von S. Jaeckel. 114 S., 36 Abb. 1955. (439)
- IV, 1: Krebse von H. E. Gruner und K. Deckert. 114 S., 43 Abb. 1956. (443)
- IV, 2: Spinnentiere (Trilobitomorphen, Fühlerlose) und Tausendfüßler von A. Kaestner. 96 S., 55 Abb. 1955. (1161)
- IV, 3: Insekten von H. von Lengerken. 2., neubearb. Aufl. 140 S., 59 Abb. 1966. (594)
- V: Weichtiere. Urmollusken, Schnecken, Muscheln und Kopffüßer von S. Jaeckel. 92 S., 34 Fig. 1954. (440)

VI: Stachelhäuter. Tentakulaten, Binnenatmer und Pfeilwürmer von S. Jaeckel. 100 S., 46 Abb. 1955. (441)
VII, 1: Manteltiere, Schädellose, Rundmäuler von H. Fechter. In Vorb. (448)
VII, 2: Fische von D. Lüdemann. 130 S., 65 Abb. 1955. (356)
VII, 3: Lurche (Chordatiere) von K. Herter. 143 S., 129 Abb. 1955. (847)
VII, 4: Kriechtiere (Chordatiere) von K. Herter. 200 S., 142 Abb. 1960. (447/447 a)
VII, 5: Vögel (Chordatiere) von H.-A. Freye. 156 S., 69 Fig. 1960. (869)
VII, 6: Säugetiere (Chordatiere) von Th. Haltenorth. In Vorb. (282)

Land- und Forstwirtschaft

Landwirtschaftliche Tierzucht. Die Züchtung und Haltung der landwirtschaftlichen Nutztiere von H. Vogel. 139 S., 11 Abb. 1952. (228)

Kulturtechnische Bodenverbesserungen von O. Fauser. 2 Bde. 5., verb. u. verm. Aufl.
I: Allgemeines, Entwässerung. 127 S., 49 Abb. 1959. (691)
II: Bewässerung, Ödlandkultur, Flurbereinigung. 159 S., 71 Abb. 1961. (692)

Agrikulturchemie von K. Scharrer. 2 Bde.
I: Pflanzenernährung. 143 S. 1953. (329)
II: Futtermittelkunde. 192 S. 1956. (330/330a)

Geologie, Mineralogie, Kristallographie

Geologie von F. Lotze. 3., verb. Aufl. 179 S., 80 Abb. 1965. (13/13a)

Mineral- und Erzlagerstättenkunde von H. Huttenlocher†. 2 Bde. 2., neubearb. Aufl. von P. Ramdohr.
I: 137 S., 40 Abb., 2 Tab. 1965. (1014/1014a)
II: 135 S., 41 Abb. 1965. (1015/1015a)

Allgemeine Mineralogie. 11., erw. Aufl. der „Mineralogie" von R. Brauns† neubearb. von K. F. Chudoba. 152 S., 143 Textfig., 1 Taf., 3 Tab. 1963. (29/29 a)

Spezielle Mineralogie. 11., erw. Aufl. der „Mineralogie" von R. Brauns†, bearb. von K. F. Chudoba. 193 S., 127 Textfig., 6 Tab. 1964. (31/31 a)

Petrographie (Gesteinskunde) von W. Bruhns†. Neubearb. von P. Ramdohr. 6., erw. Aufl. 141 S., 21 Fig. 1966. (173)

Geochemie von K. H. Wedepohl. 221 S., 26 Abb., 37 Tab. 1967. (1224/1224 a/1224 b)

Kristallchemie von J. Zemann. 144 S., 90 Abb. 1966. (1220/1220a)

Kristallographie von W. Bruhns†. 6. Aufl., neubearb. von P. Ramdohr. 115 S., 164 Abb. 1965. (210)

Einführung in die Kristalloptik von E. Buchwald. 5., verb. Aufl. 128 S., 117 Fig. 1963 (619/619a)

Lötrohrprobierkunde. Mineraldiagnose mit Lötrohr und Tüpfelreaktion von M. Henglein. 4., durchges. u. erw. Aufl. 108 S., 12 Fig. 1962. (483)

Technik

Graphische Darstellung in Wissenschaft und Technik von M. Pirani. 3., erw. Aufl. bearb. von J. Fischer unt. Benutzg. der von I. Runge bes. 2. Aufl. 216 S., 104 Abb. 1957. (728/728a)

Technische Tabellen und Formeln von W. Müller. 5., verb. u. erw. Aufl. von E. Schulze. 165 S., 114 Abb., 99 Taf. 1962. (579)

Einführung in die Arbeitswissenschaft von H. H. Hilf. 164 S., 57 Abb. 1964. (1212/1212a)

Grundlagen der Straßenverkehrstechnik. Theorie der Leistungsfähigkeit von E. Engel. 101 S., 55 Abb. 1962. (1198)

Elektrotechnik

Grundlagen der allgemeinen Elektrotechnik von O. Mohr. 3. Aufl. 260 S., 136 Bild., 14 Taf. 1965. (196/196a)

Die Gleichstrommaschine von K. Humburg. 2 Bde. 2., durchges. Aufl.
I: 102 S., 59 Abb. 1956. (257)
II: 101 S., 38 Abb. 1956. (881)

Die Synchronmaschine von W. Putz. 92 S., 64 Bild. 1962. (1146)

Induktionsmaschinen von F. Unger. 2., erw. Aufl. 142 S., 49 Abb. 1954. (1140)

Die komplexe Berechnung von Wechselstromschaltungen von H. H. Meinke. 3., neubearb. Aufl. 185 S., 126 Abb. 1965. (1156/1156a)

Theoretische Grundlagen zur Berechnung der Schaltgeräte von F. Kesselring. 4. Aufl. In Vorb. (711/711a)

Einführung in die Technik selbsttätiger Regelungen von W. zur Megede. 3., überarb. u. erw. Aufl. Etwa 180 S., 86 Abb. 1967. In Vorb. (714/714a)

Elektromotorische Antriebe von W. Meyer. In Vorb. (827/827a)

Überspannungen und Überspannungsschutz von G. Frühauf. Durchges. Neudr. 122 S., 98 Abb. 1950. (1132)

Elektrische Höchstspannungs-Schaltanlagen. Für Freiluft und Innenanordnung von G. Meiners u. K.-H. Wiesenewsky. 138 S., 58 Abb. 1964. (796/796a)

Transformatoren von W. Schäfer. 5., überarb. u. erg. Aufl. Etwa 130 S., 73 Abb. 1967. (952/952a)

Maschinenbau

Thermische Verfahrenstechnik von H. Bock. 3 Bde.
- I: Eigenschaften und Verhalten der realen Stoffe. 184 S., 28 Abb. 1963. (1209/1209a)
- II: Funktion und Berechnung der elementaren Geräte. 195 S., 54 Abb. 1964. (1210/1210a)
- III: Fließbilder, ihre Funktion und ihr Zusammenbau aus Geräten. 224 S., 67 Abb. 1965. (1211/1211a)

Technische Thermodynamik von U. Grigull. 171 S., 74 Abb. 1966. (1084/1084a)

Metallkunde von H. Borchers. 3 Bde.
- I: Aufbau der Metalle und Legierungen. 6. Aufl. 120 S., 90 Abb., 2 Tab. 1964. (432)
- II: Eigenschaften, Grundzüge der Form- und Zustandsgebung. 5., erg. u. durchges. Aufl. 182 S., 107 Abb., 10 Tab. 1963. (433/433a)
- III: Die metallkundlichen Untersuchungsmethoden von E. Hanke. In Vorb. (434)

Die Werkstoffe des Maschinenbaues von A. Thum† und C. M. v. Meysenbug. 2 Bde.
- I: Einführung in die Werkstoffprüfung. 2., neubearb. Aufl. 100 S., 7 Tab. 56 Abb. 1956. (476)
- II: Die Konstruktionswerkstoffe. 132 S., 40 Abb. 1959. (936)

Dynamik von W. Müller. 2 Bde. 2., verb. Aufl.
- I: Dynamik des Einzelkörpers. 128 S., 48 Fig. 1952. (902)
- II: Systeme von starren Körpern. 102 S., 41 Fig. 1952. (903)

Technische Schwingungslehre von L. Zipperer. 2 Bde. 2., neubearb. Aufl.
- I: Allgemeine Schwingungsgleichungen, einfache Schwinger. 120 S., 101 Abb. 1953. (953)
- II: Torsionsschwingungen in Maschinenanlagen. 102 S., 59 Abb. 1955. (961/961a)

Werkzeugmaschinen für Metallbearbeitung von K. P. Matthes. 2 Bde.
- I: 100 S., 27 Abb., 11 Zahlentaf., 1 Tafelanh. 1954. (561)
- II: Fertigungstechnische Grundlagen der neuzeitlichen Metallbearbeitung. 101 S., 30 Abb., 5 Taf. 1955. (562)

Das Maschinenzeichnen mit Einführung in das Konstruieren von W. Tochtermann. 2 Bde. 4. Aufl.
- I: Das Maschinenzeichnen. 156 S., 75 Taf. 1950 (589)
- II: Ausgeführte Konstruktionsbeispiele 130 S., 58 Taf. 1950. (590)

Die Maschinenelemente von E. A. vom Ende†. 4., überarb. Aufl. 184 S., 179 Fig., 11 Taf. 1963. (3/3a)

Die Maschinen der Eisenhüttenwerke von L. Engel. 156 S., 95 Abb. 1957. (583/583a)

Walzwerke von H. Sedlaczek† unt. Mitarb. von F. Fischer u. M. Buch. 232 S., 157 Abb. 1958. (580/580a)

Getriebelehre von P. Grodzinski†. 2 Bde. 3., neubearb. Aufl. von G. Lechner.
- I: Geometrische Grundlagen. 164 S., 131 Fig. 1960. (1061)
- II: Angewandte Getriebelehre. In Vorb (1062)

Kinematik von H. R. Müller. 171 S., 75 Fig. 1963. (584/584a)

Gießereitechnik von H. Jungbluth. 2 Bde.
I: Eisengießerei. 126 S., 44 Abb. 1951. (1159)

Die Dampfkessel einschließlich Feuerungen und Hilfseinrichtungen. Physikalische und chemische Grundlagen, Berechnung und Konstruktion, Vorschriften und Beispiele von W. Marcard. 3., neubearb. Aufl. von G. Beyer 2 Bde.
I: Physikalische und chemische Grundlagen, Wärmelehre, Wärmeübertragung, Verbrennung. 133 S., 35 Bild., 26 Tab. 1964. (9/9a)
II: Berechnung und Konstruktion. Dampfkessel, Hilfseinrichtungen. Feuerungen, Berechnung. 108 S., 45 Bild. 1966. (521/521a)

Die Dampfturbinen. Ihre Wirkungsweise, Berechnung und Konstruktion von C. Zietemann. 3 Bde.
I: Theorie der Dampfturbinen. 4. Aufl 139 S., 48 Abb. In Vorb. (274)
II: Die Berechnung der Dampfturbinen und die Konstruktion der Einzelteile. 4., verb. Aufl. 132 S. 111 Abb. In Vorb. (715)
III: Die Regelung der Dampfturbinen, die Bauarten, Turbinen für Sonderzwecke, Kondensationsanlagen. 3., verb. Aufl. 126 S., 90 Abb. 1956. (716)

Verbrennungsmotoren von W. Endres. 3 Bde
I: Überblick. Motor-Brennstoffe, Verbrennung im Motor allgemein, im Otto- und Diesel-Motor, 153 S., 57 Abb. 1958. (1076/1076a)
II: Gaswechselvorgang. Aufladen, Leistung, mittl. Druck Reibung. Wirkungsgrade und Kraftstoffverbrauch. 152 S., 62 Abb. 1966. (1184/1184a)
III: Die Einzelteile des Verbrennungsmotors. In Vorb. (1185/1185a)

Autogenes Schweißen und Schneiden von H. Niese. 5. Aufl., neubearb. von A. Küchler. 136 S., 71 Fig. 1953. (499)

Die elektrischen Schweißverfahren von H. Niese. 2. Aufl., neubearb. von H. Dienst. 136 S. 58 Abb. 1955. (1020)

Die Hebezeuge. Entwurf von Winden und Kranen von G. Tafel. 2., verb. Aufl. 176 S., 230 Fig. 1954. (414/414a)

Vermessungswesen

Vermessungskunde von W. Großmann. 3 Bde.
I: Stückvermessung und Nivellieren. 12., verb. Aufl. 156 S., 122 Fig. 1965., (468)
II: Horizontalaufnahmen und ebene Rechnungen. 10., verb. Aufl. 149 S., 101 Fig. 1967. (469/469a)
III: Trigonometrische und barometrische Höhenmessung. Tachymetrie und Absteckungen. 8., verb. Aufl. 140 S., 102 Fig. 1965. (862)

Kartographie von V. Heissler. 2 Aufl. 213 S., 125 Abb., 8 Anl. 1966. (30/30a)

Photogrammetrie von G. Lehmann. 2., neubearb. Aufl. 205 S., 136 Abb. 1966. (1188/1188a)

Wasserbau

Wasserkraftanlagen von A. Ludin unt. Mitarb. von W. Borkenstein. 2 Bde.
I: Planung, Grundlagen und Grundzüge. 124 S., 60 Abb. 1955. (665)
II: Anordnung und Ausbildung der Hauptbauwerke. 184 S., 91 Abb. 1958. (666/666 a)

Verkehrswasserbau von H. Dehnert. 3 Bde.
I: Entwurfsgrundlagen, Flußregelungen. 103 S., 53 Abb. 1950. (585)
II: Flußkanalisierung und Schiffahrtskanäle. 94 S., 60 Abb. 1950. (597)
III: Schleusen und Hebewerke. 98 S., 70 Abb. 1950. (1152)

Wehr- und Stauanlagen von H. Dehnert. 134 S., 90 Abb. 1952. (965)

Talsperren von F. Tölke. 122 S., 70 Abb. 1953. (1044)

Hoch- und Tiefbau

Die wichtigsten Baustoffe des Hoch- und Tiefbaus von O. Graf†. 4., verb. Aufl. 131 S., 63 Abb. 1953. (984)

Baustoffverarbeitung und Baustellenprüfung des Betons von A. Kleinlogel. 2., neubearb. u. erw. Aufl. 126 S., 35 Abb. 1951. (978)

Festigkeitslehre. 2 Bde.
I: Elastizität, Plastizität und Festigkeit der Baustoffe und Bauteile von W. Gehler† u. W. Herberg. Durchges. u. erw. Neudr. 159 S., 118 Abb. 1952. (1144)
II: Formänderung, Platten, Stabilität und Bruchhypothesen von W. Herberg und N. Dimitrov. 187 S., 94 Abb. 1955. (1145/1145 a)

Grundlagen des Stahlbetonbaues von A. Troche. 2., neubearb. u. erw. Aufl. 208 S., 75 Abb., 17 Bemessungstaf., 20 Rechenbeisp. 1953. (1078)

Statik der Baukonstruktionen von A. Teichmann. 3 Bde.
I: Grundlagen. 101 S., 51 Abb., 8 Formeltaf. 1956. (119)
II: Statisch bestimmte Stabwerke. 107 S., 52 Abb., 7 Taf. 1957. (120)
III: Statisch unbestimmte Systeme. 112 S., 34 Abb., 7 Formeltaf. 1958. (122)

Fenster, Türen, Tore aus Holz und Metall. Eine Anleitung zu ihrer guten Gestaltung, wirtschaftlichen Bemessung und handwerksgerechten Konstruktion von W. Wickop†. 5. Aufl. In Vorb. (1092)

Heizung und Lüftung von W. Körting. 2 Bde., neubearb. Aufl.
I: Das Wesen und die Berechnung der Heizungs- und Lüftungsanlagen. 171 S., 29 Abb., 36 Zahlentaf. 1962. (342/342a)
II: Die Ausführung der Heizungs- und Lüftungsanlagen. In Vorb. (343)

Industrielle Kraft- und Wärmewirtschaft von F. A. F. Schmidt u. A. Beckers. 167 S., 73 Abb. 1957. (318/318a)

Sammlung Göschen / Bandnummernfolge

1 Langosch, Der Nibelunge Nôt
3/3a v. Ende, Maschinenelemente
9/9a Marcard-Beyer, Dampfkessel I
10 Jiriczek-Wisniewski, Kudrun und Dietrich-Epen
13/13a Lotze, Geologie
18 Maurer, Hartmann von Aue, Der arme Heinrich
19 Altheim, Römische Geschichte I
20 Hofstaetter, Dt. Sprachlehre
22 Maurer, Gottfried von Strassburg
29/29a Brauns-Chudoba, Allgemeine Mineralogie
30/30a Heissler, Kartographie
31/31a Brauns-Chudoba, Spezielle Mineralogie
32 Schneider-Wisniewski, Deutsche Heldensage
35 Treue, Dt. Geschichte von 1648 bis 1740
37/37a Klemm, Anorgan. Chemie
38/38a Schlenk, Organische Chemie
39 Treue, Dt. Geschichte von 1713 bis 1806
42 Behn-Hoernes, Vorgeschichte Europas
44 Kresze, Physikal. Meth. in der Organ. Chemie I
45/45a Kresze, Physikal. Meth. in der Organ. Chemie II
47 Fischer-Rohrbach, Arithmetik
51/51a Ringleb, Mathem. Formelsammlung
52 Bieler, Röm. Literaturgesch. I
59 Krahe, Indogerm. Sprachwiss. I
60 Biehle, Stimmkunde
61 Biehle, Redetechnik
64 Krahe, Indogerm. Sprachwiss. II
65/65a Grotemeyer, Analyt. Geometrie
66 Berneker-Vasmer, Russische Grammatik
70 Nestle-Liebich, Gesch. d. griechischen Literatur I
71 Schulze, Allgemeine und physikalische Chemie I
76 Döring, Einf. i. d. th. Physik I
77 Döring, Einf. i. d. th. Physik II
78 Döring, Einf. i. d. th. Physik III
79/79a Hempel, Got. Elementarbuch
80 Weigert, Stilkunde I
81 Schubert-Haussner-Erlebach, Vierstell. Logarithmentafeln
86 Barner, Differential- u. Integralrechnung I
96 Hartmann, Einf. in die allgem. Biologie
99 Hessenberg-Kneser, Ebene und sphär. Trigonometrie
101/101a Wiese, Soziologie
103 Dahrendorf, Industrie- und Betriebssoziologie
104/104a Hofstätter, Sozialpsychologie
111 Hoffmann-Debrunner, Gesch. d. griechischen Sprache I
114 Debrunner, Gesch. der griechischen Sprache II
117 Brandenstein, Griechische Sprachwissenschaft I
118/118a Brandenstein, Griechische Sprachwissenschaft II
119 Teichmann, Statik der Baukonstruktionen I
120 Teichmann, Statik der Baukonstruktionen II
122 Teichmann, Statik der Baukonstruktionen III
128/128a Lausberg, Romanische Sprachwissenschaft I

136 Mahler-Graewe, Physikal. Formelsammlung
141 Geitler, Morphologie der Pflanzen
142 Haack, Darst. Geometrie I
143 Haack, Darst. Geometrie II
144 Haack, Darst. Geometrie III
145/145a Weimer, Gesch. der Pädagogik
148 Kolms, Finanzwissenschaft I
156/156a Landmann, Philosophische Anthropologie
170 Oehlmann, Musik des 19. Jhs.
171/171a Oehlmann, Musik des 20. Jhs.
173 Bruhns-Ramdohr, Petrographie
174 Schlingloff, Religion des Buddhismus I
180 Böhm, Versicherungsmathem. I
184 Blümcke, Textilindustrie I
196/196a Mohr, Grundlagen der allgem. Elektrotechnik
200/200a Gottschald, Dt. Rechtschreibungswörterbuch
210 Bruhns-Ramdohr, Kristallographie
220/220a Moser, Allg. Musiklehre
221/221a Jander-Jahr-Knoll, Maßanalyse
222 Hassak-Beutel-Kutzelnigg, Warenkunde I
223 Hassak-Beutel-Kutzelnigg, Warenkunde II
226/226a Hofmann, Gesch. der Mathematik I
228 Vogel, Landw. Tierzucht
231/231a Ehrlich, Geschichte Israels
238 Krahe, German. Sprachwiss. I
243 Mahler-Graewe, Physikal. Aufgabensammlung
247/247a Hofmann-Jander, Qualitative Analyse
250 Lausberg, Romanische Sprachwissenschaft II
252 Vetter, Elektrochemie I
253 Vetter, Elektrochemie II
257 Humburg, Gleichstrommaschine I
264 Lockemann, Gesch. der Chemie I
265/265a Lockemann, Geschichte der Chemie II
270/270a Kirn-Leuschner, Einführung in die Geschichtswissenschaft
274 Zietemann, Dampfturbinen I
279 Jacob-Hohenleutner, Quellenkunde der deutschen Geschichte I
280 Jacob-Hohenleutner, Quellenkunde der deutschen Geschichte II
281 Leisegang, Einführung in die Philosophie
282 Haltenorth, Säugetiere
284 Jacob-Weden, Quellenkunde der deutschen Geschichte III
318/318a Schmidt-Beckers, Industrielle Kraft- u. Wärmewirtschaft
319 Krug, Australien und Ozeanien
329 Scharrer, Agrikulturchemie I
330/330a Scharrer, Agrikulturchemie II
335 Klug, Fette und Öle
336 Braun-Klug, Seifenfabrikation
342/342a Körting, Heizung und Lüftung I
343 Körting, Heizung und Lüftung II
344 Moser, Musikästhetik
354/354a Valentiner-König, Vektoren und Matrizen
355 Neger-Münch-Huber, Nadelhölzer
356 Lüdemann, Fische
374 Döring, Einf. i. d. th. Physik IV
375/375a Preller, Geschichte Englands I
389/389a Diels-Mattick, Pflanzengeographie
391 Kolms, Finanzwissenschaft II
394/394a Schilling, Von der Renaissance bis Kant
414/414a Tafel, Hebezeuge
422 Gottschald, Dt. Personennamen
423 Adler-Erlebach, Fünfstellige Logarithmen
432 Borchers, Metallkunde I
433/433a Borchers, Metallkunde II
434 Borchers-Hanke, Metallkunde III
435 Burau, Algebr. Kurven und Flächen I
436/436a Burau, Algebr. Kurven und Flächen II
439 Jaeckel, Würmer
440 Jaeckel, Weichtiere
441 Jaeckel, Stachelhäuter
442 Hannemann, Schwämme und Hohltiere
443 Gruner-Deckert, Krebse

444 Reichenow, Einzeller
445 Asmus, Physikal.-chem. Rechenaufgaben
447/447 a Herter, Kriechtiere
448 Fechter, Manteltiere
452/452 a Bahrdt-Scheer, Stöchiometr. Aufgabenslg.
468 Großmann, Vermessungskunde I
469/469 a Großmann, Vermessungskunde II
476 Thum-Meysenbug, Werkstoffe des Maschinenbaues I
483 Henglein, Lötrohrprobierkunde
492/492 a Stolz-Debrunner-Schmid, Geschichte der lateinischen Sprache
499 Niese-Küchler, Autogenes Schweißen
500 Simmel, Hauptprobleme der Philosophie
521/521 a Marcard-Beyer, Dampfkessel II
536 Lehmann, Kant
538 Rumpf, Archäologie I
539 Rumpf, Archäologie II
540 Rumpf, Archäologie III
557 Nestle-Liebich, Gesch. der griech. Literatur II
561 Matthes, Werkzeugmaschinen I
562 Matthes, Werkzeugmaschinen II
564 Behn-Hoernes, Kultur der Urzeit I
565 Behn-Hoernes, Kultur der Urzeit II
566 Behn-Hoernes, Kultur der Urzeit III
571 Lehmann, Philosophie des 19. Jahrhunderts I
576/576 a Moser, Gesangskunst
579 Müller-Schulze, Techn. Tabellen
580/580 a Sedlaczek-Fischer-Buch, Walzwerke
583/583 a Engel, Maschinen der Eisenhüttenwerke
584/584 a Müller, Kinematik
585 Dehnert, Verkehrswasserbau I
587 Kalitsunakis-Steinmetz, Neugriech.-dt. Gesprächsbuch
589 Tochtermann, Maschinenzeichnen I
590 Tochtermann, Maschinenzeichnen II
594 Lengerken, Insekten
597 Dehnert, Verkehrswasserbau II
601 Mutschmann-Scherer, Engl. Phonetik
608/608 a/608 b Erman-Krückmann, Hieroglyphen
619/619 a ouchwald, Kristalloptik
665 Ludin-Borkenstein, Wasserkraftanlagen I
666/666 a Ludin-Borkenstein, Wasserkraftanlagen II
668 Knopp, Funktionentheorie I
677 Altheim, Röm. Geschichte II
679 Altheim, Röm. Geschichte III
684 Altheim, Röm. Geschichte IV
691 Fauser, Kulturtechn. Bodenverbesserungen I
692 Fauser, Kulturtechn Bodenverbesserungen II
698/698 a Schulze, Allgemeine u. physikalische Chemie II
703 Knopp, Funktionentheorie II
708/708 a/708 b Meissner-Oberhuber, Keilschrift
709 Lehmann, Philosophie des 19. Jahrhunderts II
711/711 a Kesselring, Berechnung der Schaltgeräte
714/714 a zur Megede, Technik selbsttätiger Regelungen
715 Zietemann, Dampfturbinen II
716 Zietemann, Dampfturbinen III
718 Neger-Münch-Huber, Laubhölzer
728/728 a Pirani-Fischer-Runge, Graph. Darstellung in Wissenschaft u. Technik
735 Ekwall, Historische neuengl. Laut- und Formenlehre
746/746 a Pfanzagl, Allg. Methodenlehre der Statistik I
747/747 a Pfanzagl, Allg. Methodenlehre der Statistik II
756/756 a Kalitsunakis, Gramm. d. Neugriech. Volksspr.
763/763 a/763 b Meyer, Hebräische Grammatik I
764/764 a/764 b Meyer, Hebräische Grammatik II
765/765 a/765 b Meyer, Hebräische Grammatik III
768/768 a Bieberbach, Einführung in die konforme Abbildung

769/769a Beer-Meyer, Hebräisches Textbuch
770 Schlingloff, Religion des Buddhismus II
776/776a Kolms, Finanzwissenschaft III
780 Krahe, German. Sprachwiss. II
781 Weigert, Stilkunde II
782/782a Kolms, Finanzwissenschaft IV
786 Schulze, Molekülbau
796/796a Meiners-Wiesenewsky, Elektr. Höchstspannungs-Schaltanlagen
807 Kropp, Erkenntnistheorie
809 Moser, Harmonielehre I
810 Moser, Harmonielehre II
826 Koch, Philosophie d. Mittelalters
827/827a Meyer, Elektromotorische Antriebe
831 Erismann, Allg. Psychologie I
832/832a Erismann, Allg. Psychologie II
833 Erismann, Allg. Psychologie III
834/834a Erismann, Allg. Psychologie IV
837/837a Baumgartner, Gruppentheorie
845 Lehmann, Philosophie im ersten Drittel des 20. Jhs. I
847 Herter, Lurche
850 Lehmann, Philosophie im ersten Drittel des 20. Jhs. II
851/851a Moede, Psychologie des Berufs- und Wirtschaftslebens
857 Capelle, Griech. Philosophie I
858 Capelle, Griech. Philos. II
859 Capelle, Griech. Philos. III
862 Großmann, Vermessungskunde III
863 Capelle, Griech. Philos. IV
866 Bieler, Röm Literaturgeschichte II
869 Freye, Vögel
875 Hofmann, Geschichte der Mathematik II
877 Knopp, Aufgabensammlung zur Funktionentheorie I
878 Knopp, Aufgabensammlung zur Funktionentheorie II
881 Humburg, Gleichstrommaschine II
882 Hofmann, Geschichte der Mathematik III
883 Stuloff, Mathematik der neuesten Zeit
893 Treue, Dt. Geschichte von 1806 bis 1890
894 Treue, Dt. Geschichte von 1890 bis zur Gegenwart
896/896a Pokorny, Altirische Gramm.
902 Müller, Dynamik I
903 Müller, Dynamik II
910 Jaeger, Afrika I
911 Jaeger, Afrika II
915 Sperber-Polenz, Gesch. der Deutschen Sprache
917/917a Böhm, Versicherungsmathematik II
920/920a Hoheisel, Gewöhnliche Differentialgleichungen
921 Jantzen-Kolb, W. v. Eschenbach, Parzival
924/924a Brandenstein, Griechische Sprachwissenschaft III
929 Schirmer-Mitzka, Dt. Wortkunde
930 Krull, Elementare und klassische Algebra I
931 Hasse, Höhere Algebra I
932 Hasse, Höhere Algebra II
933 Krull, Elementare und klassische Algebra II
936 Thum-Meysenbug, Werkstoffe d. Maschinenbaues II
942/942a Damerau, Polnische Grammatik
952/952a Schäfer, Transformatoren
953 Zipperer, Techn. Schwingungslehre I
961/961a Zipperer, Techn. Schwingungslehre II
965 Dehnert, Wehr- und Stauanlagen
970/970a Baldus-Löbell, Nichteuklidische Geometrie
972/972a Herter-Urich, Vergleichende Physiologie der Tiere I
973 Herter-Birukow, Vergleichende Physiologie der Tiere II
978 Kleinlogel, Baustoffverarbeitung und Baustellenprüfung d. Betons
984 Graf, Baustoffe des Hoch- und Tiefbaus
999/999a Kamke, Mengenlehre
1000 Jaspers, Geistige Situat. der Zeit

1003 Hoheisel, Partielle Differentialgleichungen
1008/1008a Mellerowicz, Allgem. Betriebswirtschaftslehre I
1009 Bechert-Gerthsen-Flammersfeld, Atomphysik I
1014/1014a Huttenlocher-Ramdohr, Mineral- und Erzlagerstättenkunde I
1015/1015a Huttenlocher-Ramdohr, Mineral- und Erzlagerstättenkunde II
1017 Döring, Einf. i. d. th. Physik V
1020 Niese-Dienst, Elektrische Schweißverfahren
1031/1031a Apel-Ludz, Philosophisches Wörterbuch
1033 Bechert-Gerthsen-Flammersfeld, Atomphysik II
1034 Kranefeldt-Jung, Therapeutische Psychologie
1035 Altheim, Röm. Religionsgeschichte I
1039/1039a Dovifat, Zeitungslehre I
1040/1040a Dovifat, Zeitungslehre II
1044 Tölke, Talsperren
1045 Schubert, Technik des Klavierspiels
1051/1051a Stolberg-Wernigerode, Gesch. d. Vereinigten Staaten
1052 Altheim, Röm. Religionsgeschichte II
1059/1059a Hoheisel, Aufgabenslg. z. d. gew. u. part. Differentialgleichungen
1061 Grodzinski-Lechner, Getriebelehre I
1062 Grodzinski-Lechner, Getriebelehre II
1065 Haller-Dannenbauer, Von d. Karolingern zu den Staufern
1070 Sauter, Differentialgleichungen der Physik
1074 Koschmieder, Variationsrechnung I
1075 Koschmieder, Variationsrechnung II
1076/1076a Endres, Verbrennungsmotoren I
1077 Haller-Dannenbauer, Von den Staufern zu den Habsburgern
1078 Troche, Stahlbetonbau
1082 Hasse-Klobe, Aufgabensammlung zur höheren Algebra
1084/1084a Grigull, Techn. Thermodynamik
1085 Lietzmann-Aland, Zeitrechnung
1086 Müller, Dt. Dichten und Denken
1088 Preller, Gesch. Englands II
1092 Wickop, Fenster, Türen, Tore
1094 Hernried, System, Modulation
1096 Viëtor, Dt. Dichten und Denken
1099 Hoheisel, Integralgleichungen
1105 Hartung, Dt. Geschichte im Zeitalter der Reformation
1108 de Boor-Wisniewski, Mittelhochdeutsche Grammatik
1109 Knopp, Elemente der Funktionentheorie
1111/1111a Naumann-Betz, Althochdt. Elementarbuch
1113/1113a Strubecker, Differentialgeometrie I
1114/1114a Schubel, Engl. Literaturgeschichte I
1115/1115a/1115b Ranke-Hofmann, Altnord. Elementarbuch
1116 Schubel, Engl. Literaturgeschichte II
1117 Haller-Dannenbauer, Eintritt der Germanen in die Geschichte
1121 Naumann, Dt. Dichten u. Denken
1122/1122a Jesch, Sprecherziehung
1123/1123a Bechert-Gerthsen-Flammersfeld, Atomphysik III
1124 Schubel, Engl. Literaturgeschichte III
1125 Lehnert, Altengl. Elementarbuch
1127 Hartmann, Geschlecht u. Geschlechtsbestimmung im Tier- und Pflanzenreich
1128 Buchner, Symbiose d. Tiere
1130 Dibelius-Kümmel, Jesus
1131 Scholz-Schoeneberg, Einführung in die Zahlentheorie
1132 Frühauf, Überspannungen
1134 Kuckuck, Pflanzenzüchtung I
1135 Lehnert, Beowulf
1137 Heil, Entwicklungsgesch. d. Pflanzenreiches
1138 Hämmerling, Fortpflanzung im Tier- und Pflanzenreich
1140 Unger, Induktionsmaschinen

1141 Koller, Hormone
1142 Meissner-Lehnert, Shakespeare
1144 Gehler-Herberg, Festigkeitslehre I
1145/1145a Herberg-Dimitrov, Festigkeitslehre II
1146 Putz, Synchronmaschine
1147 Waltershausen, Kunst d. Dirigierens
1148 Pepping, Der polyphone Satz I
1152 Dehnert, Verkehrswasserbau III
1153/1153a Mellerowicz, Allgem. Betriebswirtschaftslehre II
1154/1154a Mellerowicz, Allgem. Betriebswirtschaftslehre III
1155 Schwartz, Mikrobiologie I
1156/1156a Meinke, Komplexe Berechnungen v. Wechselstromschaltungen
1157 Schwartz, Mikrobiologie II
1158/1158a Mayrhofer, Sanskrit-Grammatik
1159 Jungbluth, Gießereitechnik I
1160 Dibelius-Kümmel, Paulus
1161 Kaestner, Spinnentiere
1162 Seidel, Entwicklungsphysiologie der Tiere I
1163 Seidel, Entwicklungsphysiologie der Tiere II
1164/1164a Pepping, Der polyphone Satz II
1165/1165a Bechert-Gerthsen-Flammersfeld, Atomphysik IV
1169 Paulsen, Allgemeine Volkswirtschaftslehre I
1170 Paulsen, Allgemeine Volkswirtschaftslehre II
1171/1171a Paulsen, Allgemeine Volkswirtschaftslehre III
1172 Paulsen, Allgemeine Volkswirtschaftslehre IV
1173/1173a Hamann-Funke-Hermann, Chemie der Kunststoffe
1176/1176a Lorenzen, Form. Logik
1178/1178a Kuckuck, Pflanzenzüchtung II
1179/1179a Strubecker, Differentialgeometrie II
1180/1180a Strubecker, Differentialgeometrie III
1181 Franz, Topologie I
1182/1182a Franz, Topologie II
1183/1183a Nicolas, Finanzmathematik
1184/1184a Endres, Verbrennungsmotoren II
1185/1185a Endres, Verbrennungsmotoren III
1186/1186a Mellerowicz, Allgem. Betriebswirtschaftslehre IV
1187 Lau, Luther
1188/1188a Lehmann, Photogrammetrie
1189/1189a Päsler, Mechanik
1190 Stupperich, Melanchthon
1191/1191a Bräuer, Slav. Sprachwissenschaft I
1193 Fürstenberg, Wirtschaftssoziologie
1194/1194a Wendt, Gesch. d. Volkswirtschaftslehre
1195 Ohm, Allgem. Volkswirtschaftspolitik I
1196/1196a Ohm, Allgem. Volkswirtschaftspolitik II
1197/1197a Onasch, Konfessionskunde der orthod. Kirchen
1198 Engel, Straßenverkehrstechnik
1199 Lausberg, Romanische Sprachwissenschaft III, 1. Teil
1200/1200a Lausberg, Romanische Sprachwissenschaft III, 2. Teil
1201/1201a Dehn, Versuche zur allgem. u. phys. Chemie
1202/1202a Nagel, Gesch. des christl. Gottesdienstes
1203 Wendland, Sozialethik
1204 Scheurig, Zeitgeschichte
1205/1205a Hofmann, Ideengeschichte d. soz. Bewegung
1206/1206a Langen, Lineare Programmierung
1208 Lausberg, Romanische Sprachwissenschaft IV
1209/1209a Bock, Therm. Verfahrenstechnik I
1210/1210a Bock, Therm. Verfahrenstechnik II
1211/1211a Bock, Therm. Verfahrenstechnik III
1212/1212a Hilf, Arbeitswissenschaft
1213/1213a Kosiol, Buchhaltung und Bilanz

1216/1216a Bauer, Wahrscheinlichkeitstheorie I
1217 Bauer, Wahrscheinlichkeitstheorie II
1218/1218a/1218b Meid, German. Sprachwiss. III
1219 Schmidt-Clausing, Zwingli
1220/1220a Zemann, Kristallchemie
1221 Gerdes, Kierkegaard
1222/1222a Tschižewskij, Slav. Literaturen I
1223/1223a Tschiżewskij, Slav. Literaturen II
1224/1224a/1224b Wedepohl, Geochemie
1225/1225a Schneider-Jurksch, Datenverarbeitungsanlagen
1226/1226a/1226b Weinstock, Mittelengl. Elementarbuch
1227/1227a Wedig, Übungsaufgaben zu A. Paulsen, Allgem. Volkswirtschaftslehre I/II

Autorenregister

FSC
www.fsc.org
MIX
Papier | Fördert
gute Waldnutzung
FSC® C083411

Kolibri 360 GmbH
Ferdinand-Jühlke-Straße 7
99095 Erfurt, Deutschland
produktsicherheit@kolibri360.de